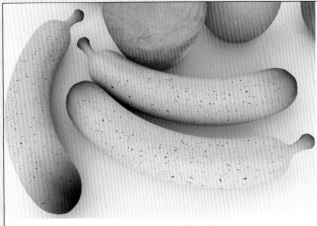
6.1.2 制作香蕉

6.2.2 制作文件架

第 6 章 课堂练习 制作平底锅

第 6 章 课后习题 制作刀盒

7.2.4 制作金属材质

7.2.5 制作玻璃材质

第 7 章 课堂练习 设置木纹材质

第 7 章 课后习题 设置皮革材质

8.2.4 设置台灯光效

8.2.5 设置筒灯光效

第 8 章 课堂练习 设置暗藏灯光晕效果

第 8 章 课后习题
设置床头灯效

第 9 章 课堂练习 室内摄影机的应用

第 9 章 课后习题 室内静物摄影机的创建

10.1 多用柜

10.2 时尚单人沙发

10.3 鼓凳

第 10 章 课堂练习 制作吊扇

第 10 章 课后习题 洗衣机

11.1 水龙头

11.2 马桶

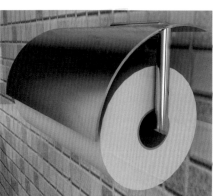
11.3 卷纸器

第 11 章 课堂练习
制作卫浴挂件

第 11 章 课后习题 制作洗手盆

12.1 郁金香

12.2 礼品盒

12.3 祥云摆件

第 12 章 课堂练习
制作便利签

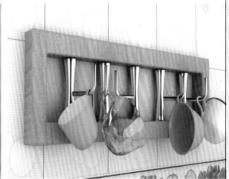

第 12 章 课后习题 制作杯子架

13.1 欧式吊灯

13.2 落地灯

13.3 锥式壁灯

第 13 章 课堂练习 制作中式吊灯

第 13 章 课后习题 制作床头灯

14.1 液晶电视

14.2 音响

14.3 座机

第 14 章 课堂练习 制作显示器

第 14 章 课后习题
制作冰箱

15.1 客厅

15.2 卧室

第 15 章 课堂练习 制作花房

第 15 章 课后习题 制作健身房

16.1 别墅的制作

16.2 六角亭子

第 16 章 课堂练习 制作居民楼

工业和信息化人才培养规划教材

高职高专计算机系列

◎ 方莉 高瑞 主编

◎ 刘丽爽 冯桥华 陈利军 副主编

3ds Max 2014+VRay
室内（外）效果图制作（第3版）

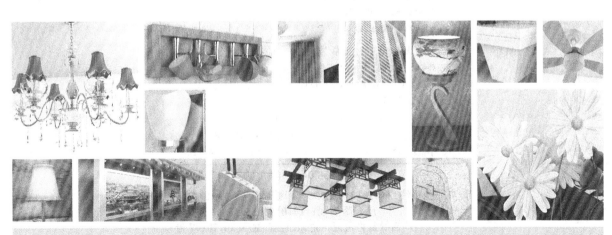

人民邮电出版社

北 京

图书在版编目（CIP）数据

3ds Max 2014+VRay室内（外）效果图制作 / 方莉，
高瑞主编. -- 3版. -- 北京：人民邮电出版社，2015.9（2023.7重印）
工业和信息化人才培养规划教材. 高职高专计算机系列

ISBN 978-7-115-39789-8

Ⅰ. ①3… Ⅱ. ①方… ②高… Ⅲ. ①建筑设计－计算
机辅助设计－三维动画软件－高等职业教育－教材 Ⅳ.
①TU201.4

中国版本图书馆CIP数据核字(2015)第152245号

内 容 提 要

3ds Max 2014 是目前功能强大的室内外效果图制作软件之一。本书引导读者熟悉软件中各项功能的使用和基本模型的创建，掌握各种室内外效果图的设计制作方法，理解材质、灯光与摄像机在设计中的重要作用。

全书共分上下两篇。上篇基础技能篇介绍了 3ds Max 2014 的基本操作，包括 3ds Max 2014 的基础知识、基本物体建模、二维图形的绘制与编辑、二维图形生成三维模型、三维模型的常用修改器、复合对象模型、材质与贴图、灯光、摄影机。下篇案例实训篇介绍了 3ds Max 2014 + VRay 在室内外设计中的应用，包括室内家具的制作、卫浴器具的制作、室内装饰物的制作、室内灯具的制作、家用电器的制作、室内效果图的制作、室外效果图的制作、室内效果图的后期处理和室外效果图的后期处理。

本书适合作为高等职业院校环境艺术设计、室内设计等相关专业的教材，也可供相关人员自学参考使用。

◆ 主　编　方　莉　高　瑞

副 主 编　刘丽爽　冯桥华　陈利军

责任编辑　桑　珊

责任印制　杨林杰

◆ 人民邮电出版社出版发行　　北京市丰台区成寿寺路 11 号

邮编　100164　电子邮件　315@ptpress.com.cn

网址　http://www.ptpress.com.cn

北京天宇星印刷厂印刷

◆ 开本：787×1092　1/16　　　彩插：2

印张：20　　　　　　　　2015 年 9 月第 3 版

字数：523 千字　　　　　　2023 年 7 月北京第 9 次印刷

定价：55.00 元（附光盘）

读者服务热线：(010)81055256　印装质量热线：(010)81055316
反盗版热线：(010)81055315
广告经营许可证：京东市监广登字 20170147 号

第 3 版前言 FOREWORD

3ds Max 2014 是由 Autodesk 公司开发的三维设计软件。它功能强大、易学易用，深受国内外建筑工程设计和动画制作人员的喜爱，已经成为这一领域最流行的软件之一。目前，我国很多高职院校的艺术设计类、信息技术类专业都将 3ds Max 作为一门重要的专业课程。为了帮助高职院校的教师全面、系统地讲授这门课程，使学生能够熟练地使用 3ds Max 来进行室内外效果图的设计制作，我们几位长期在高职院校从事 3ds Max 教学的教师和专业设计公司中经验丰富的设计师，共同编写了本书。

本书具有完善的知识结构体系。在基础技能篇中，按照"软件功能解析—课堂案例—课堂练习—课后习题"这一思路进行编排。通过软件功能解析，使学生快速熟悉软件功能和制作特色；通过课堂案例演练，使学生深入学习软件功能和室内外设计制作思路；通过课堂练习和课后习题，拓展学生的实际应用能力。在案例实训篇中，根据 3ds Max 2014 在设计中的各个应用领域，精心安排了专业设计公司的 41 个精彩案例。通过对这些案例的全面分析和详细讲解，使学生更加熟悉实际工作，艺术创意思维更加开阔，实际设计制作水平得到不断提升。

在内容编写方面，我们力求细致全面、重点突出；在文字叙述方面，我们注重言简意赅、通俗易懂；在案例选取方面，我们强调案例的针对性和实用性。

本书配套光盘中包含了书中所有案例的素材及效果文件。另外，为方便教师教学，本书配备了详尽的课堂练习和课后习题的操作步骤视频以及 PPT 课件、教学大纲等丰富的教学资源，任课教师可到人民邮电出版社教学服务与资源网（www.ptpedu.com.cn）免费下载使用。本书的参考学时为 46 学时，其中实践环节为 19 学时，各章的参考学时参见下面的学时分配表。

章　节	课程内容	学时分配	
		讲　授	实　训
第 1 章	3ds Max 2014 的基础知识	1	
第 2 章	基本物体建模	2	1
第 3 章	二维图形的绘制与编辑	2	1
第 4 章	二维图形生成三维模型	1	1
第 5 章	三维模型的常用修改器	1	1
第 6 章	复合对象模型	1	1
第 7 章	材质与贴图	1	1
第 8 章	灯光	1	1
第 9 章	摄影机	1	1
第 10 章	室内家具的制作	1	1
第 11 章	卫浴器具的制作	1	1
第 12 章	室内装饰物的制作	1	1
第 13 章	室内灯具的制作	2	1
第 14 章	家用电器的制作	2	1
第 15 章	室内效果图的制作	3	2
第 16 章	室外效果图的制作	3	2
第 17 章	室内效果图的后期处理	1	1
第 18 章	室外效果图的后期处理	2	1
课时总计		27	19

本书由安顺职业技术学院方莉、天津城市建设管理职业技术学院高瑞任主编，河南建筑职业技术学院刘丽爽、安顺职业技术学院冯桥华、河南经贸职业学院陈利军任副主编。

由于编者水平有限，书中难免存在错误和不妥之处，敬请广大读者批评指正。

编　者

2015 年 4 月

3ds Max 2014+VRay 室内（外）效果图制作（第3版）

教学辅助资源及配套教辅

素材类型	名称或数量	素材类型	名称或数量
教学大纲	1 套	课堂实例	38 个
电子教案	18 单元	课后实例	34 个
PPT 课件	18 个	课后答案	34 个
第 2 章 基本物体建模	制作仿中式茶几	第 7 章 材质与贴图	制作金属材质
	石桌椅		制作玻璃材质
	制作栏杆		设置木纹材质
	制作壁灯		设置皮革材质
	制作鞋柜	第 8 章 灯光	设置台灯光效
第 3 章 二维图形的 绘制与编辑	制作鸟笼		设置筒灯光效
	制作表		设置暗藏灯光晕效果
	制作铁链护栏		设置床头灯效
	制作草地灯	第 9 章 摄影机	室内摄影机的应用
第 4 章 二维图形生成 三维模型	制作广告牌		室内静物摄影机的创建
	制作中式月亮门	第 10 章 室内家具的制作	多用柜
	制作床头柜		时尚单人沙发
	制作中式台灯		鼓凳
第 5 章 三维模型的 常用修改器	制作小雏菊		制作吊扇
	制作小清新吊灯		洗衣机
	制作抱枕	第 11 章 卫浴器具的制作	水龙头
	制作哈密瓜		马桶
第 6 章 复合对象模型	制作香蕉		卷纸器
	制作文件架		制作卫浴挂件
	制作平底锅		制作洗手盆
	制作刀盒		

素材类型	名称或数量	素材类型	名称或数量
第 12 章 室内装饰物 的制作	郁金香	第 15 章 室内效果图的 制作	客厅
	礼品盒		卧室
	祥云摆件		制作花房
	制作便利签		制作健身房
	制作杯子架	第 16 章 室外效果图的 制作	别墅的制作
第 13 章 室内灯具的 制作	欧式吊灯		六角亭子
	落地灯		制作居民楼
	锥式壁灯		制作单体商业建筑
	制作中式吊灯	第 17 章 室内效果图的 后期处理	客厅的后期处理
	制作床头灯		卧室的后期处理
第 14 章 家用电器的 制作	液晶电视		制作花房后期
	音响		制作健身房后期
	座机	第 18 章 室外效果图的后 期处理	别墅的后期处理
	制作显示器		六角亭子的后期处理
	制作冰箱		制作居民楼后期
			制作单体商业建筑后期

CONTENTS 目录

上篇　基础技能篇

第 1 章　3ds Max 2014 的基础知识　1

1.1　3ds Max 的概述　1	1.3.7　状态栏及提示行　11
1.2　3ds Max 2014 的启动与退出　2	1.3.8　动画控制区　11
1.2.1　3ds Max 2014 的启动　2	1.4　3ds Max 2014 的常用工具和命令　12
1.2.2　3ds Max 2014 的退出　3	1.4.1　对象的选择　12
1.3　3ds Max 2014 界面详解　4	1.4.2　变换工具　14
1.3.1　标题栏和菜单栏　4	1.4.3　对象的复制　15
1.3.2　主工具栏　6	1.4.4　对齐工具　15
1.3.3　工作视图　8	1.4.5　镜像工具　16
1.3.4　视图布局选项卡　9	1.4.6　阵列工具　17
1.3.5　命令面板　9	1.4.7　车削与重做　19
1.3.6　视图控制区　10	1.4.8　轴心控制　19

第 2 章　基本物体建模　21

2.1　标准基本体的创建　21	2.2.2　切角圆柱体　30
2.1.1　长方体　21	2.2.3　课堂案例——石桌椅　30
2.1.2　圆锥体　22	2.3　建筑构建建模　32
2.1.3　球体　23	2.3.1　楼梯　32
2.1.4　几何球体　23	2.3.2　门　35
2.1.5　圆柱体　24	2.3.3　窗　38
2.1.6　管状体　24	2.3.4　墙　42
2.1.7　圆环　25	2.3.5　栏杆　43
2.1.8　平面　26	2.3.6　植物　45
2.1.9　课堂案例——制作仿中式	2.3.7　课堂案例——制作栏杆　46
茶几　26	课堂练习——制作壁灯　49
2.2　扩展基本体的创建　29	课后习题——制作鞋柜　49
2.2.1　切角长方体　29	

CONTENTS
目录

第3章　二维图形的绘制与编辑　50

3.1	二维图形的绘制	50
3.1.1	线	51
3.1.2	矩形	56
3.1.3	圆	56
3.1.4	椭圆	57
3.1.5	弧	57
3.1.6	文本	58
3.1.7	多边形	58

3.1.8	星形	59
3.1.9	螺旋线	59
3.2	二维图形的编辑与修改	60
3.2.1	课堂案例——制作鸟笼	60
3.2.2	课堂案例——制作表	64
课堂练习——制作铁链护栏		71
课后习题——制作草地灯		71

第4章　二维图形生成三维模型　72

4.1	修改命令面板的结构	72
4.2	常用的图形修改器	73
4.2.1	"挤出"修改器	73
4.2.2	"车削"修改器	74
4.2.3	"倒角"修改器	75
4.2.4	"倒角剖面"修改器	76

4.2.5	"扫描"修改器	77
4.2.6	课堂案例——制作广告牌	78
4.2.7	课堂案例——制作中式月亮门	83
课堂练习——制作床头柜		86
课后习题——制作中式台灯		86

第5章　三维模型的常用修改器　87

5.1	"弯曲"修改器	87
5.2	"锥化"修改器	88
5.3	"噪波"修改器	88
5.4	"晶格"修改器	90
5.5	自由形式变形	91
5.6	"编辑多边形"修改器	92

5.7	"网格平滑"修改器	102
5.8	"涡轮平滑"修改器	104
5.9	课堂案例——制作小雏菊	105
5.10	课堂案例——制作小清新吊灯	108
课堂练习——制作抱枕		114
课后习题——制作哈密瓜		114

第6章　复合对象模型　115

6.1	"放样"工具	115
6.1.1	"放样"工具参数面板	115
6.1.2	课堂案例——制作香蕉	118
6.2	"布尔"工具	119
6.2.1	"布尔"工具参数面板	120

6.2.2	课堂案例——制作文件架	120
6.3	"ProBoolean"工具	122
6.4	"图形合并"工具	124
课堂练习——制作平底锅		125
课后习题——制作刀盒		125

第7章　材质与贴图　126

| 7.1 | 材质的概述 | 126 |
| 7.2 | 认识材质编辑器 | 127 |

| 7.2.1 | 材质类型 | 127 |
| 7.2.2 | 贴图类型 | 129 |

CONTENTS
目录

7.2.3 Vray 材质的介绍	132	课堂练习——设置木纹材质 136
7.2.4 课堂案例——制作金属材质	133	课后习题——设置皮革材质 136
7.2.5 课堂案例——制作玻璃材质	135	

第 8 章　灯光　137

8.1 灯光的概述	137	8.2.4 课堂案例——设置台灯光效 147
8.2 3ds Max 中的灯光	139	8.2.5 课堂案例——设置筒灯光效 148
8.2.1 标准灯光	139	课堂练习——设置暗藏灯光晕效果 150
8.2.2 光度学灯光	143	课后习题——设置床头灯效 150
8.2.3 VRay 灯光	146	

第 9 章　摄影机　151

9.1 3ds max 摄影机	151	课堂练习——室内摄影机的应用 154
9.2 VR 物理摄影机	153	课后习题——室内静物摄影机的创建 154

下篇　案例实训篇

第 10 章　室内家具的制作　155

10.1 实例 1——多用柜	155	课堂练习——制作吊扇 169
10.2 实例 2——时尚单人沙发	160	课后习题——洗衣机 169
10.3 实例 3——鼓凳	165	

第 11 章　卫浴器具的制作　170

11.1 实例 4——水龙头	170	课堂练习——制作卫浴挂件 180
11.2 实例 5——马桶	173	课后习题——制作洗手盆 180
11.3 实例 6——卷纸器	177	

第 12 章　室内装饰物的制作　181

12.1 实例 7——郁金香	181	课堂练习——制作便利签 192
12.2 实例 8——礼品盒	184	课后习题——制作杯子架 192
12.3 实例 9——祥云摆件	189	

CONTENTS
目录

第13章　室内灯具的制作　193

13.1	实例10——欧式吊灯	193	课堂练习——制作中式吊灯	208
13.2	实例11——落地灯	199	课后习题——制作床头灯	208
13.3	实例12——锥式壁灯	205		

第14章　家用电器的制作　209

14.1	实例13——液晶电视	209	课堂练习——制作显示器	225
14.2	实例14——音响	213	课后习题——制作冰箱	226
14.3	实例15——座机	217		

第15章　室内效果图的制作　227

15.1	实例16——客厅	227	15.2.1	制作卧室框架	241
15.1.1	制作客厅框架	227	15.2.2	设置卧室框架材质	245
15.1.2	设置客厅框架材质	231	15.2.3	导入家具	247
15.1.3	导入家具	233	15.2.4	创建灯光	249
15.1.4	设置测试渲染	234	15.2.5	设置最终渲染	250
15.1.5	创建灯光	236	课堂练习——制作花房		251
15.1.6	设置最终渲染	238	课后习题——制作健身房		251
15.2	实例17——卧室	240			

第16章　室外效果图的制作　252

16.1	实例18——别墅的制作	252	16.2.3	设置亭子材质	275
16.1.1	别墅框架	252	16.2.4	创建地形	284
16.1.2	设置别墅材质	261	16.2.5	导入植物素材	286
16.1.3	设置环境、灯光和渲染	264	16.2.6	创建灯光	289
16.2	实例19——六角亭子	265	16.2.7	设置最终渲染参数	290
16.2.1	制作亭子模型	266	课堂练习——制作居民楼		291
16.2.2	创建摄影机并测试渲染	274	课后习题——制作单体商业建筑		291

第17章　室内效果图的后期处理　292

| 17.1 | 实例20——客厅的后期处理 | 292 | 课堂练习——制作花房后期 | 300 |
| 17.2 | 实例21——卧室的后期处理 | 297 | 课后习题——制作健身房后期 | 300 |

第18章　室外效果图的后期处理　301

| 18.1 | 实例22——别墅的后期处理 | 301 | 课堂练习——制作居民楼后期 | 308 |
| 18.2 | 实例23——六角亭子的后期处理 | 305 | 课后习题——制作单体商业建筑后期 | 308 |

上篇 基础技能篇

第 1 章　3ds Max 2014 的基础知识

本章主要讲解 3ds Max 2014 的基础知识和基本操作。通过学习这些内容，读者可以认识和了解 3ds Max 2014 工作界面的构成，并掌握文件的基本操作方法和技巧，为以后的动画设计和制作打下一个坚实的基础。

课堂学习目标　　／　了解 3ds Max2014 的基本理论
　　　　　　　　　　／　了解 3ds Max2014 的工作界面

1.1　3ds Max 的概述

Autodesk 公司推出的集建模、动画及渲染为一体的大型三维软件 3ds Max，经过不断地换代及更新，已经发展到 3ds Max 2014，其功能也已十分强大。

3ds Max 是近年来销量最大的虚拟现实技术应用软件，它集三维建模、材质制作、灯光设定、摄影机设置、动画设定及渲染输出于一身，提供了三维动画及静态效果图全面完整的解决方案，因此成为当今各行各业使用较为广泛的三维制作软件。特别是在建筑行业中，更深受建筑设计师和室内外装潢设计师的青睐。在 3ds Max 系统中，如果使用 VRay 渲染器进行渲染，制作者可以尽情地发挥想象，尽情地制作出富有真实感的效果图。

在众多的计算机应用领域中，三维动画已经发展成为一个比较成熟的独立产业，它被广泛地应用到影视特技、广告、军事、医疗、教育和娱乐等领域中。这种强大的视觉冲击力被越来越多的人所接受，也让很多的有志青年踏上了三维创作之路。本节主要带领读者认识 3ds Max 及 3ds Max 2014 的新增功能。

3ds Max 系列是 Autodesk 公司推出的效果图设计和三维动画设计软件，是著名软件 3D Studio 的升级版本。3ds Max 是世界上应用最广泛的三维建模、动画和渲染软件，广泛应用于游戏开发、角色动画、电影电视视觉效果和设计等领域。

DOS 版本的 3D Studio 诞生于 20 世纪 80 年代末，其最低配置要求是 386 DX，不附加处理器，这样低的硬件要求使得 3D Studio 这个软件迅速风靡全球，成为效果图设计和三维动画设计领域的领头羊。3D Studio 采用内部模块化设计，命令简单明了，易于掌握，可存储 24 位真彩图像。它的出现使得计算机上的图形功能接近于图形工作站的性能，因此在设计领域得到了广泛运用。

但是进入 20 世纪 90 年代后，Windows 9x 操作系统的进步，使 DOS 下的设计软件在颜色深度、内存、渲染和速度上存在严重不足。同时，基于工作站的大型三维设计软件 Softimage、Lightwave

和 Wavefront 等在电影特技行业的成功使 3D Studio 的设计者决心迎头赶上。

3ds Max 系列软件就是在这种情况下诞生的，它是 3D Studio 的超强升级版本，运行于 Windows NT 环境下，采用 32 位操作方式，对硬件的要求比较高。3ds Max 的功能强大，内置工具十分丰富，外置接口也很多。它的内部采用按钮化设计，一切命令都可通过按钮命令来实现。3ds Max 的算法很先进，所带来的质感和图形工作站几乎没有差异。它以 64 位进行运算，可存储 32 位真彩图像。3ds Max 一经推出，其强大功能立即使它成为制作效果图和三维动画的首选软件。它是通用性极强的三维模型和动画制作软件，该软件功能非常全面，可以完成从建模、渲染到动画的全部制作任务，因而被广泛应用于各个领域，如图 1-1 所示为 3ds Max 在室内外中的应用。

图 1-1

1.2 3ds Max 2014 的启动与退出

按照安装提示，将 3ds Max 2014 安装完成后，系统将在桌面上创建一个 3ds Max 2014 的图标。

1.2.1 3ds Max 2014 的启动

启动 3ds Max 的两种方法如下。

➡ 在桌面直接双击 图标。

这里需要注意的是，如果第一次安装 3ds Max 2014 的话，双击软件图标会启动英文版本的软件。如果启动英文界面，想要改为中文界面的话，这里需要使用方法二，如下。

➡ 单击 （程序）> 所有程序 > Autodesk > Autodesk 3ds Max 2014 从中选择中文版本的 3ds Max 2014，如图 1-2 所示，单击即可启动软件，如图 1-3 所示。

图 1-2

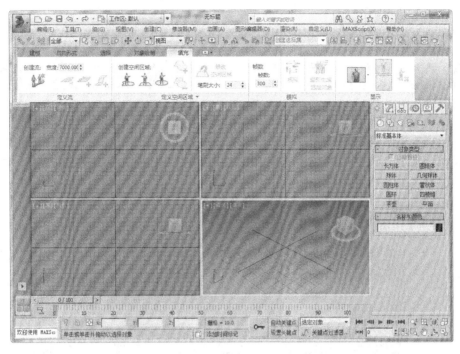

图 1-3

1.2.2　3ds Max 2014 的退出

3ds Max 的退出有四种方法。

→　在单击标题菜单 ，在弹出的下拉列表中选择"退出 3ds Max"按钮，即可退出 3ds Max，如图 1-4 所示。

→　在标题上单击鼠标右键，在弹出的菜单中选择"关闭"按钮，如图 1-5 所示。

图 1-4　　　　　　　　　　　　图 1-5

→　单击右上角出的 （关闭）按钮。

➡ 按快捷键 Alt+F4。

以上四种方法均可以退出 3ds Max 2014。

1.3 3ds Max 2014 界面详解

运行 3ds Max 界面环境首先映入眼帘的就是视图和面板，这两个板块为 3ds Max 中重要的操作界面，配合一些其他工具来制作模型。

3ds Max 的工作界面主要由标题栏与菜单栏、主工具栏、工作视图、状态栏和提示行、动画控制区、视图控制区和命令面板等几部分组成，如图 1-6 所示。

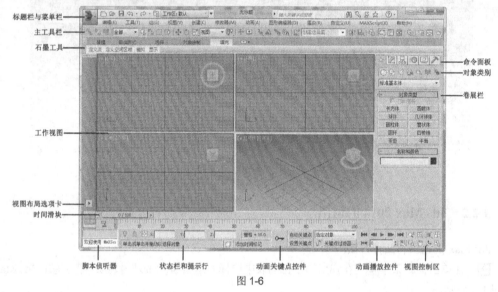

图 1-6

1.3.1 标题栏和菜单栏

在标题栏中包括应用程序按钮，快速访问工具栏，信息中心及菜单。

1. 应用程序按钮

单击应用程序按钮时显示的应用程序菜单提供了文件管理命令，如图 1-7 所示。

提示

该按钮与以前版本中的文件菜单命令相同。

应用程序按钮的菜单中的选项功能介绍如下。

新建：单击"新建"命令在弹出的子菜单中可以选择新建全部、保留对象、保留对象和层次等命令。

重置：使用"重置"命令可以清除所有数据并重置 3ds Max 设置（视口配置、捕捉设置、材质编辑器和背景图像等）。重置可以还原启动默认设置（保存在 maxstart.max 文件中），并且可以移

4

除当前会话期间所做的任何自定义设置。

打开：使用该命令可以根据弹出的子菜单选择打开的文件类型。

保存：将当前场景进行保存。

另存为：将场景另存为。

导入：使用该命令可以根据弹出的子菜单中的命令选择导入、合并和替换方式导入场景。

导出：使用该命令可以根据弹出的子菜单中选择直接导出、导出选定对象和导出 DWF 文件等。

发送到：使用该命令可以将制作的场景模型发送到其他相关的软件中如 maya、softimage、motionBulider、Mudbox、AIM。

参考：在子菜单中选择相应的命令以设置场景中的参考模式。

最近使用的文档
新建
重置
打开
保存
另存为
导入
导出
发送到
参考
管理
属性
选项
退出 3ds Max

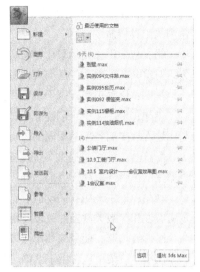

图 1-7

管理：其中包括设置项目文件夹和资源追踪等命令。

属性：从中访问文件属性和摘要信息。

2．快速访问工具栏

快速访问工具栏提供一些最常用的文件管理命令，以及撤销和重做命令。

快速访问工具栏中的各选项功能介绍如下。

（新建场景）：单击以开始一个新的场景。

（打开文件）：单击以打开保存的场景。

（保存文件）：单击以保存当前打开的场景。

（撤销场景操作）：单击以撤销上一个操作。单击向下箭头以显示以前操作的排序列表，以便用户可以选择撤销操作的起始点。

（重做场景操作）：单击以重做上一个操作。单击向下箭头以显示以前操作的排序列表，因此用户可以选择重做操作的起始点。

快速访问工具栏下拉菜单：单击以显示用于管理快速访问工具栏显示的下拉菜单。在该下拉菜单中可以自定义快速访问工具，也选择选择隐藏该工具栏等操作。

3．信息中心

通过信息中心可访问有关 3ds Max 和其他 Autodesk 产品的信息。将鼠标放到信息中心的工具按钮上会出现按钮功能提示。

4．菜单栏

菜单栏位于主窗口的标题栏下面，如图 1-8 所示。每个菜单的标题表明该菜单上命令的用途。单击菜单名时，菜单名下面列出了很多命令。

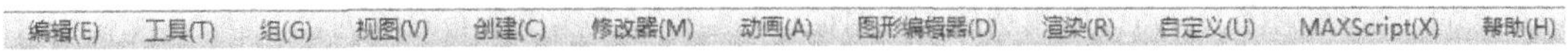

编辑(E)
工具(T)
组(G)
视图(V)
创建(C)
修改器(M)
动画(A)
图形编辑器(D)
渲染(R)
自定义(U)
MAXScript(X)
帮助(H)

图 1-8

菜单栏中的各选项功能介绍如下。

编辑：该菜单包含用于在场景中选择和编辑对象的命令，如撤销、重做、暂存、取回、删除、克隆和移动等对场景中的对象进行编辑的命令。

工具：在 3ds Max 场景中，工具菜单显示可帮助用户更改或管理对象，从下拉菜单中可以看到常用的工具和命令。

组：包含用于将场景中的对象成组和解组的功能。组可将两个或多个对象组合为一个组对象。为组对象命名，然后像任何其他对象一样对它们进行处理。

视图：该菜单包含用于设置和控制视口的命令。

创建：提供了一个创建几何体、灯光、摄影机和辅助对象的方法。该菜单包含各种子菜单，它与创建面板中的各项是相同的。

修改器：该菜单提供了快速应用常用修改器的方式。该菜单将划分为一些子菜单，此菜单上各个命令的可用性取决于当前选择。

动画：提供一组有关动画、约束和控制器，以及反向运动学解算器的命令。此菜单中还提供自定义属性和参数关联控件，以及用于创建、查看和重命名动画预览的控件。

图形编辑器：使用该菜单可以访问用于管理场景及其层次和动画的图表子窗口。

渲染：该菜单包含用于渲染场景、设置环境和渲染效果、使用 Video Post 合成场景，以及访问 RAM 播放器的命令。

自定义：该菜单包含用于自定义 3ds Max 用户界面（UI）的命令。

MAXScript：该菜单包含用于处理脚本的命令，这些脚本是用户使用软件内置脚本语言 MAXScript 创建而来的。

帮助：通过该菜单可以访问 3ds Max 联机参考系统。

1.3.2 主工具栏

通过工具栏可以快速访问 3ds Max 中很多常见任务的工具和对话框，如图 1-9 所示。

图 1-9

主工具栏中的各选项功能介绍如下。

（选择并链接）：可以通过将两个对象链接作为子和父，定义它们之间的层次关系。子级将继承应用于父级的变换（移动、旋转和缩放），但是子级的变换对父级没有影响。

（断开当前选择链接）：可移除两个对象之间的层次关系。

（绑定到空间扭曲）：可以把当前选择附加到空间扭曲。

选择过滤器列表：使用选择过滤器列表，如图 1-10 所示，可以限制由选择工具选择的对象的特定类型和组合。例如，如果选择"摄影机"选项，则使用选择工具只能选择摄影机。

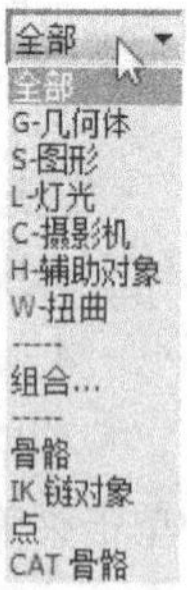

（选择对象）：选择对象可使用户选择对象或子对象，以便进行操纵。

（按名称选择）：可以使用选择对象对话框从当前场景中的所有对象列表中选择对象。

图 1-10

（矩形选择区域）：在视口中以矩形框选区域。弹出按钮提供了（圆形选择区域）、（围栏选择区域）、（套索选择区域）和（绘制选择区域）供选择。

（窗口/交叉）：在按区域选择时，窗口/交叉选择切换可以在窗口和交叉模式之间进行切换。在窗口模式中，只能选择所选内容内的对象或子对象。在交叉模式中，可以选择区域内的所有对象或子对象，以及与区域边界相交的任何对象或子对象。

[图标]（选择并移动）：要移动单个对象，则无须先选择该按钮。当该按钮处于活动状态时，单击对象进行选择，并拖动鼠标以移动该对象。

[图标]（选择并旋转）：当该按钮处于激活状态时，单击对象进行选择，并拖动鼠标以旋转该对象。

[图标]（选择并均匀缩放）：使用[图标]（选择并均匀缩放）按钮，可以沿所有 3 个轴以相同量缩放对象，同时保持对象的原始比例。[图标]（选择并非均匀缩放）按钮可以根据活动轴约束以非均匀方式缩放对象。[图标]（选择并挤压）按钮可以根据活动轴约束来缩放对象。

[图标]（使用轴点中心）：[图标] r（使用轴点中心）弹出按钮提供了对用于确定缩放和旋转操作几何中心的 3 种方法的访问。使用[图标]（使用轴点中心）按钮中可以围绕其各自的轴点旋转或缩放一个或多个对象。[图标]（使用选择中心）按钮可以围绕其共同的几何中心旋转或缩放一个或多个对象。如果变换多个对象，该软件会计算所有对象的平均几何中心，并将此几何中心用做变换中心。[图标]（使用变换坐标中心）按钮可以围绕当前坐标系的中心旋转或缩放一个或多个对象。

[图标]（选择并操纵）：使用该按钮可以通过在视口中拖动"操纵器"，编辑某些对象、修改器和控制器的参数。

[图标]（键盘快捷键覆盖切换）：使用键盘快捷键覆盖切换可以在只使用主用户界面快捷键和同时使用主快捷键和组（如编辑/可编辑网格、轨迹视图和 NURBS 等）快捷键之间进行切换。可以在自定义用户界面对话框中自定义键盘快捷键。

[图标]（捕捉开关）：[图标]（3D 捕捉）是默认设置。光标直接捕捉到 3D 空间中的任何几何体。3D 捕捉用于创建和移动所有尺寸的几何体，而不考虑构造平面。[图标]（2D 捕捉）光标仅捕捉到活动构建栅格，包括该栅格平面上的任何几何体。将忽略 Z 轴或垂直尺寸。[图标]（2.5D 捕捉）光标仅捕捉活动栅格上对象投影的顶点或边缘。

[图标]（角度捕捉切换）：角度捕捉切换确定多数功能的增量旋转。默认设置为以 5° 增量进行旋转。

[图标]（百分比捕捉切换）：百分比捕捉切换通过指定的百分比增加对象的缩放。

[图标]（微调器捕捉切换）：使用微调器捕捉切换设置 3ds Max 中所有微调器的单个单击增加或减少值。

[图标]（编辑命名选择集）：[图标]（编辑命名选择集）显示编辑命名选择对话框，可用于管理子对象的命名选择集。

[图标]（镜像）：单击该按钮将弹出"镜像"对话框，使用该对话框可以在镜像一个或多个对象的方向时，移动这些对象。Mirror（镜像）对话框还可以用于围绕当前坐标系中心镜像当前选择。使用"镜像"对话框可以同时创建克隆对象。

[图标]（对齐）：[图标]（对齐）弹出按钮提供了用于对齐对象的 6 种不同工具的访问。在对齐弹出按钮中单击[图标]（对齐）按钮，然后选择对象，将弹出"对齐"对话框，使用该对话框可将当前选择与目标选择对齐。目标对象的名称将显示在"对齐"对话框的标题栏中。执行子对象对齐时，"对齐"对话框的标题栏会显示为对齐子对象当前选择；使用"快速对齐"按钮[图标]可将当前选择的位置与目标对象的位置立即对齐；使用[图标]（法线对齐）按钮弹出对话框，基于每个对象上面或选择的法线方向将两个对象对齐；使用[图标]（放置高光）按钮，可将灯光或对象对齐到另一对象，以便可以精确定位其高光或反射；使用[图标]（对齐摄影机）按钮，可以将摄影机与选定的面法线对齐；[图标]（对齐到视图）按钮可用于显示对齐到视图对话框，使用户可以将对象或子对象选择的局部轴与当前视口对齐。

（层管理器）：主工具栏上的　（层管理器）按钮是可以创建和删除层的无模式对话框。也可以查看和编辑场景中所有层的设置，以及与其相关联的对象。使用此对话框，可以指定光能传递解决方案中的名称、可见性、渲染性、颜色，以及对象和层的包含。

（石墨建模工具）：单击该按钮，可以打开或关闭石墨建模工具。"石墨建模工具"代表一种用于编辑网格和多边形对象的新范例。它具有基于上下文的自定义界面，该界面提供了完全特定于建模任务的所有工具（且仅提供此类工具），且仅在用户需要相关参数时才提供对应的访问权限，从而最大限度地减少屏幕上的杂乱出现。

（曲线编辑器（打开））：轨迹视图 - 曲线编辑器是一种轨迹视图模式，用于以图表上的功能曲线来表示运动。利用它，用户可以查看运动的插值和软件在关键帧之间创建的对象变换。使用曲线上找到的关键点的切线控制柄，可以轻松查看和控制场景中各个对象的运动和动画效果。

（图解视图（打开））：图解视图是基于节点的场景图，通过它可以访问对象属性、材质、控制器、修改器、层次和不可见场景关系，如关联参数和实例。

（材质编辑器）：材质编辑器提供创建和编辑对象材质，以及贴图的功能。

（渲染设置）：渲染场景对话框具有多个面板，面板的数量和名称因活动渲染器而异。

（渲染帧窗口）：会显示渲染输出。

（快速渲染）：该按钮可以使用当前产品级渲染设置来渲染场景，而无须显示"渲染场景"对话框。

1.3.3　工作视图

工作区中共有 4 个视图。在 3ds Max 2014 中，视图（也叫视口）显示区位于窗口的中间，占据了大部分的窗口界面，是 3ds Max 2014 的主要工作区。通过视图，可以从任何不同的角度来观看所建立的场景。在默认状态下，系统在 4 个视窗中分别显示了"顶"视图、"前"视图、"左"视图和"透视"视图 4 个视图（又称场景）。其中"顶"视图、"前"视图和"左"视图相当于物体在相应方向的平面投影，或沿 X、Y、Z 轴所看到的场景，而"透视"视图则是从某个角度所看到的场景，如图 1-11 所示。因此，"顶"视图、"前"视图等又被称为正交视图。在正交视图中，系统仅显示物体的平面投影形状，而在"透视"视图中，系统不仅显示物体的立体形状，而且显示了物体的颜色，所以，正交视图通常用于物体的创建和编辑，而"透视"视图则用于观察效果。

三色世界空间三轴架显示在每个视口的左下角。世界空间 3 个轴的颜色分别为：X 轴为红色，Y 轴为绿色，Z 轴为蓝色。轴使用同样颜色的标签。三轴架通常指世界空间，而无论当前是什么参考坐标系。

ViewCube　3D 导航控件提供了视图当前方向的视觉反馈，让用户可以调整视图方向，以及在标准视图与等距视图间进行切换。

ViewCube 显示时，默认情况下会显示在活动视口的右上角，如果处于非活动状态，则会叠加在场景之上。它不会显示在摄影机、灯光、图形视口或者其他类型的视图中。当 ViewCube 处于非活动状态时，其主要功能是根据模型的北向显示场景方向。

当用户将光标置于 ViewCube 上方时，它将变成活动状态。使用鼠标左键，用户可以切换到一种可用的预设视图中、旋转当前视图或者更换到模型的"主栅格"视图中。右击可以打开具有其他选项的上下文菜单。

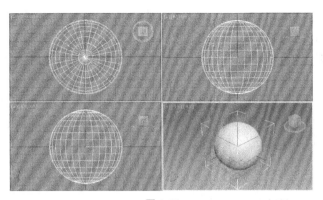

图 1-11

1.3.4　视图布局选项卡

视图布局选项卡位于视图的右侧，它也可以拖曳出来作为浮动工具栏。

▶（创建新的视图布局选项卡）按钮：可以弹出对话框，从中可以选择视图的布局，如图 1-12 所示。

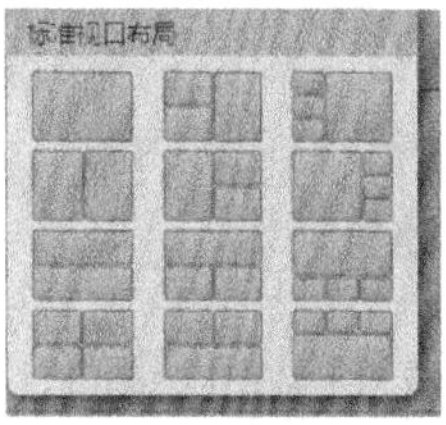

选择视图布局后，缩览图将显示在视图布局选项卡的底端。

1.3.5　命令面板

图 1-12

命令面板是 3ds Max 的核心部分，默认状态下位于整个窗口界面的右侧。命令面板由 6 个用户界面面板组成，使用这些面板可以访问 3ds Max 的大多数建模功能，以及一些动画功能、显示选择和其他工具。每次只有一个面板可见，在默认状态下打开的是 ▓（创建）面板，如图 1-13 所示。

要显示其他面板，只需单击命令面板顶部的选项卡即可切换至不同的命令面板，从左至右依次为 ▓（创建）、▓（修改）、▓（层级）、▓（运动）、▓（显示）和 ✎（工具）。

面板上标有 +（加号）或 –（减号）按钮的即是卷展栏。卷展栏的标题左侧带有 +（加号）表示卷展栏卷起，有 –（减号）表示卷展栏展开，通过单击 +（加号）或 –（减号）可以在卷起和展开卷展栏之间切换。

图 1-13

建模中常用的命令面板介绍如下。

▓（创建）：▓（创建）面板是 3ds Max 最常用到的面板之一，利用 ▓（创建）面板可以创建各种模型对象，它是命令级数最多的面板。

（创建）面板中的 7 个按钮代表了 7 种可创建的对象，介绍如下。

▓（几何体）：可以创建标准几何体、扩展几何体、合成造型、粒子系统和动力学物体等。

▓（图形）：可以创建二维图形，可沿某个路径放样生成三维造型。

▓（灯光）：创建泛光灯、聚光灯和平行灯等各种灯，模拟现实中各种灯光的效果。

▓（摄影机）：创建目标摄影机或自由摄影机。

▓（辅助对象）：创建起辅助作用的特殊物体。

（空间扭曲）物体：创建空间扭曲以模拟风、引力等特殊效果。

（系统）：可以生成骨骼等特殊物体。

单击其中的一个按钮，可以显示相应的子面板。在可创建对象按钮的下方是创建的模型分类下拉列表框 ，单击右侧的 ▼ 箭头，可从弹出的下拉列表中选择要创建的模型类别。

（修改）面板用于在一个物体创建完成后，如果要对其进行修改，即可单击 （修改）按钮，打开修改面板。 （修改）面板可以修改对象的参数、应用编辑修改器，以及访问编辑修改器堆栈。通过该面板，用户可以实现模型的各种变形效果，如拉伸、变曲和扭转等。

通过 （层级）面板可以访问用来调整对象间层次链接的工具。通过将一个对象与另一个对象相链接，可以创建父子关系。应用到父对象的变换同时将传递给子对象。通过将多个对象同时链接到父对象和子对象，可以创建复杂的层次。

（运动）面板提供用于调整选定对象运动的工具。例如，可以使用 （运动）面板上的工具调整关键点时间及其缓入和缓出。 （运动）面板还提供了轨迹视图的替代选项，用来指定动画控制器。

在命令面板中单击显示 （显示）按钮，即可打开 （显示）面板。 （显示）面板主要用于设置显示和隐藏，冻结和解冻场景中的对象，还可以改变对象的显示特性，加速视图显示，简化建模步骤。

使用 （工具）面板可以访问各种工具程序。3ds Max 工具作为插件提供，一些工具由第三方开发商提供，因此，3ds Max 的设置可能包含在此处未加以说明的工具。

1.3.6 视图控制区

视图调节工具位于 3ds Max 2014 界面的右下角，图 1-14 所示为标准的 3ds Max 2014 视图调节工具，根据当前激活视图的类型，视图调节工具会略有不同。当选择一个视图调节工具时，该按钮呈黄色显示，表示对当前激活视图窗口来说该按钮是激活的，在激活窗口中右击关闭该按钮。

图 1-14

视图控制区中的各选项功能介绍如下。

（缩放）：单击该按钮，在任意视图中按住鼠标左键不放，上下拖动鼠标，可以拉近或推远场景。

（缩放所有视图）：用法同 （缩放）按钮基本相同，只不过该按钮影响的是当前所有可见视图。

（最大化显示选定对象）：最大化显示选定对象将选定对象或对象集在活动透视或正交视口中居中显示。当要浏览的小对象在复杂场景中丢失时，该控件非常有用。

（最大化显示）：最大化显示将所有可见的对象在活动透视或正交视口中居中显示。当在单个视口中查看场景的每个对象时，这个控件非常有用。

（所有视图最大化显示）：所有视图最大化显示将所有可见对象在所有视口中居中显示。当希望在每个可用视口的场景中看到各个对象时，该控件非常有用。

（所有视图最大化显示选定对象）：所有视图最大化显示选定对象将选定对象或对象集在所有视口中居中显示。当要浏览的小对象在复杂场景中丢失时，该控件非常有用。

（缩放区域）：使用该按钮可放大在视口内拖动的矩形区域。仅当活动视口是正交、透视或用户三向投影视图时，该控件才可用。该控件不可用于摄影机视口。

（平移视图）：在任意视图中拖动鼠标，可以移动视图窗口。

（选定的环绕）：将当前选择的中心用做旋转的中心。当视图围绕其中心旋转时，选定对象将保持在视口中的同一位置上。

（环绕）：将视图中心用做旋转中心。如果对象靠近视口的边缘，它们可能会旋出视图范围。

（环绕子对象）：将当前选定子对象的中心用做旋转的中心。当视图围绕其中心旋转时，当前选择将保持在视口中的同一位置上。

（最大化视口切换）：单击该按钮，当前视图将全屏显示，便于对场景进行精细编辑操作。再次单击该按钮，可恢复原来的状态，其快捷键为 Alt+W。

1.3.7　状态栏及提示行

状态行和提示行位于视图区的下部偏左，状态行显示了所选对象的数目、对象的锁定、当前鼠标的坐标位置，以及当前使用的栅格距等。提示行显示了当前使用工具的提示文字，如图 1-15 所示。

在锁定按钮的右侧是坐标数值显示区，如图 1-16 所示。

图 1-15

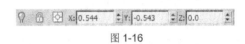

图 1-16

1.3.8　动画控制区

动画控制区位于屏幕的下方，包括动画控制区、时间滑块和轨迹条，主要用于在制作动画时，进行动画的记录、动画帧的选择、动画的播放，以及动画时间的控制等。图 1-17 所示为动画控制区。

图 1-17

动画控制区中的各选项功能介绍如下。

自动关键点：启用"自动关键点"后，对对象位置、旋转和缩放所做的更改都会自动设置成关键帧（记录）。

设置关键帧：其模式使用户能够自己控制什么时间创建什么类型的关键帧，在需要设置关键帧的位置单击"设置关键点"按钮 ，创建关键点。

（新建关键点的默认入/出切线）：该弹出按钮可为新的动画关键点提供快速设置默认切线类型的方法，这些新的关键点是用设置关键点模式或者自动关键点模式创建的。

设置关键点过滤器：显示设置关键点过滤器对话框，在该对话框中可以定义哪些类型的轨迹可以设置关键点，哪些类型不可以。

（转到开头）：单击该按钮可以将时间滑块移动到活动时间段的第一帧。

（上一帧）：将时间滑块向前移动一帧。

（播放动画）：播放按钮用于在活动视口中播放动画。

（下一帧）：可将时间滑块向后移动一帧。

（转至结尾）：将时间滑块移动到活动时间段的最后一帧。

11

（关键点模式切换）：使用关键点模式可以在动画中的关键帧之间直接跳转。

（时间配置）：单击该按钮，弹出时间配置对话框，提供了帧速率、时间显示、播放和动画的设置。

1.4 3ds Max 2014 的常用工具和命令

下面我们将介绍 3ds Max 2014 的常用工具和命令，需要熟练掌握这些常用的工具和命令。

1.4.1 对象的选择

3ds Max 中选择模型的方法很多，其中包括直接选择，通过对话框选择，以及区域选择等

1. 使用选择工具

选择物体的基本方法包括使用 （选择对象）直接选择和 （按名称选择），单击 （按名称选择）按钮后弹出"从场景选择"对话框，如图 1-18 所示。

在该对话框中按住 Ctrl 键选择多个对象，按住 Shift 键单击可选择连续范围。在对话框的右侧可以设置对象以什么形式进行排序，也可以指定显示在对象列表中的列出类型，包括几何体、图形、灯光、摄影机、辅助对象、空间扭曲、组/集合、外部参考和骨骼类型，这些均在工具栏中以按钮形式显示，弹起工具栏中的按钮类型，在列表中将隐藏该类型。

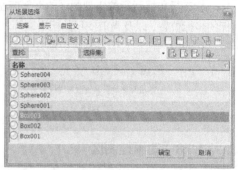

图 1-18

2. 使用区域选择

区域选择指选择工具配合工具栏中的选区工具 （矩形选择区域）、 （圆形选择区域）、 （围栏选择区域）、 （套索选择区域）和 （绘制选择区域）。

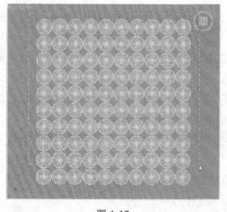

图 1-19

图 1-20

使用 （矩形选择区域）在视口中拖动，然后释放鼠标。单击的第一个位置是矩形的一个角，释放鼠标的位置是相对的角，如图 1-19 所示。

使用 ▣（圆形选择区域）在视口中拖动，然后释放鼠标。首先单击的位置是圆形的圆心，释放鼠标的位置定义了圆的半径，如图 1-20 所示。

使用 ▣（围栏选择区域）拖动绘制多边形，创建多边形选择区，如图 1-21 所示。

使用 ▣（套索选择区域）围绕应该选择的对象拖动鼠标以绘制图形，然后释放鼠标按钮。要取消该选择，请在释放鼠标前右击，如图 1-22 所示。

使用 ▣（绘制选择区域）将鼠标拖至对象之上，然后释放鼠标。在进行拖放时，鼠标周围将会出现一个以画刷大小为半径的圆圈。根据绘制创建选区，如图 1-23 所示。

图 1-21

图 1-22

图 1-23

3．使用编辑菜单选择

在菜单栏中单击"编辑"菜单，在弹出的下拉菜单中选择相应的命令，如图 1-24 所示。

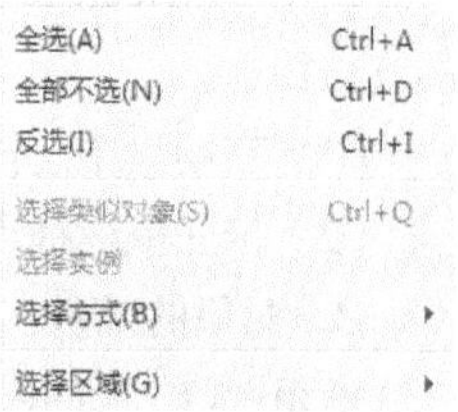

全选(A)	Ctrl+A
全部不选(N)	Ctrl+D
反选(I)	Ctrl+I
选择类似对象(S)	Ctrl+Q
选择实例	
选择方式(B)	▸
选择区域(G)	▸

图 1-24

编辑菜单中的各个命令介绍如下。

全选：选择场景中的全部对象。

全部不选：取消所有选择。

反选：此命令可反选当前选择集。

选择类似对象：自动选择与当前选择类似对象的所有项。通常，这意味着这些对象必须位于同一层中，并且应用了相同的材质（或不应用材质）。

选择实例：选择选定对象的所有实例。

选择方式：从中定义以名称、层和颜色选择方式选择对象。

选择区域：这里参考上一节中区域选择的介绍。

4．使用过滤器选择

使用选择过滤器列表框，可以限制由选择工具选择的对象的特定类型和组合。例如，如果选择"摄影机"，则使用选择工具只能选择摄影机。

如图 1-25 所示场景中创建的有几何体和摄影机。

在过滤器下拉列表框中选择"几何体"，如图 1-26 所示，在场景中即使按 Ctrl+A 组合键，全选对象也不选择摄影机。

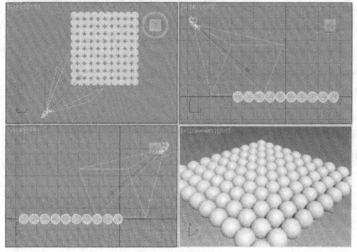

图 1-25   图 1-26

1.4.2　变换工具

对象的变换包括对象的移动、旋转和缩放。

1. 对象的移动

使用 ⊕（选择并移动）按钮来选择并移动对象。要移动单个对象，则无须先选择 ⊕（选择并移动）按钮。当该按钮处于活动状态时，单击对象进行选择，并拖动鼠标以移动该对象。

使用 ⊕Select and Move（选择并移动）工具的方法如下。

（1）在场景中选择需要移动的模型。

（2）按住鼠标拖动即可移动该对象。

2. 对象的缩放

使用 ▣（选择并均匀缩放）工具改变模型的大小，可以等比例和不等比例地缩放对象。

如果要缩放模型，首先在场景中选择需要缩放的模型，在工具栏中还可以单击 ▣（选择并均匀缩放）工具，在弹出的对话框中调整缩放的参数，如图 1-27 所示。

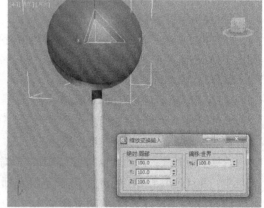

图 1-27

3. 对象的旋转

旋转模框是根据虚拟跟踪球的概念建立的，旋转模框的控制工具是一些圆，如图 1-28 所示，在任意一个圆上单击，再沿圆形拖动鼠标即可进行旋转，对于大于 360° 的角度，可以不止旋转一圈。当圆旋转到虚拟跟踪球后面时将变得不可见，这样模框不会变得杂乱无章，更容易使用。

在旋转模框中，除了控制 X、Y、Z 轴方向的旋转外，
还可以控制自由旋转和基于视图的旋转，在暗灰色圆的内
部拖动鼠标可以自由旋转一个物体，就像真正旋转一个轨
迹球一样（即自由模式）；在浅灰色的球外框拖动鼠标可
以在一个与视图视线垂直的平面上旋转一个物体（即屏幕
模式）。

使用 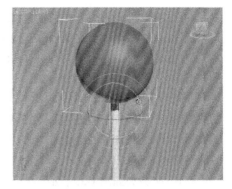（选择并旋转）工具也可以进行精确旋转。使
用方法与缩放工具一样，只是对话框有所不同。

图 1-28

1.4.3　对象的复制

在场景中选择需要复制的模型，按 Ctrl+V 组合键，可以直接复制
模型。变换工具是使用最多的复制方法，按住 Shift 键的同时利用移动、
旋转和缩放工具拖动鼠标，即可将物体进行变换复制，释放鼠标，弹出
"克隆选项"对话框，复制的类型有 3 种，即常规复制、关联复制和参
考复制，如图 1-29 所示为按 Ctrl+V 组合键弹出的对话框。

1.4.4　对齐工具

图 1-29

使用对齐工具可以将物体进行设置、方向和比例的对齐，还可以
进行法线对齐、放置高光、对齐摄影机和对齐视图等操作。对齐工具有实时调节及实时显示效果
的功能。

使用对齐工具首先在场景中选择需要对齐的模型，在工具栏中单击 （对齐）按钮，在弹出的
对话框中设置对齐属性，如图 1-30 所示。

当前激活的是"透视"视图，如果将球体放置到长方体中心可以按照图 1-31 所示进行设置。

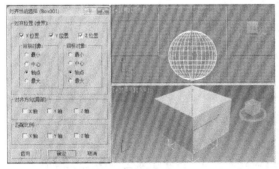

图 1-30

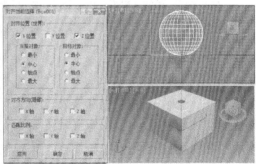

图 1-31

"对齐当前选择"对话框中的各选项命令介绍如下。

X 位置、Y 位置、Z 位置：指定要在其中执行对齐操作的一个或多个轴。启用所有 3 个选项可
以将当前对象移动到目标对象位置。

最小：将具有最小 X、Y 和 Z 值的对象边界框上的点与其他对象上选定的点对齐。

中心：将对象边界框的中心与其他对象上的选定点对齐。

轴点：将对象的轴点与其他对象上的选定点对齐。

最大：将具有最大 X、Y 和 Z 值的对象边界框上的点与其他对象上选定的点对齐。

"对齐方向（局部）"选项组：这些设置用于在轴的任意组合上匹配两个对象之间的局部坐标系的方向。

"匹配比例"选项组：使用"X 轴"、"Y 轴"和"Z 轴"复选框，可匹配两个选定对象之间的缩放轴值。该操作仅对变换输入中显示的缩放值进行匹配。这不一定会导致两个对象的大小相同，如果两个对象先前都未进行缩放，则其大小不会更改。

设置球体到长方体的上方，如图 1-32 所示。

完成的效果，如图 1-33 所示。

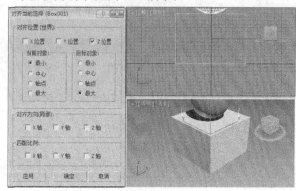 

图 1-32　　　　　　　　　　　　　　　图 1-33

1.4.5　镜像工具

（镜像）工具可以将选择的物体沿指定的坐标轴进行对称复制，如图 1-34 所示可以将蝴蝶一侧的翅膀镜像复制到另一侧。

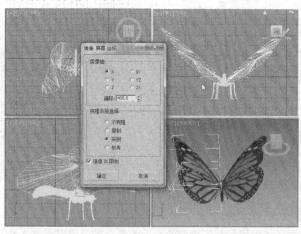

图 1-34

"镜像：屏幕"对话框中的各选项功能介绍如下。

镜像轴：镜像轴选择为 X、Y、Z、XY、XZ 和 YZ。选择其一可指定镜像的方向。

偏移：指定镜像对象轴点距原始对象轴点之间的距离。

克隆当前选择：确定由镜像功能创建的副本的类型。默认设置为"不克隆"。

不克隆：在不制作副本的情况下，镜像选定对象。

复制：将选定对象的副本镜像到指定位置。

实例：将选定对象的实例镜像到指定位置。实例是指可与原始对象交互的克隆体。用户可将对象、修改器、控制器、材质和贴图实例化。更改实例项目的属性也将更改所有实例的相同属性。

参考：将选定对象的参考镜像到指定位置。克隆对象时，创建与原始对象有关的克隆对象。参考对象之前更改对该对象应用的修改器的参数时，将会更改这两个对象。但是，新修改器可以应用于参考对象之一。因此，它只会影响应用该修改器的对象。

镜像 IK 限制：当围绕一个轴镜像几何体时，会导致镜像 IK 约束（与几何体一起镜像）。如果不希望 IK 约束受镜像命令的影响，请禁用此复选框。

1.4.6　阵列工具

"阵列"工具可以复制模型，根据轴心点进行旋转、移动和缩放等复制操作，具体表现效果如图 1-35 所示。

图 1-35

（1）在场景中创建如图 1-36 所示的圆柱体和球体，将其组合。

（2）在场景中选择圆柱体和球体，在菜单栏中选择"组>成组"命令，在弹出的对话框中命名模型为 001，单击"确定"按钮，将模型成组，如图 1-37 所示。

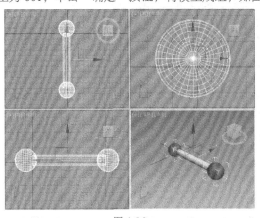
　　　　　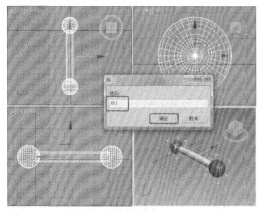

图 1-36　　　　　　　　　　　　图 1-37

（3）激活顶视图，在菜单栏中选择"工具 > 阵列"命令，弹出如图 1-38 所示的对话框。

（4）单击"移动"和"旋转"右侧的箭头，设置"移动"Z 轴参数为 2500；"旋转"Z 轴为 180；设置"阵列维度"选项组中的 1D 为 18，如图 1-39 所示。

"阵列"对话框中的各选项功能介绍如下。

增量：参数控制阵列单个物体在 X、Y、Z 轴方向上的移动、旋转和缩放间距，该栏参数一般不进行设置。

总计：参数控制阵列物体在 X、Y、Z 轴方向上的移动、旋转和缩放总量，这是常用的参数控制区，改变该选项组中参数后，"增量"选项组中的参数将随之改变。

重新定向：选中该复选框后，旋转复制原始对象时，同时也对复制物体沿其自身的坐标系统进行旋转定向，使其在旋转轨迹上总保持相同的角度。

均匀：选中该复选框后，缩放的数值框将只有一个数值框允许输入，这样可以保证对象只发生体积变化而不发生变形。

对象类型：用于设置复制的类型。

阵列维度：设置3种维度的阵列。

预览：单击该按钮，可以将设置的阵列参数在视图中进行预览。

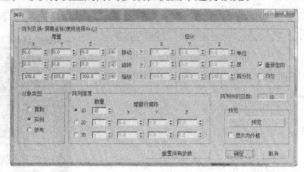

图 1-38

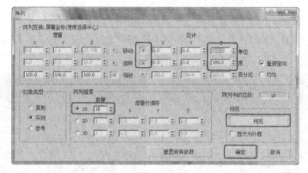

图 1-39

（5）阵列的效果如图1-40所示。在场景中复制模型，完成阵列分子效果，如图1-41所示。

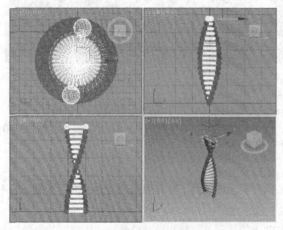

图 1-40

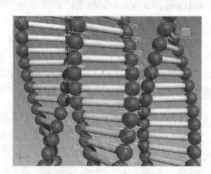

图 1-41

18

1.4.7　车削与重做

在建模中，操作步骤会非常多，如果当前某一步操作出现错误，重新进行操作是不现实的，3ds Max 2014 中提供了撤销和重复命令，可以使操作回到之前的某一步，这在建模过程中非常有用。这两个命令在快速访问工具栏中都有相应的快捷按钮。

撤销命令：用于撤销最近一次操作的命令，可以连续使用，快捷键为 Ctrl + Z 组合键。在按钮上单击鼠标右键，会显示当前所执行过的一些步骤，可以从中选择要撤销的步骤，如图 1-42 所示。

重复命令：用于恢复撤销的命令，可以连续使用，快捷键为 Ctrl + A 组合键。重复功能也有重复步骤的列表，使用方法与撤销命令相同。

图 1-42

1.4.8　轴心控制

轴心控制是物体发生变换时的中心，只影响物体的旋转和缩放。物体的轴心控制包括 3 种方式：使用轴心点控制、使用选择中心、使用变换坐标中心。

1．使用轴心点控制

把被选择对象自身的轴心点作为旋转、缩放操作的中心。如果选择了多个物体，则以每个物体各自的轴心点进行变换操作。如图 1-43 所示，3 个圆柱体按照自身的坐标中心旋转。

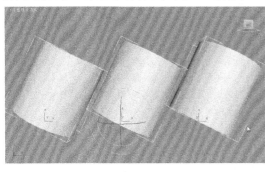

图 1-43

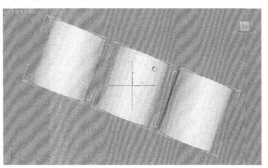

图 1-44

2．使用选择中心

把选择对象的公共轴心点作为物体旋转和缩放的中心。如图 1-44 所示，3 个圆柱体围绕一个共同的轴心点旋转。

3．使用变换坐标中心

把选择的对象所使用当前坐标系的中心点作为被选择物体旋转和缩放的中心。例如，可以通过拾取坐标系统进行拾取，把被拾取物体的坐标中心作为选择物体的旋转和缩放中心。

下面仍通过 3 个圆柱体来进行介绍，操作步骤如下。

（1）用鼠标框选右侧的两个圆柱体，然后选择坐标系统下拉列表框中的"拾取"选项，如图 1-45 所示。

（2）单击另一个圆柱体，将两个茶壶的坐标中心拾取在一个圆柱体上。

（3）对这两个圆柱体进行旋转，会发现这两个圆柱体的旋转中心是被拾取圆柱体的坐标中心，如图 1-46 所示。

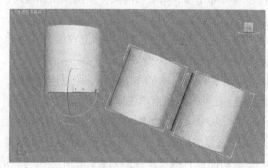

图 1-45　　　　　　　　　　　　　图 1-46

第2章　基本物体建模

本章将介绍 3ds Max 2014 中基本几何体的创建及其参数的修改。读者通过学习能掌握创建基本几何体的方法，并学会使用基本几何体进行模型的创建。通过本章的学习，希望读者可以融会贯通，掌握图层的应用技巧，制作出具有想像力的模型效果。

课堂学习目标	/ 掌握标准基本体的创建方法和技巧
	/ 掌握扩展基本体的创建方法和技巧
	/ 掌握建筑构建建模的方法和技巧

2.1　标准基本体的创建

我们熟悉的几何基本体在现实世界中就是像水皮球、管道、长方体、圆环和圆锥形冰淇淋杯这样的对象。在 3ds Max 中，您可以使用单个基本体对很多这样的对象建模。还可以将基本体结合到更复杂的对象中，并使用修改器进一步进行优化。

2.1.1　长方体

对于室内外效果图来说，长方体是在建模创建过程中使用非常频繁的模型，通过修改该模型可以得到大部分模型。

（1）首先单击"（创建） > （几何体） ○>长方体"按钮。

（2）在"顶"视图中单击并拖动鼠标，创建"长方体"的长和宽，松开并移动鼠标设置"长方体"的高。

（3）在"参数"卷展栏中设置长方体的参数，如图 2-1 所示。

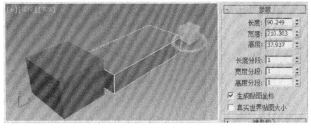

图 2-1

"参数"卷展栏介绍如下。

长度、宽度、高度：确定 3 边的长度。

长度分段、宽度分段、高度分段：确定 3 边上的片段划分参数。

生成贴图坐标：自动产生贴图坐标。

真实世界贴图大小：不选择此复选框时，贴图大小符合创建对象的尺寸；选择该复选框，贴图大小由绝对尺寸决定，而与对象的相对尺寸无关。

"创建方法"卷展栏中的选项功能介绍如下（如图 2-2 所示）。

立方体：直接创建立方体模型。

长方体：确立长、宽、高来创建长方体模型。

"键盘输入"卷展栏中的选项功能介绍如下（如图 2-3 所示）。

X、Y、Z：输入的数值为沿活动构造平面的轴的偏移量。

图 2-2   图 2-3

2.1.2 圆锥体

使用 Cone（圆锥体）命令可以产生直立或倒立的圆形圆锥体，如图 2-4 所示。

（1）单击 > > "圆锥体"按钮。

（2）在"顶"视图中单击并拖动鼠标设置"圆锥体"的半径 1，移动鼠标设置"圆锥体"的高度，单击并拖动鼠标设置"圆锥体"的半径 2，再次单击完成创建。

（3）在"参数"卷展栏中设置合适的参数。

如图 2-5 所示的圆锥体卷展栏，从中可以设置圆锥体的参数。

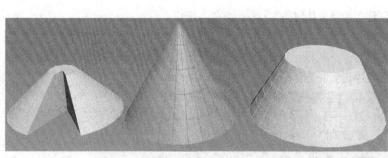

图 2-4

图 2-5

"参数"卷展栏中的选项功能介绍如下。

半径 1、半径 2：设置圆锥体的第一个半径和第二个半径。两个半径的最小值都是 0.0。

高度：确定圆锥体的高度。

高度分段：设置圆锥体高度的分段数。

端面分段：设置两端平面沿半径辐射的片段划分数。

边数：设置端面圆周上的片段划分数。

平滑：混合圆锥体的面，从而在渲染视图中创建平滑的外观。

切片启用：是否进行局部切片处理，制作不完整的圆锥体。

切片从、切片到：分别设置切片局部的起始点和终止点。

2.1.3　球体

使用"球体"命令可以制作面状或平滑的球体，也可以制作局部球体（包括半球），如图 2-6 所示。

单击"　（创建）>　（几何体）> 球体"按钮，即可显示如图 2-7 所示的参数卷展栏，从中可以设置球体的参数。

图 2-6　　　　　　　　　　　　　　　　　　　　　图 2-7

"参数"卷展栏中的部分选项功能介绍如下。

半径：指定球体的半径。

分段：设置表面划分的分段数，该值越高，表面越光滑，面数也越多。

半球：该值的范围为 0～1，默认为 0，表示创建完整的球体；增加数值，球体将被逐渐减去；值为 0.5 时，制作出半球；值为 1 时，什么都没有了。

2.1.4　几何球体

使用"几何球体"可以建立三角面拼接成的球体或半球体，它不像球体那样可以控制切片局部的大小。如果仅仅是要产生圆球或半球，它与"球体"工具基本没什么区别。它的长处在于它是由三角面拼接组成的，在进行面的分离特效时（如爆炸），可以分解成三角面或标准四面体、八面体等，无秩序且易混乱，如图 2-8 所示。

单击"　（创建）>　（几何体）> 几何球体"按钮即可显示如图 2-9 所示的参数卷展栏，从中可以设置几何球体的参数。

图 2-8　　　　　　　　　　　　　　　　　　　　　图 2-9

"参数"卷展栏中的部分选项功能介绍如下。

半径：确定几何球体的半径。

分段：设置球体表面的划分复杂度，该值越大，三角面越多，球体也越光滑。

"基点面类型"选项组用于确定由哪种规则的多面体组合成球体。四面体、八面体和二十面体的效果分别如图 2-10 所示。

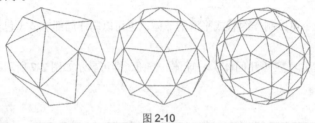

图 2-10

半球：制作半球体。

轴心在底部：设置球体的轴心点位置在球体的底部，这个选项对半球体不产生作用。

2.1.5　圆柱体

使用"圆柱体"可以创建棱柱体、圆柱体、局部圆柱或棱柱体，当高度为 0 时产生圆形或扇形平面，如图 2-11 所示。

单击" （创建）> （几何体）>圆柱体"按钮，即可显示如图 2-12 所示的参数卷展栏，从中设置几何体的参数。

图 2-11

图 2-12

"参数"卷展栏中的部分选项功能介绍如下。

半径：设置圆柱体的半径大小。

高度：设置圆柱体的高度。

2.1.6　管状体

使用"管状体"命令可以生成圆形和棱柱管道。管状体类似于中空的圆柱体，如图 2-13 所示。

单击" （创建）> （几何体）>管状体"按钮，即可显示如图 2-14 所示的参数卷展栏，从中设置参数。

图 2-13　　　　　　　　　　　图 2-14

"参数"卷展栏中的选项功能介绍如下。

半径 1：设置管状体的内径。

半径 2：设置管状体的外径。

2.1.7　圆环

使用"圆环"命令可创建一个圆环或具有圆形横截面的环，如图 2-15 所示。

单击"　（创建）>　（几何体）> 圆环"按钮，即可显示如图 2-16 所示的参数卷展栏，从中设置参数。

图 2-15　　　　　　　　　　　图 2-16

"参数"卷展栏中的选项功能介绍如下。

半径 1：设置从环形的中心到横截面圆形的中心的距离，这是圆环的半径。

半径 2：设置横截面圆形的半径，每当创建环形时就会替换该值。

旋转：设置旋转的度数。顶点将围绕通过环形环中心的圆形并均匀旋转。此设置的正数值和负数值将在环形面上的任意方向"滚动"顶点。

扭曲：设置扭曲的度数。

分段：设置围绕环形的分段数目。通过减小此数值，用户可以创建多边形环，而不是圆形。

边数：设置环形横截面圆形的边数。通过减小此数值，用户可以创建类似于棱锥的横截面，而不是圆形。

平滑选项组提供了4种平滑方式，分别介绍如下。

全部：将在环形的所有曲面上生成完整平滑。

侧面：平滑相邻分段之间的边，从而生成围绕环形运行的平滑带。

无：完全禁用平滑，从而在环形上生成类似棱锥的面。

分段：分别平滑每个分段，从而沿着环形生成类似环的分段。

2.1.8 平面

使用"平面"对象来创建大型地平面。用户可以将任何类型的修改器应用于"平面"对象，如图 2-17 所示。

单击" ■（创建）> ◯（几何体）> 平面"按钮，即可显示如图 2-18 所示的参数卷展栏，从中设置参数。

图 2-17

图 2-18

"参数"卷展栏中的部分选项功能介绍如下。

长度、宽度：设置平面对象的长度和宽度。

长度分段、宽度分段：设置沿着对象每个轴的分段数量。

渲染缩放：指定长度和宽度在渲染时的倍增因子，将从中心向外执行缩放。

密度：指定长度和宽度分段数在渲染时的倍增因子。

2.1.9 课堂案例——制作仿中式茶几

📋 案例学习目标

学习使用标准基本体。

📋 案例知识要点

本例介绍如何使用长方体和平面，以及配合移动、旋转、复制等命令和工具制作出图 2-19 所示效果。

📋 效果所在位置

场景文件可以参考光盘文件/场景/第 2 章/仿中式茶几.max。

图 2-19

设置完成的渲染场景可以参考光盘文件 > 场景 > 第 2 章 > 仿中式茶几 ok.max。

（1）单击"（创建）　 >（几何体）　 > 长方体"按钮，在"顶"视图中创建长方体，设置"长度"为 4、"宽度"为 195、"高度"为 8，如图 2-20 所示。

（2）在工具栏中使用　 （选择并旋转）工具，打开　 （角度捕捉切换）按钮，按住 Shift 键，旋转复制长方体，在弹出的对话框中选择"实例"选项，单击"确定"按钮，如图 2-21 所示。

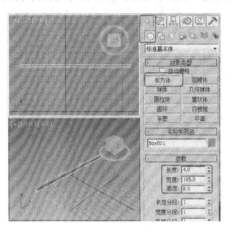
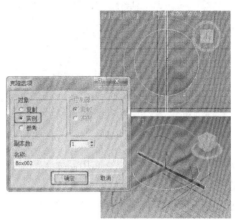

图 2-20　　　　　　　　　　　　　　　　　　　图 2-21

（3）使用　 （选择并移动）工具，在场景中按住 Shift 键移动复制模型，然后调整模型的位置，如图 2-22 所示。

（4）在"顶"视图中创建长方体，在"参数"卷展栏中设置"长度"为 192、"宽度"为 95、"高度"为 6，如图 2-23 所示，调整模型的位置。

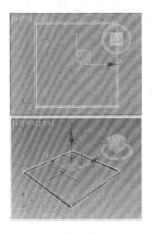
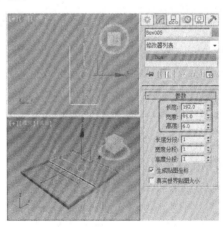

图 2-22　　　　　　　　　　　　　　　　　　　图 2-23

（5）单击"（创建）　 >（几何体）　 > 长方体"按钮，在"顶"视图中创建长方体，在"参数"卷展栏汇总设置"长度"为 2、"宽度"为 97、"高度"为 8，如图 2-24 所示。

（6）在场景中对长方体进行旋转和移动复制，并修改如图 2-25 所示的长方体参数，调整模型的合适位置，如图 2-25 所示。

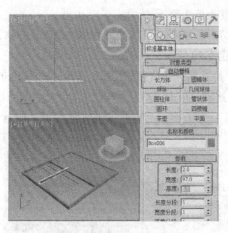

图 2-24

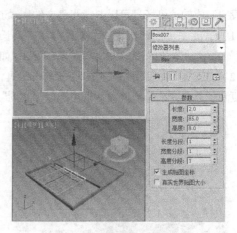

图 2-25

（7）单击"（创建） ➤>（几何体） ○>平面"按钮，在"顶"视图中如图 2-26 所示的位置创建平面，设置合适的参数。

（8）在场景中复制长方体，设置其"长度"为 4、"宽度"为 97、"高度"为 4，如图 2-27 所示。

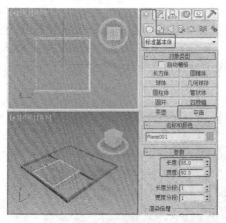

图 2-26

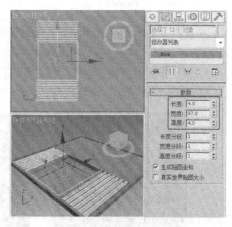

图 2-27

（9）在场景中选择平面，为其施加"编辑多边形"修改器，将选择集定义为"顶点"，在场景中调整模型的顶点，如图 2-28 所示。

（10）单击"（创建） ➤>（几何体） ○>长方体"按钮，在"顶"视图中创建长方体，在"参数"卷展栏中设置"长度"为 18、"宽度"为 18、"高度"为-60，如图 2-29 所示。

（11）对长方体进行复制，如图 2-30 所示。

（12）单击"（创建） ➤>（几何体） ○>长方体"按钮，在"顶"视图中创建长方体，在"参数"卷展栏中设置"长度"为 200、"宽度"为 200、"高度"为 10，如图 2-31 所示。

这样模型就制作完成了，参考制作完成的渲染场景对场景进行渲染即可，这里就不详细介绍了。

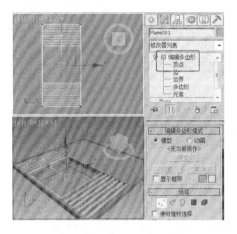
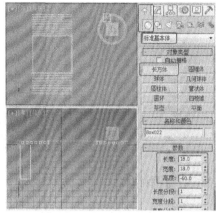

图 2-28　　　　　　　　　　　　　　　　　　　　　图 2-29

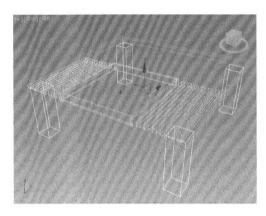
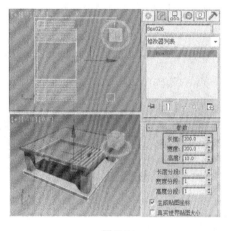

图 2-30　　　　　　　　　　　　　　　　　　　　　图 2-31

2.2　扩展基本体的创建

扩展基本体要比标准几何体更复杂。这些几何体通过其他建模工具也可以创建，不过要花费一定的时间。有了现成的工具，就能够节省大量制作时间。

2.2.1　切角长方体

"切角长方体"直接产生带有切角的长方体，省去了"倒角"制作的过程，如图 2-32 所示。

单击"　（创建）>　（几何体）>扩展基本体>切角长方体"按钮，即可显示如图 2-33 所示的参数卷展栏，从中设置参数。

"参数"卷展栏中的部分选项功能介绍如下。

圆角：切开切角长方体的边。该值越高，切角长方体边上的圆角将更加精细。

圆角分段：设置长方体圆角边的分段数。添加圆角分段将增加圆形边。

图 2-32

图 2-33

2.2.2 切角圆柱体

使用"切角圆柱体"来创建具有倒角或圆形封口边的圆柱体，如图 2-34 所示。

单击" ❋ （创建）> ⭕ （几何体）>扩展基本体>切角圆柱体"按钮，即可显示如图 2-35 所示的参数卷展栏，从中设置参数。

图 2-34

图 2-35

提示

相同的参数、命令和工具介绍可以参考前面小节中的介绍，这里就不再重复了。

2.2.3 课堂案例——石桌椅

📋 案例学习目标

扩展基本体的创建。

📋 案例知识要点

本例介绍如何创建和使用切角圆柱体，并结合使用一些修改器制作出石桌椅的模型效果，如图 2-36 所示。

📋 效果所在位置

场景文件可以参考光盘文件/场景/第 2 章/石桌椅.max。

设置完成的渲染场景可以参考光盘文件>场景>第 2 章>石桌椅 ok.max

（1）单击"　　（创建）>　　（几何体）>扩展基本体>切角圆柱体"按钮，在"顶"视图中创建切角圆柱体，在"参数"卷展栏中设置"半径"为 200、"高度"为 30、"圆角"为 4，设置"高度分段"为 1、"圆角分段"为 3、"边数"为 40，如图 2-37 所示。

图 2-36

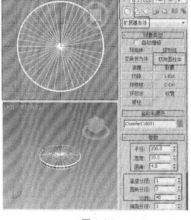
图 2-37

（2）复制切角圆柱体，在"参数"卷展栏中修改"半径"为 50、"高度"为-300，如图 2-38 所示。

（3）为复制出的切角圆柱体施加"FFD（圆柱体）"修改器，在"FFD 参数"卷展栏中单击"设置点数"按钮，在弹出的对话框中设置"侧面"为 6、"径向"为 2、"高度"为 6，单击"确定"按钮，如图 2-39 所示。

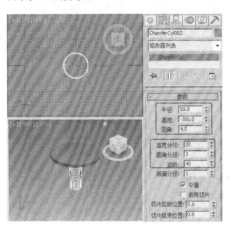
图 2-38

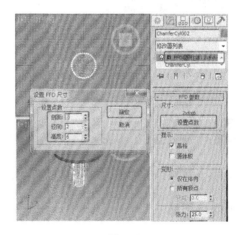
图 2-39

（4）将选择集定义为"控制点"，在场景中调整等比例缩放控制点，如图 2-40 所示。

（5）复制并切角圆柱体，在"参数"卷展栏中设置"半径"为 60、"高度"为-150、"圆角"为 4，设置"高度分段"为 10、"圆角分段"为 3、"边数"为 40，如图 2-41 所示。

（6）为模型施加"FFD4×4×4"修改器，通过将选择集定义为"控制点"，缩放并调整模型，如图 2-42 所示。

（7）对模型进行复制，如图 2-43 所示，完成石桌椅模型的制作。

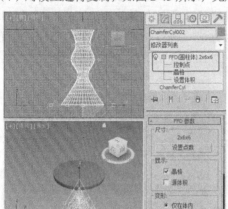

图 2-40

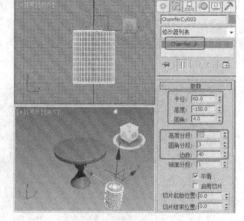

图 2-41

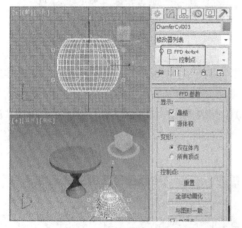

图 2-42

图 2-43

2.3 建筑构建建模

在 3ds max 中自带的有一些现成的建筑构件模型，如楼梯、门、窗、墙、栏杆、植物等。

2.3.1 楼梯

楼梯是较为复杂的一类建筑模型，往往需要花费大量的时间，3ds Max 提供的参数化楼梯大大方便了用户，不仅加快了制作速度，还使得模型更容易修改，只需修改几个参数，楼梯就可以改头换面。

1. 楼梯的公共参数
以 L 形楼梯来介绍楼梯的公共参数。"参数"卷展栏中的选项功能介绍如下（如图 2-44 所示）。
类型：在该选项组中可以设置楼梯的类型。

开放式：创建一个开放式的梯级竖板楼梯。

封闭式：创建一个封闭式的梯级竖板楼梯。

落地式：创建一个带有封闭式梯级竖板和两侧有封闭式侧弦的楼梯。

生成几何体：从该组中设置楼梯的生成模型。

侧弦：沿着楼梯的梯级端点创建侧弦。

支撑梁：在梯级下创建一个倾斜的切口梁，该梁支撑台阶或添加楼梯侧弦之间的支撑。

扶手：创建左扶手和右扶手。

左：创建左侧扶手。

右：创建右侧扶手。

扶手路径：创建楼梯上用于安装栏杆的左路径和右路径。

左：显示左侧扶手路径。

右：显示右侧扶手路径。

布局：设置 L 形楼梯的效果。

长度 1：控制第一段楼梯的长度。

长度 2：控制第二段楼梯的长度。

宽度：控制楼梯的宽度，包括台阶和平台。

角度：控制平台与第二段楼梯的角度。

偏移：控制平台与第二段楼梯的距离，相应地调整平台的长度。

图 2-44

梯级：3ds Max 当调整其他两个选项时保持梯级选项锁定。要锁定一个选项，单击图钉按钮。要解除锁定选项，单击抬起的图钉按钮。3ds Max 使用按下去的图钉，锁定参数的微调器值，并允许使用抬起的图钉更改参数的微调器值。

总高：控制楼梯段的高度。

竖板高：控制梯级竖板的高度。

竖板数：控制梯级竖板数，梯级竖板总是比台阶多一个。

台阶：从中设置台阶的参数。

厚度：控制台阶的厚度。

深度：控制台阶的深度。

"支撑梁"卷展栏中的选项功能介绍如下（如图 2-45 所示）。

深度：控制支撑梁离地面的深度。

深度：控制支撑梁的宽度。

图 2-45

（支撑梁间距）：设置支撑梁的间距。单击该按钮时，将会弹出"支撑梁间距"对话框。使用"计数"选项指定所需的支撑梁数。

从地面开始：控制支撑梁是从地面开始，还是与第一个梯级竖板的开始平齐，或是否将支撑梁延伸到地面以下。

"栏杆"卷展栏中的选项功能介绍如下（如图 2-46 所示）。

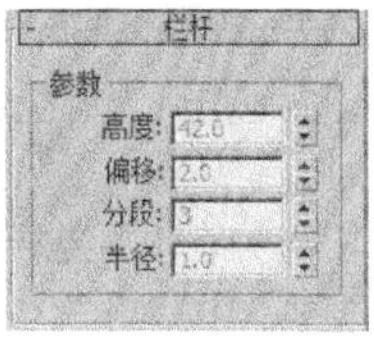

高度：控制栏杆离台阶的高度。

偏移：控制栏杆离台阶端点的偏移。

分段：指定栏杆中的分段数目。该值越高，栏杆显示得越平滑。

图 2-46

半径：控制栏杆的厚度。

"侧弦"卷展栏中的选项功能介绍如下（如图 2-47 所示）。

深度：控制侧弦离地板的深度。

宽度：控制侧弦的宽度。

偏移：控制地板与侧弦的垂直距离。

图 2-47

从地面开始：控制侧弦是从地面开始，还是与第一个梯级竖板的开始平齐，或是否将侧弦延伸到地面以下。

2．直线形楼梯

使用"直线形楼梯"对象可以创建一个简单的楼梯，侧弦、支撑梁和扶手可选。具体的效果表现如图 2-48 所示。

3．L 形楼梯

使用"L 形楼梯"对象可以创建带有彼此成直角的两段楼梯。具体的效果表现如图 2-49 所示。

图 2-48 图 2-49

4．U 形楼梯

使用"U 形楼梯"可以创建一个两段的楼梯，这两段彼此平行并且它们之间有一个平台。具体的效果表现如图 2-50 左图所示。

"参数"卷展栏中的选项功能介绍如下（如图 2-50 右图所示）。

图 2-50

布局：从该选项组中设置"U 形楼梯"的布局。

左、右：控制两段楼梯彼此相对的位置（长度 1 和长度 2）。

长度 1：控制第一段楼梯的长度。

长度 2：控制第二段楼梯的长度。

宽度：控制楼梯的宽度，包括台阶和平台。

偏移：控制分隔两段楼梯的距离和平台的长度。

5．螺旋楼梯

使用"螺旋楼梯"对象可以指定旋转的半径和数量，添加侧弦和中柱，甚至更多。具体的效果表现如图 2-51 左图所示。

单击"![创建图标]（创建）>![几何体图标]（几何体）>楼梯>螺旋楼梯"按钮即可显示"螺旋楼梯"的相关参数卷展栏。

"参数"卷展栏中的选项功能介绍如下（如图 2-51 右图所示）。

"生成几何体"选项组中的"中柱"复选框：在螺旋的中心创建一个中柱。

布局：设置"螺旋楼梯"的布局。

逆时针：使螺旋楼梯面向楼梯的右手段。

顺时针：使螺旋楼梯面向楼梯的左手段。

半径：控制螺旋的半径大小。

旋转：指定螺旋中的转数。

宽度：控制螺旋楼梯的宽度。

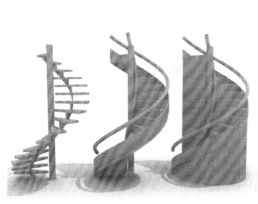

图 2-51

2.3.2　门

3ds Max 提供直接创建门窗物体的工具。可以快速地产生各种型号的门窗模型，这里提供了 3 种样式的门。

1. 门的公共参数

下面以枢轴门为例介绍公共参数。

"参数"卷展栏中的选项功能介绍如下（如图2-52所示）。

双门：制作一个双门。

翻转转动方向：更改门转动的方向。

翻转转枢：在与门面相对的位置上放置转枢。此项不可用于双门。

打开：指定门打开的百分比。

门框：此卷展栏包含用于门侧柱门框的控件。虽然门框只是门对象的一部分，但它的行为就像是墙的一部分。打开或关闭门时，门框不会移动。

创建门框：这是默认启用的，以显示门框。禁用此复选框可以禁用门框的
显示。

图2-52

宽度：设置门框与墙平行的宽度。仅当启用了"创建门框"复选框时可用。

深度：设置门框从墙投影的深度。仅当启用了"创建门框"复选框时可用。

门偏移：设置门相对于门框的位置。

"创建方法"卷展栏中的选项功能介绍如下（如图2-53所示）。

图2-53

Width/Depth/Height（宽度/深度/高度）：前两个点定义门的宽度和门脚的角度。通过在视口中拖动来设置这些点。第一个点（在拖动之前单击并按住的点）定义单枢轴门（两个侧柱在双门上都有铰链，而推拉门没有铰链）的铰链上的点。第二个点（在拖动后在其上释放鼠标按键的点）定义门的宽度及从一个侧柱到另一个侧柱的方向。这样，就可以在放置门时使其与墙或开口对齐。第三个点（移动鼠标后单击的点）指定门的深度，第四个点（再次移动鼠标后单击的点）指定高度。

宽度/高度/深度：与"宽度/深度/高度"选项的作用方式相似，只是最后两个点首先创建高度，然后创建深度。

允许侧柱倾斜：允许创建倾斜门。

"页扇参数"卷展栏中的选项功能介绍如下（如图2-54所示）。

厚度：设置门的厚度。

门挺/顶梁：设置顶部和两侧的面板框的宽度。仅当门是面板类型时，才会
显示此设置。

底梁：设置门脚处的面板框的宽度。仅当门是面板类型时，才会显示此设置。

水平窗格数：设置面板沿水平轴划分的数量。

垂直窗格数：设置面板沿垂直轴划分的数量。

镶板间距：设置面板之间的间隔宽度。

镶板：确定在门中创建面板的方式。

无：门没有面板。

玻璃：创建不带倒角的玻璃面板。

厚度：设置玻璃面板的厚度。

倒角角度：选择此选项可以具有倒角面板。

厚度1：设置面板的外部厚度。

厚度2：设置倒角从该处开始的厚度。

图2-54

中间厚度：设置面板内面部分的厚度。

宽度 1：设置倒角从该处开始的宽度。

宽度 2：设置面板的内面部分的宽度。

2．枢轴门

"枢轴门"可以是单扇枢轴门，也可以是双扇枢轴门；可以向内开，也可以向外开。门的木格可以设置，门上的玻璃厚度可以指定，还可以产生倒角的框边。具体的效果表现为如图 2-55 所示的枢轴门。

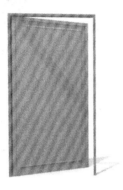

图 2-55

3．推拉门

使用"推拉门"可以将门进行滑动，就像在轨道上一样。该门有两个门元素：一个保持固定，而另一个可以移动。具体的效果表现如图 2-56 右图所示。

"参数"卷展栏中的部分选项功能介绍如下（如图 2-57 所示）。

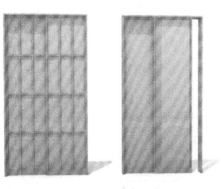

图 2-56　　　　　　　　　　图 2-57

前后翻转：更改哪个元素位于前面，与默认设置相比较而言。

侧翻：将当前滑动元素更改为固定元素。

4．折叠门

"折叠门"在中间转枢，也在侧面转枢。该门有两个门元素。也可以将该门制作成有 4 个门元素的双门。具体的效果表现如图 2-58 所示。

单击" （创建）> （几何体）>门>折叠门"按钮，即可显示折叠门的参数卷展栏。

"参数"卷展栏中的部分选项功能介绍如下（如图 2-59 所示）。

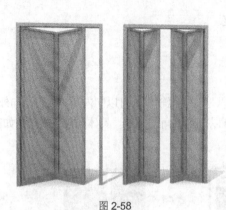

图 2-58　　　　　　　　　　图 2-59

双门：将该门制作成有 4 个门元素的双门，从而在中心处汇合。

翻转转动方向：默认情况下，以相反的方向转动门。

翻转转枢：默认情况下，在相反的侧面转动门。当"双门"复选框处于启用状态时，"翻转转枢"不可用。

2.3.3　窗

窗户是非常有用的建筑模型，这里提供了 6 种样式。

1．遮篷式窗

"遮篷式窗"具有一个或多个可在顶部转枢的窗框。具体的效果表现如 2-60 所示。

单击" （创建）> （几何体）>窗>遮篷式窗"按钮即可显示"遮篷式窗"的参数。

"参数"卷展栏中的部分选项功能介绍如下（如图 2-61 所示）。

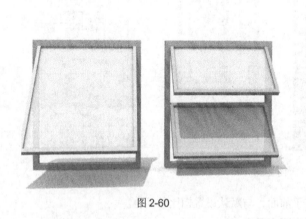

图 2-60　　　　　　　　　　图 2-61

窗框：从该组中设置窗框属性。

水平宽度：设置窗口框架水平部分的宽度（顶部和底部）。该设置也会影响窗宽度的玻璃部分。

垂直宽度：设置窗口框架垂直部分的宽度（两侧）。该设置也会影响窗高度的玻璃部分。

厚度：设置框架的厚度。

玻璃：设置玻璃属性。

厚度：设置玻璃的厚度。

窗格：设置窗格属性。

宽度：设置窗框中窗格的宽度（深度）。

窗格数：设置窗中的窗框数。

开窗：设置开窗属性。

打开：指定窗打开的百分比。此控件可设置动画。

2. 平开窗

"平开窗"有一个或两个可在侧面转枢的窗框（像门一样）。具体的效果表现如图 2-62 所示。

单击"　（创建）>　（几何体）>窗>平开窗"按钮，即可显示平开窗的参数卷展栏。

"参数"卷展栏中的部分选项功能介绍如下（如图 2-63 所示）。

窗扉：从该组中设置窗扉属性。

隔板宽度：在每个窗框内更改玻璃面板之间的大小。

一、二：指定窗面板数，一个或两个。使用两个面板来创建像双门一样的窗，每个面板在其外侧面边上转枢。

打开窗：从该组中设置打开窗的属性。

打开：指定窗打开的百分比。此控件可设置动画。

翻转转动方向：启用此复选框可以使窗框以相反的方向打开。

图 2-62　　　　　　　　　　图 2-63

3. 固定窗

"固定窗"创建不能打开的固定窗。具体的效果表现如图 2-64 所示。

单击"　（创建）>　（几何体）>窗>固定窗"按钮即可显示"固定窗"的参数。

"参数"卷展栏中的部分选项功能介绍如下（如图 2-65 所示）。

窗格：从该组中设置窗格属性。

宽度：设置窗框中窗格的宽度（深度）。

水平窗格数：设置窗中水平划分的数量。

垂直窗格数：设置窗中垂直划分的数量。

切片剖面：设置玻璃面板之间窗格的切角，就像常见的木质窗户一样。

图 2-64 · 图 2-65

4. 旋开窗

"旋开窗"只有一个窗框，中间通过窗框面用铰链接合起来，可以垂直或水平旋转打开。具体的效果表现如图 2-66 所示。

单击 " （创建）> （几何体）>窗>旋开窗"按钮，即可显示旋开窗的参数。

"参数"卷展栏中的部分选项功能介绍如下（如图 2-67 所示）。

图 2-66 · 图 2-67

轴：从该组中切换轴。

垂直旋转：将轴坐标从水平切换为垂直。

5. 伸出式窗

"伸出式窗"具有 3 个窗框，顶部窗框不能移动，底部的两个窗框像遮篷式窗那样旋转打开，但是却以相反的方向。具体的效果表现如图 2-68 所示。

单击 " （创建）> （几何体）>窗>伸出式"按钮，即可显示"伸出式窗"的参数卷展栏。

"参数"卷展栏中的部分选项功能介绍如下（如图 2-69 所示）。

窗格：从该组中设置"伸出式窗"的窗格属性。

宽度：设置窗框中窗格的宽度。

中点高度：设置中间窗框相对于窗架的高度。

底部高度：设置底部窗框相对于窗架的高度。

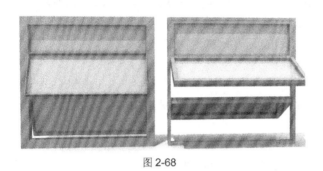

图 2-68 图 2-69

6. 推拉窗

"推拉窗"具有两个窗框，一个固定的窗框，一个可移动的窗框。可以垂直移动或水平移动滑动部分，具体的效果表现如图 2-70 所示。

单击 " （创建）> （几何体）>窗>推拉窗"按钮，即可显示推拉窗的参数卷展栏。

"参数"卷展栏中的部分选项功能介绍如下（如图 2-71 所示）。

图 2-70 图 2-71

"窗格"选项组中的"切角剖面"复选框：设置玻璃面板之间窗格的切角，就像常见的木质窗户一样。

"打开窗"选项组中的"悬挂"复选框：启用该复选框后，窗将垂直滑动。禁用该复选框后，窗将水平滑动。

2.3.4 墙

"墙"对象由 3 个子对象类型构成，这些对象类型可以在 （修改）面板中进行修改。与编辑样条线的方式类似，同样也可以编辑墙对象，包括顶点、分段和剖面。具体的效果表现如图 2-72 所示。

单击" （创建）> （几何体）> AEC 扩展>墙"按钮，即可显示墙的相关参数卷展栏。

"参数"卷展栏中的选项功能介绍如下（如图 2-73 所示）。

宽度：设置墙的厚度。

高度：设置墙的高度。

对齐：设置基墙的对齐属性。

左：根据墙基线（墙的前边与后边之间的线，即墙的厚度）的左侧边对齐墙。

居中：根据墙基线的中心对齐。

右：根据墙基线的右侧边对齐。

"墙"修改器面板中的选择集功能介绍如下（如图 2-74 所示）。

图 2-72

图 2-73

图 2-74

顶点：可以通过顶点调整墙体的形状。

分段：可以通过分段选择集对墙体进行编辑。

剖面：可以以剖面的方式对墙体进行编辑。

切换到 （修改）面板，将选择集定义为"顶点"选择集，即可显示"编辑顶点"卷展栏中的选项功能介绍如下（如图 2-75 所示）。

图 2-75

连接：用于连接任意两个顶点，在这两个顶点之间创建新的样条线线段。

断块：用于在共享顶点断开线段的连接。

优化：向沿着用户单击的墙线段的位置添加顶点。

插入：插入一个或多个顶点，以创建其他线段。

删除：删除当前选定的一个或多个顶点，包括这些顶点之间的任何线段。

切换到 （修改）面板，将选择集定义为"分段"选择集，即可显示"编辑分段"卷展栏中的选项功能介绍如下（如图 2-76 所示）。

图 2-76

断开：指定墙线段中的断开点。

分离：分离选择的墙线段，并利用它们创建一个新的墙对象。

相同图形：分离墙对象，使它们不在同一个墙对象中。

重新定位：分离墙线段，复制对象的局部坐标系，并放置线段，使其对象的局部坐标系与世界空间原点重合。

复制：复制分离墙线段，而不是移动分离墙线段。

拆分：根据拆分参数微调器中指定的顶点数细分每个线段。

拆分参数：设置拆分线段的数量。

插入：提供与"顶点"选择集选择中的"插入"按钮相同的功能。

删除：删除当前墙对象中任何选定的墙线段。

优化：提供与"顶点"子对象层级中的"优化"按钮相同的功能。

参数：更改所选择线段的参数。

宽度：更改所选线段的宽度。

高度：更改所选线段的高度。

底偏移：设置所选线段距离底面的距离。

切换到 （修改）面板，将选择集定义为"剖面"选择集，即可显示"编辑剖面"卷展栏中的选项功能介绍如下（如图 2-77 所示）。

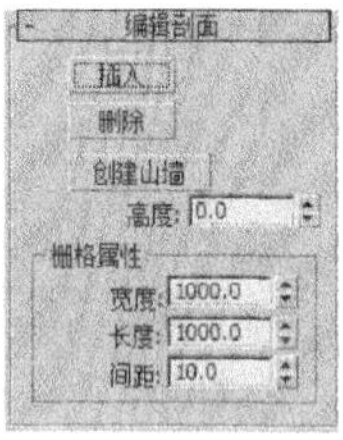

图 2-77

插入：插入顶点，以便可以调整所选墙线段的轮廓。

删除：删除所选墙线段的轮廓上的所选顶点。

创建山墙：通过将所选墙线段的顶部轮廓的中心点移至用户指定的高度，来创建山墙。

高度：指定山墙的高度。

栅格属性：栅格可以将轮廓点的插入和移动限制在墙平面以内，并允许用户将栅格点放置到墙平面中。

宽度：设置活动栅格的宽度。

长度：设置活动栅格的长度。

间距：设置活动网格中的最小方形的大小。

"编辑对象"卷展栏中的选项功能介绍如下（如图 2-78 所示）。

附加：将视口中的另一个墙附加到通过单次拾取选定的墙。附加的对象也必须是墙。

图 2-78

附加多个：将视口中的其他墙附加到所选墙。单击此按钮可以弹出"附加多个"对话框，在该对话框中列出了场景中的所有其他墙对象。

2.3.5　栏杆

"栏杆"对象的组件包括栏杆、立柱和栅栏。具体的效果表现如图 2-79 所示。

单击" （创建）> （几何体）> AEC 扩展>栏杆"按钮，即可显示栏杆的各项参数卷展栏。

"栏杆"卷展栏中的部分选项功能介绍如下（如图 2-80 所示）。

拾取栏杆路径：单击该按钮，然后单击视口中的样条线，将其用做栏杆路径。

分段：设置栏杆对象的分段数。只有使用栏杆路径时，才能使用该选项。

匹配拐角：在栏杆中放置拐角，以便与栏杆路径的拐角相符。

长度：设置栏杆对象的长度。拖动鼠标时，长度将会显示在编辑框中。

上围栏：默认值可以生成上栏杆组件。

剖面：设置上栏杆的横截面形状。

深度：设置上栏杆的深度。

宽度：设置上栏杆的宽度。

高度：设置上栏杆的高度。

下围栏：控制下栏杆的剖面、深度和宽度，以及其间的间隔。

剖面：设置下栏杆的横截面形状。

深度：设置下栏杆的深度。

宽度：设置下栏杆的宽度。

"栅栏"卷展栏中的选项功能介绍如下（如图 2-81 所示）。

类型：设置立柱之间的栅栏类型，包括无、支柱和实体填充。

支柱：控制支柱的剖面、深度和宽度，以及其间的间隔。

剖面：设置支柱的横截面形状。

深度：设置支柱的深度。

宽度：设置支柱的宽度。

延长：设置支柱在上栏杆底部的延长值。

底部偏移：设置支柱与栏杆对象底部的偏移量。

（支柱间距）：设置支柱的间距。单击该按钮时，将会弹出"支柱间距"对话框。使用"计数"选项指定所需的支柱数。

实体填充：控制立柱之间实体填充的厚度和偏移量。只有将"类型"设置为"实体填充"时，才能使用该选项。

厚度：设置实体填充的厚度。

顶部偏移：设置实体填充与上栏杆底部的偏移量。

底部偏移：设置实体填充与栏杆对象底部的偏移量。

左偏移：设置实体填充与相邻左侧立柱之间的偏移量。

右偏移：设置实体填充与相邻右侧立柱之间的偏移量。

"立柱"卷展栏中的选项功能介绍如下（如图 2-82 所示）。

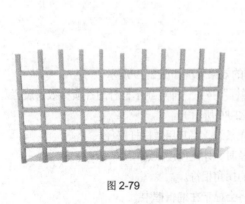

| 图 2-79 | 图 2-80 | 图 2-81 | 图 2-82 |

剖面：设置立柱的横截面形状，包括无、方形和圆。

深度：设置立柱的深度。

宽度：设置立柱的宽度。

延长：设置立柱在上栏杆底部的延长值。

2.3.6　植物

"植物"可产生各种植物对象，如树种。3ds Max 将生成网格表示方法，以快速、有效地创建漂亮的植物。具体的效果表现如图 2-83 所示。

单击"　（创建）>　（几何体）> AEC 扩展>植物"按钮，即可显示出植物的相关参数卷展栏。

"收藏的植物"卷展栏中的选项功能介绍如下（如图 2-84 所示）。

图 2-83　　　　　　　　　　　　　　　　图 2-84

植物列表：调色板显示当前从植物库载入的植物。

自动材质：为植物指定默认材质。

植物库：单击此按钮，弹出 Configure Palette（配制调色板）对话框，如图 2-85 所示。使用此对话框无论植物是否处于调色板中，都可以查看可用植物的信息，包括其名称、学名、种类、说明和每个对象近似的面数量，还可以向调色板中添加植物，及从调色板中删除植物，清空植物色板。

"参数"卷展栏中的部分选项功能介绍如下（如图 2-86 所示）。

图 2-85　　　　　　　　　　　　　　　　图 2-86

45

高度：控制植物的近似高度。

密度：控制植物上叶子和花朵的数量。值为 1 时表示植物具有全部的叶子和花；值为 0.5 时表示植物具有一半的叶子和花；值为 0 时表示植物没有叶子和花。

修剪：只适用于具有树枝的植物。

新建种子：显示当前植物的随机变体。

显示：控制植物的树叶、果实、花、树干、树枝和根的显示。

视口树冠模式：在 3ds Max 中，植物的树冠是覆盖植物最远端（如叶子或树枝和树干的尖端）的一个壳。

未选择对象时：未选择植物时以树冠模式显示植物。

始终：始终以树冠模式显示植物。

从不：从不以树冠模式显示植物。3ds Max 将显示植物的所有特性。

详细程度等级：控制 3ds Max 渲染植物的方式。

低：以最低的细节级别渲染植物树冠。

中：对减少了面数的植物进行渲染。

高：以最高的细节级别渲染植物的所有面。

2.3.7 课堂案例——制作栏杆

🗒 **案例学习目标**

栏杆的创建。

🗒 **案例知识要点**

本例介绍如何使用 3ds Max 中自带的 AEC 扩展中的栏杆来制作栏杆模型，以及参数的修改，如图 2-87 所示为栏杆的最终效果。

🗒 **效果所在位置**

场景文件可以参考光盘文件/场景/第 2 章/栏杆.max。

设置完成的渲染场景可以参考光盘文件>场景>第 2 章>栏杆 ok.max

图 2-87

（1）首先，使用"弧"工具，在"顶"视图中创建弧，设置合适的参数，如图 2-88 所示。

提示　　在本章中用到的图形和修改器我们将在后面的章节中进行介绍，这里就不详细介绍了。

（2）单击"（创建）> （几何体）> AEC 扩展>栏杆"按钮，在"顶"视图中皇宫创建栏杆，如图 2-89 所示。

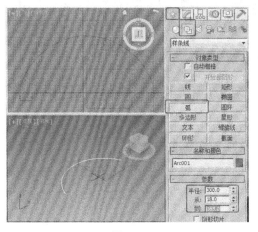

图 2-88

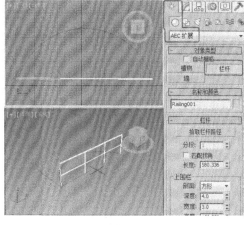

图 2-89

（3）切换到 （修改）命令面板，在"栏杆"卷展栏中单击"拾取栏杆路径"按钮，拾取图形，设置"分段"为 10，在"上围栏"组中选择"剖面"为"无"，如图 2-90 所示。

（4）在"下围栏"中单击 （下围栏间距）按钮，在弹出的对话框中设置"计数"为 2，单击"关闭"按钮，如图 2-91 所示。

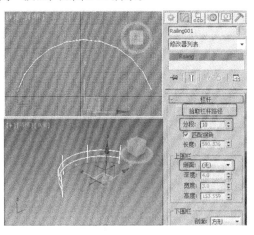

图 2-90

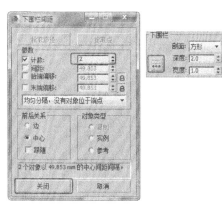

图 2-91

（5）在"立柱"卷展栏中单击 （立柱间距）按钮，在弹出的对话框中设置"计数"为 10，如图 2-92 所示。

（6）在"栅栏"卷展栏中设置"类型"为"支柱"，在"支柱"组中设置"剖面"为"圆形"，设置"深度"和"宽度"为2，如图2-93所示。

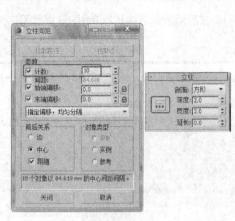

图 2-92

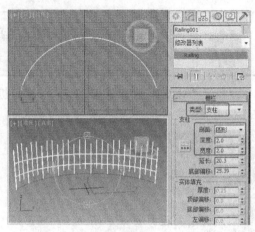

图 2-93

（7）制作栏杆时可以根据情况设置栏杆的参数，这里就不详细介绍了。

课堂练习——制作壁灯

练习知识要点

使用管状体创建筒式、切角圆柱体、圆柱体等拼接壁灯模型，并结合一些修改器来完善壁灯模型，效果如图 2-94 所示。

效果所在位置

场景文件可以参考光盘文件/场景/第 2 章/筒式壁灯.max。

设置完成的渲染场景可以参考光盘文件>场景>第 2 章>筒式壁灯 ok.max。

图 2-94

课后习题——制作鞋柜

习题知识要点

创建长方体和图形制作基础模型，并结合使用一些命令和修改器来完成鞋柜的制作，效果如图 2-95 所示。

效果所在位置

场景文件可以参考光盘文件/场景/第 2 章/鞋柜.max。

设置完成的渲染场景可以参考光盘文件>场景>第 2 章>鞋柜 ok.max。

图 2-95

第3章　二维图形的绘制与编辑

样条线图形可以作为平面和线条对象，作为"挤出""车削"或"倒角"等加工成型的截面图形，还可以作为"放样"对象使用的图形等。

本章将介绍二维图形的创建和参数的修改方法。读者通过学习本章的内容，能掌握创建二维图形的方法和技巧，并能绘制出符合实际需要的二维图形。

课堂学习目标	/ 创建二维图形
	/ 对图形的编辑和修改

3.1　二维图形的绘制

在 3ds Max 中，二维图形的用处非常广泛，样条线可以方便地转换为 NURBS 曲线。图形是一种矢量图形，可以由其他的绘制软件产生，如 Photoshop、Freehand、CorelDRAW 和 AutoCAD 等，将所创建的矢量图形以 AI 或 DWG 格式存储后直接导入到 3ds Max 中。

样条线图形在 3ds Max 中有以下 4 种用途。

1. 作为平面和线条对象

对于封闭的图形，加入"编辑网格"或"编辑多边形"修改器命令，或将其转换为可编辑网格和可编辑多边形，可以将其转换为无厚度的薄皮对象，用做地面、文字和广告牌等。

2. 作为"挤出、车削或倒角"等加工成型的截面图形

图形可以通过"挤出"修改器来为图形增加厚度，产生三维模型；可以通过"倒角"修改器加工成带倒角的立体模型；通过"车削"修改器将图形进行中心旋转，形成三维模型，图 3-1 所示为文本图形转换为倒角文本后的效果，图 3-2 所示为"车削"出的模型和车削的样条线。

图 3-1

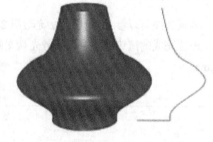

图 3-2

3. 作为"放样"对象使用的图形

在"放样"过程中，使用的曲线都是图形，它们可以作为路径和截面图形来完成放样造型，如图 3-3 所示。

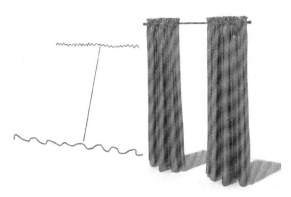

图 3-3

3.1.1　线

"线"命令可以自由绘制任何形状的封闭或开放型曲线或直线，可以直接单击绘制直线，也可以拖动鼠标绘制曲线。具体的效果表现为如图 3-4 所示。

单击 " ![icon]（创建）> ![icon]（图形）>线" 按钮即可显示线的参数面板。

创建图形后切换到 ![icon]（修改）命令面板 "线"选择集中的选项功能介绍如下（如图 3-5 所示）。

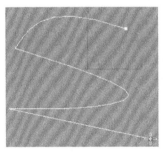

图 3-4

图 3-5

顶点：可以使用标准方法选择一个和多个顶点并移动它们。如果顶点属于 Bezier 或 "Bezier 角点"类型，用户还可以移动和旋转控制柄，进而影响在顶点连接的任何线段的形状。

线段："线段"是样条线曲线的一部分，在两个"顶点"之间。选择"线段"选择集，可以选择一条或多条线段，并使用标准方法移动、旋转、缩放或复制它们。

样条线：选择"样条线"选择集，用户可以选择一个图形对象中的一个或多个样条线，并使用标准方法移动、旋转和缩放它们。

"选择"卷展栏中的选项功能介绍如下（如图 3-6 所示）。

复制：将命名选择放置到复制缓冲区。

粘贴：从复制缓冲区中粘贴命名选择。

锁定控制柄：通常，用户每次只能变换一个顶点的切线控制柄，即使选择了多个顶点。使用"锁定控制柄"控件可以同时变换多个 Bezier 和 "Bezier 角点"控制柄。

图 3-6

相似：拖动传入向量的控制柄时，所选顶点的所有传入向量将同时移动。同样，移动某个顶点上的传出切线控制柄，将移动所有所选顶点的传出切线控制柄。

全部：移动的任何控制柄将影响选择中的所有控制柄，无论它们是否已断裂。

区域选择：允许用户自动选择所单击顶点的特定半径中的所有顶点。在顶点子对象层级，启用"区域选择"，然后使用"区域选择"复选框右侧的微调器设置半径。

线段端点：通过单击线段选择顶点。

选择方式：选择所选样条线或线段上的顶点。

显示顶点编号：启用该复选框后，程序将在任何子对象层级的所选样条线的顶点旁边显示顶点编号。

图 3-7

仅选定：启用该复选框后，仅在所选顶点旁边显示顶点编号。

"渲染"卷展栏中的选项功能介绍如下（如图 3-7 所示）。

在渲染中启用：启用该复选框后，使用为渲染器设置的径向或矩形参数将图形渲染为 3D 网格。

在视口中启用：启用该复选框后，使用为渲染器设置的径向或矩形参数将图形作为 3D 网格显示在视口中。

使用视口设置：可以为视口显示和渲染设置不同的参数，并显示视口中"视口"设置所生成的网格。只有启用"在视口中启用"复选框时，此选项才可用，如图 3-8 所示。

生成贴图坐标：启用复选框可应用贴图坐标。默认设置为禁用状态。

真实世界贴图大小：控制应用于该对象的纹理贴图材质所使用的缩放方法。

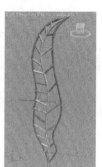

图 3-8

视口：选择该单选按钮，为该图形指定径向或矩形参数，当启用"在视口中启用"复选框时，它将显示在视口中。只有启用了"使用视口设置"复选框时，此单选按钮才可用。

渲染：选择该单选按钮，为该图形指定径向或矩形参数，当启用"在视口中启用"复选框时，渲染或查看后它将显示在视口中。

径向：当 3D 对象具有环形横截面时，显示样条线。

厚度：厚度指定横截面直径。

边：在视口或渲染器中为样条线网格设置边数。

角度：角度调整视口或渲染器中横截面的旋转位置。

矩形：当 3D 对象具有矩形横截面时，显示样条线。

长度：长度指定沿本地 Y 轴横截面的大小。

宽度：宽度指定沿本地 X 轴横截面的大小。

纵横比：纵横比设置矩形横截面的纵横比。启用锁定后，将宽度锁定为宽度与深度之比为恒定比率的深度。

自动平滑：启用该选项后，使用"阈值"设置指定的平滑角度自动平滑样条线。自动平滑基于样条线分段之间的角度设置平滑。如果它们之间的角度小于阈值角度，则可以将任何两个相接的分段放到相同的平滑组中。

阈值：以度数为单位指定阈值角度。

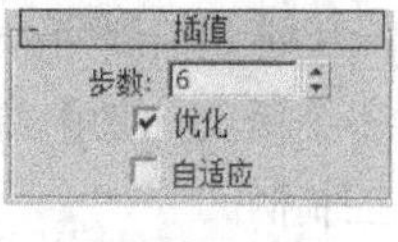

"插值"卷展栏中的选项功能介绍如下（如图 3-9 所示）。

图 3-9

步数：使用"步数"选项可以设置程序在每个顶点之间使用的划分的数量，即步长。带有急剧曲线的样条线需要许多步数才能显得平滑，而平缓曲线则需要较少的步数。范围为 0～100。

优化：启用该复选框后，可以从样条线的直线线段中删除不需要的步数。默认设置为启用。

自适应：启用该复选框后，可以自动设置每个样条线的步长数，以生成平滑曲线。直线线段始终接收 0 步长。禁用时，可允许使用"优化"和"步数"进行手动插补控制。默认设置为禁用状态。

"几何体"卷展栏（如图 3-10 所示）中的选项功能介绍如下。

线性：新顶点将具有线性切线。

平滑：新顶点将具有平滑切线。选中此单选按钮之后，会自动焊接覆盖的新顶点。

Bezier：新顶点将具有 Bezier 切线。

Bezier 角点：新顶点将具有"Bezier 角点"切线。

创建线：绘制新的曲线并将它加入到当前曲线中。

断开：将当前选择点打断，按下此按钮后不会看到效果，但是移动断点处，会发现它们已经分离了。

附加：按下该按钮，在视图中选取其他的样条线，可以将它合并到当前的曲线中。如果选择"重定向"复选框，新加入的曲线会移动到原样条线位置处。

附加多个：按下该按钮后，弹出"附加多个"对话框，该对话框中包含了当前场景中所有可被结合的曲线，选择需要结合的曲线或多条曲线后，单击"附加"按钮。

横截面：可创建图形之间横截面的外形框架，按下"横截面"按钮，选择一个形状，再选择另一个形状，接可以创建链接两个形状的样条线，如图 3-11 所示。

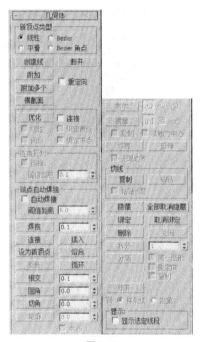

图 3-10

优化：在曲线上单击，可以在不改变曲线形状的前提下加入一个新的点，这是优化原曲线的好方法，如图 3-12 所示。

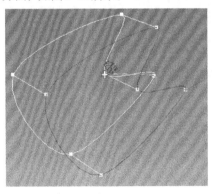

图 3-11

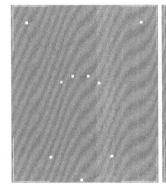

图 3-12

连接：启用该复选框时，通过连接新顶点，创建一个新的样条线子对象。使用"优化"添加顶点完成后，"连接"会为每个新顶点创建一个单独的副本，然后将所有副本与一个新样条线相连。

线性：选择此复选框时，新的样条线顶点将以"角点"的方式链接，取消选择该复选框时，顶点将以"平滑"方式链接。

绑定首点：将创建的第一个顶点约束在当前的曲线上。

闭合：控制新的曲线创建完毕后是否自动关闭。

绑定末点：将创建的最后一个顶点约束在当前的曲线上。

连接：复制分段或样条线时会在新线段与原线段端点之间创建线段连接关系，选择该复选框后，会启用连接复制功能，如图 3-13 所示。

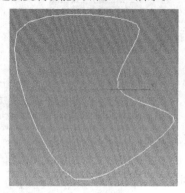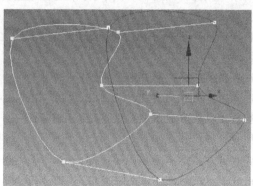

图 3-13

阈值距离：用于指定连接复制的距离范围。

自动焊接：选择该复选框时，如果两端点属于同一曲线，并且在阈值范围内，将被自动焊接。

焊接：焊接同一样条线的两个端点或两个相邻点为一个点。使用时先移动两个端点或相邻点，使彼此接近，然后同时选择这两点，按下"焊接"按钮后，这两点会焊接到一起。如果这两个点没有被焊接到一起，可以增大焊接阈值重新焊接，

连接：连接两个断开的点，如图 3-14 所示。

图 3-14

插入：在选择点处按下鼠标，会引出新的点，不断单击可以不断加入新点，右击停止插入。

设为首顶点：指定作为样条线起点的顶点，在"放样"时首顶点会确定截面图形之间的相对位置。

熔合：移动选择的点到它们的平均中心。熔合会将选择的点放置在同一位置，不会产生点的连接。

反转：颠倒样条线的方向，也就是顶点序号的顺序。

循环：用于点的选择。在视图中选择一组重叠在一起的顶点后，单击此按钮，可以选择逐个顶点进行切换，直到选择到需要的点为止。

相交：按下此按钮后，在两条相交的样条线交叉处单击，将在这两条样条线上分别增加一个交叉顶。但这两条曲线必须属于同一曲线对象。

圆角/切角：用于对曲线的加工，对直的折角点进行架线处理，以产生圆角和切角效果，如图 3-15 所示，左图为原始曲线中间为设置的圆角，右图为设置的切角。

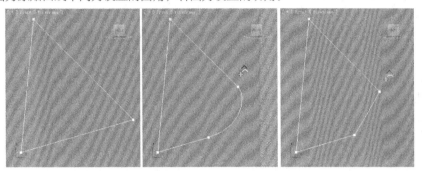

图 3-15

轮廓：在当前曲线上加一个双线勾边，如果为开放曲线，将在加轮廓的同时进行封闭，如图 3-16 所示。可以手动添加轮廓，也可以通过微调器设置数值来添加轮廓。

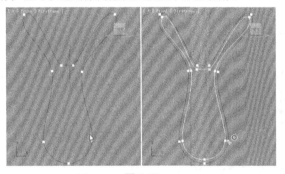

图 3-16

布尔：提供 ⊘（并集）、⊘（差集）、⊘（交集）3 种运算方式，图 3-17 所示依次为原始图形，并集后的图形，差集后的图形，交集后的图形。

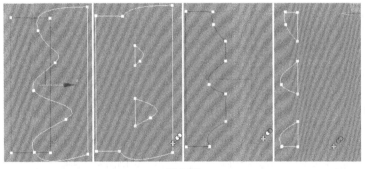

图 3-17

⊘（并集）：将两个重叠样条线组合成一个样条线，在该样条线中，重叠的部分被删除，保留两条样条线不重叠的部分，构成一个样条线。

（差集）：从第一个样条线中减去与第二个样条线重叠的部分，并删除第二个样条线中剩余的部分。

（交集）：仅保留两个样条线的重叠部分，删除两者的不重叠部分。

镜像：可以对曲线进行水平、垂直和对角镜像。

复制：选择该复选框，将在镜像的过程中镜像出一个复制品。

以轴为中心：将以曲线对象的中心为镜像中心，否则，以曲线的集合中心进行镜像。

修剪：使用"修剪"按钮可以清理形状中的重叠部分，使端点接合在一个点上。

延伸：使用"延伸"按钮可以清理形状中的开口部分，使端点接合在一个点上。

无限边界：启用此复选框，将以无限远未界限进行修剪扩展计算。

3.1.2 矩形

使用"矩形"命令可以创建方形和矩形样条线。具体的效果表现为如图 3-18 所示。

单击" （创建）> （图形）>矩形"按钮，即可显示矩形的相关参数卷展栏。

"参数"卷展栏中的选项功能介绍如下（如图 3-19 所示）：

"长度"：指定矩形沿着局部 Y 轴的大小。

"宽度"：指定矩形沿着局部 X 轴的大小。

"角半径"：创建圆角。设置为 0 时，矩形包含 90 度角。

"键盘输入"卷展栏中的选项功能介绍如下（如图 3-20 所示）。

图 3-18   图 3-19   图 3-20

"键盘输入"可以基于参数化指定对象的大小和位置。

X/Y/Z：输入的数值为沿活动构造平面的轴的偏移、主栅格或栅格对象。加号和减号值相应于这些轴的正负方向。默认设置为 0，0，0，即活动栅格的中心。由 X 和 Y 设置的位置为创建对象标准方法中的单击创建模型中的位置。

创建：设置参数和 X/Y/Z 轴的位置后，单击"创建"按钮在激活的视图中创建对象。

3.1.3 圆

使用"圆"命令创建由 4 个顶点组成的闭合圆形样条线。具体的效果表现为如图 3-21 所示。

单击" （创建）> （图形）> 圆"按钮，即可显示矩形的相关参数卷展栏。

"参数|卷展栏中的选项功能介绍如下（如图 3-22 所示）。

半径：指定圆的半径。

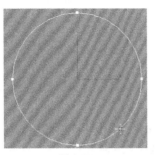

图 3-21　　　　　　　　　　图 3-22

3.1.4　椭圆

使用"椭圆"命令可以创建椭圆形和圆形样条线。具体的效果表现为如图 3-23 所示。
"参数"卷展栏中的选项功能介绍如下（如图 3-24 所示）。

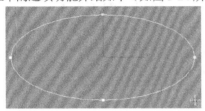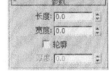

图 3-23　　　　　　　　　　图 3-24

长度、宽度：分别设置椭圆的长度和宽度。

3.1.5　弧

使用"弧"命令来创建由 4 个顶点组成的开启和闭合圆形弧。具体的效果表现为如图 3-25 所示。
"参数"卷展栏中的选项功能介绍如下（如图 3-26 所示）。
半径：设置圆弧的半径大小。
从、到：设置弧起点和终点的角度。
饼形切片：启用此复选框，将创建封闭的扇形。
反转：将弧线方向反向。
"创建方法"卷展栏（如图 3-27 所示）中的选项功能介绍如下。

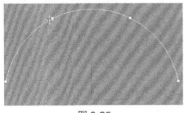

图 3-25　　　　　　　图 3-26　　　　　　　图 3-27

端点 - 端点 - 中央：这种创建方法是先引出一条直线，以直线的两端点作为弧的两端点，然后移动鼠标确定弧长。

中间 - 端点 - 端点：这种创建方法是先引出一条直线作为圆弧的半径，移动鼠标确定弧长，这种创建方法对扇形的创建非常方便。

3.1.6　文本

"文本"命令可以直接产生文字图形，在中文系统平台下可以直接产生各种字体的中文字形，字形的内容、大小和间距都可以调整。具体的效果表现为如图 3-28 所示。

单击" ![icon]（创建）> ![icon]（图形）>文本"按钮，即可显示文本的相关参数。

"参数"卷展栏中的选项功能介绍如下（如图 3-29 所示）。

图 3-28 图 3-29

字体下拉列表框：在该下拉列表框中可以选择字体。下面的一排按钮主要用于简单的排版。

![icon]：倾斜字体。

![icon]：加下画线。

![icon]：左对齐。

![icon]：居中。

![icon]：右对齐。

![icon]：两端对齐。

大小：设置文字的大小。

字间距：设置文字之间的间隔间距。

行间距：设置文字行与行之间的距离。

文本：用来输入文本文字。

更新：设置修改参数后，视图是否自动进行更新显示。遇到大量的文字处理时，为加快显示速度，可以选择"手动更新"复选框，自动更新视图。

3.1.7　多边形

使用"多边形"命令可创建具有任意面数或顶点数 (N) 的闭合平面或圆形样条线。具体的效果表现为如图 3-30 所示。

单击" ![icon]（创建）> ![icon]（图形）>多边形"按钮，即可显示多边形的相关参数卷展栏。

"参数"卷展栏中的选项功能介绍如下（如图 3-31 所示）。

半径：设置多边形的内径大小。

内接、外接：确定以外切圆半径还是内切圆半径作为多边形的半径。

边数：设置多边形的边数。

角半径：制作带圆角的多边形，设置圆角的半径大小。

圆形：设置多边形为圆形。

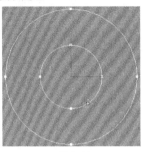 

图 3-30　　　　　　　　　　图 3-31

3.1.8　星形

"星形"命令可以创建多角星形，尖角可以锐化为倒角，制作齿轮图案；尖角的方向可以扭曲，产生刺状锯齿；参数的变换可以产生许多奇特的图案，因为它是可渲染的，所以即使交叉，也可以用做一些特殊的图案花纹。具体的效果表现为如图 3-32 所示。

单击"▦（创建）>◨（图形）>星形"按钮，即可显示星形的相关参数，如图 3-33 所示。

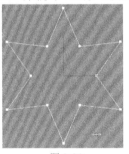 

图 3-32　　　　　　　　　　图 3-33

"参数"卷展栏中的选项功能介绍如下。

半径 1、半径 2：分别设置星形的内径和外径。

点：设置星形的尖角个数。

扭曲：设置尖角的扭曲度。

圆角半径 1、圆角半径 2：分别设置尖角的内外倒圆角半径。

3.1.9　螺旋线

使用"螺旋线"命令可创建开口平面或 3D 螺旋形。具体的效果表现为如图 3-34 所示。

单击"▦（创建）>◨（图形）>螺旋线"按钮，即可显示螺旋线的相关参数卷展栏。

"参数"卷展栏中的选项功能介绍如下（如图 3-35 所示）。

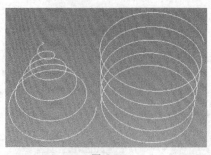

图 3-34

图 3-35

半径 1：指定螺旋线的起点半径。

半径 2：指定螺旋线的终点半径。

高度：指定螺旋线的高度。

圈数：指定螺旋线起点和终点之间的圈数。

偏移：强制在螺旋线的一端累积圈数。

顺时针、逆时针：设置螺旋线的旋转是顺时针还是逆时针。

3.2 二维图形的编辑与修改

下面我们将通过实例来介绍二维图形是如何进行编辑的。

3.2.1 课堂案例——制作鸟笼

案例学习目标

学习可渲染的样条线和圆结合使用别准基本体。

案例知识要点

本例介绍使用可渲染的样条线调整图形的形状，并使用可渲染的圆作为装饰，使用管状体和圆柱体制作出鸟笼的底座。鸟笼外形如图 3-36 所示。

效果所在位置

场景文件可以参考光盘文件/场景/第 3 章/鸟笼.max。

设置完成的渲染场景可以参考光盘文件>场景>第 2 章>鸟笼 ok.max。

（1）单击" （创建）> （图形）>线"按钮，在"前"视图中创建样条线，如图 3-37 所示。

（2）切换到 （修改）命令面板，在修改器堆栈中将选择集定义为"顶点"，在"几何体"卷展栏中单击"圆角"按钮，设置右顶的圆角效果，如图 3-38 所示。

（3）在"渲染"卷展栏中勾选"在渲染中启用"和"在视口中启用"选项，设置"厚度"为 3，如图 3-39 所示。

图 3-36

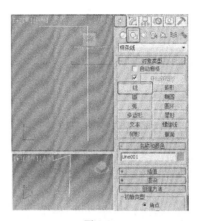

图 3-37

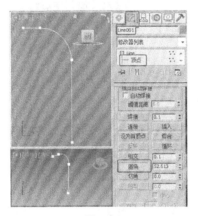

图 3-38

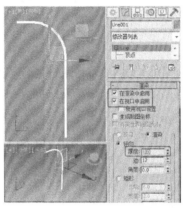

图 3-39

（4）在"插值"卷展栏中设置"步数"为 12，如图 3-40 所示。

（5）切换到 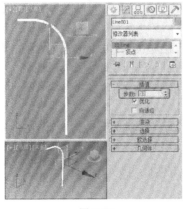（层级）命令面板，单击"仅影响轴"按钮，在"顶"视图中调整轴，如图 3-41 所示轴的位置。

图 3-40

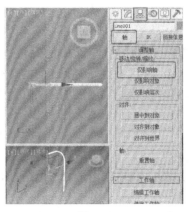

图 3-41

（6）调整轴的位置后，激活"顶"视图，关闭"仅影响轴"按钮，在菜单中选择"工具>阵列"

命令，在弹出的对话框中设置如图 3-42 所示的参数。

（7）因为图形是以实例的方式进行复制的，所以，可以修改其中的任何一条图形，其他的图形都跟着改变，如图 3-43 所示。

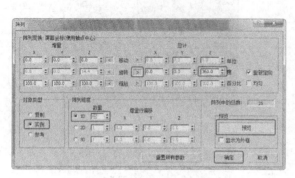
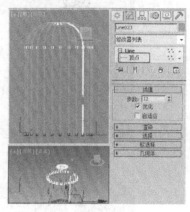

图 3-42   图 3-43

（8）继续创建可渲染的图形，将选择集定义为"顶点"，如图 3-44 所示。

（9）使用"圆角"命令，调整图形的形状，如图 3-45 所示。

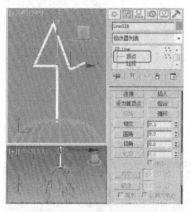
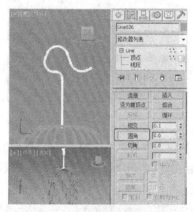

图 3-44   图 3-45

（10）在"前"视图中创建可渲染的"圆"，设置合适的参数，调整圆的位置，选择两个圆，在菜单栏中选择"组>成组"命令，将两个可渲染的圆进行成组，如图 3-46 所示。

（11）切角到 ▣（层级）命令面板，使用"仅影响轴"按钮，在场景中调整轴的位置，如图 3-47 所示。

（12）关闭"仅影响轴"按钮，在菜单栏中选择"工具>阵列"命令，在弹出的对话框中设置阵列参数，如图 3-48 所示。

（13）阵列出圆后，在"顶"视图中继续创建可渲染的"圆"，设置"半径"为 82，如图 3-49 所示。

（14）在"前"视图中复制可渲染的圆，如图 3-50 所示。

（15）在"顶"视图中创建"管状体"，在"参数"卷展栏中设置"半径 1"为 84、"半径 2"为 82、"高度"为 15，设置"边数"为 30，如图 3-51 所示。

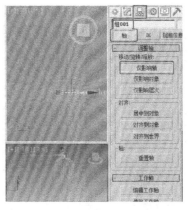

图 3-46　　　　　　　　　　　　图 3-47

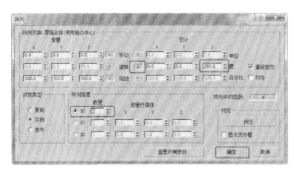

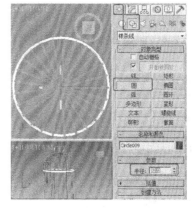

图 3-48　　　　　　　　　　　　图 3-49

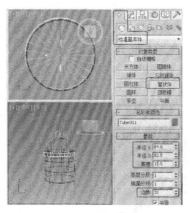

图 3-50　　　　　　　　　　　　图 3-51

（16）在"顶"视图中选择管状体，在工具栏中选择 （对齐）工具，在视图中选择可渲染的圆，在弹出的对话框中设置如图 3-52 所示的选项。

（17）在"顶"视图中创建"圆柱体"，设置"半径"为 82、"高度"为 2，如图 3-53 所示。

（18）调整各个模型的位置，完成鸟笼的制作，如图 3-54 所示。

这样模型就制作完成了，参考制作完成的渲染场景对场景进行渲染即可，这里就不详细介绍了。

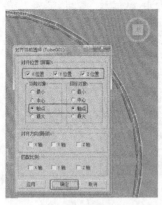
图 3-52

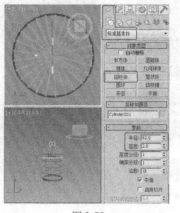
图 3-53

图 3-54

3.2.2　课堂案例——制作表

案例学习目标

学习如何使用文本和图形的编辑。

案例知识要点

本例介绍使用文本，并结合使用标准基本体和一些修改器来制作表模型，如图 3-55 所示。

效果所在位置

场景文件可以参考光盘文件/场景/第 3 章/表.max。

设置完成的渲染场景可以参考光盘文件>场景>第 2 章>表 ok.max

（1）单击" （创建）> （几何体）>管状体"按钮，在"前"视图中创建管状体，在"参数"卷展栏中设置"半径 1"为 120、"半径 2"为 80、"高度"为 8，设置"边数"为 50，如图 3-56所示。

图 3-55

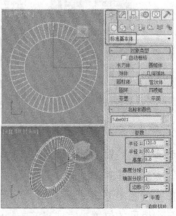
图 3-56

（2）单击"　（创建）>　（图形）>文本"按钮，在"前"视图中单击创建文本，在"参数"卷展栏中设置"大小"为 70，设置字体类型为"汉仪方隶简"，在"文本"框中输入 12，如图 3-57 所示。

（3）选择文本，切换到　（修改）命令面板，在"修改器列表"中选择"挤出"修改器，在"参数"卷展栏中设置"数量"为 5，如图 3-58 所示。

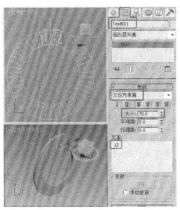
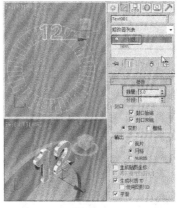

图 3-57 　　　　　　　　　　　　　　图 3-58

（4）在场景中选择文本，切换到　（层级）命令面板，单击"仅影响轴"按钮，在工具栏中选择　（对齐）工具，在"前"视图中拾取管状体，在弹出的对话框中设置相应的选项，如图 3-59 所示。

（5）关闭"仅影响轴"按钮，在菜单栏中选择"工具>阵列"命令，在弹出的对话框中设置合适的阵列参数，如图 3-60 所示。

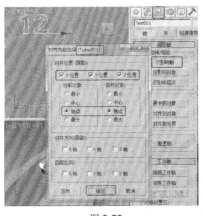

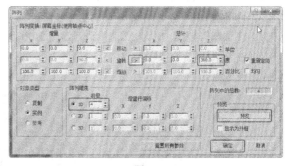

图 3-59 　　　　　　　　　　　　　　图 3-60

（6）在场景中重新调整一下阵列出的文本的轴的位置，如图 3-61 所示。

（7）旋转模型，在修改器堆栈下单击　（使唯一）按钮，取消模型的实例关联，修改文本为 3，如图 3-62 所示。

（8）使用同样的方法修改文本，如图 3-63 所示。

（9）单击"　（创建）>　（几何体）>圆柱体"按钮，在"前"视图中创建圆柱体，在"参数"卷展栏中设置"半径"为 10、"高度"为 5、"高度分段"为 1，如图 3-64 所示。

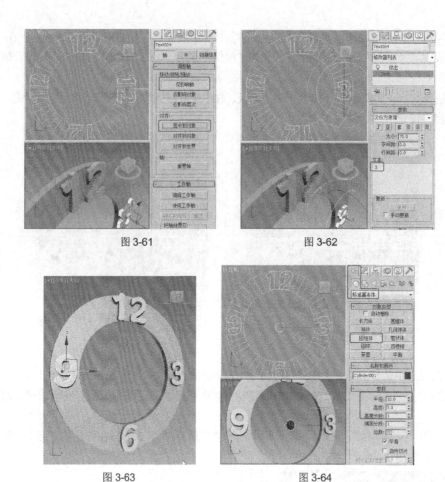

图 3-61   图 3-62

图 3-63   图 3-64

（10）在场景中选择圆柱体，在工具栏中使用 （对齐）工具，在"前"视图中拾取管状体，在弹出的对话框中设置对齐，如图 3-65 所示。

（11）在"前"视图中沿着 Y 轴移动到如图 3-66 所示的位置，切换到（层级）命令面板，打开"仅影响轴"按钮，使用（对齐）工具，在场景中拾取管状体，在弹出的对话框中设置对齐如图 3-66 所示。

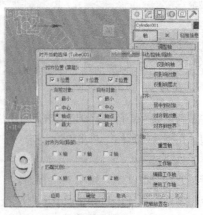

图 3-65   图 3-66

（12）关闭"仅影响轴"按钮，激活"前"视图，在菜单栏中选择"工具>阵列"命令，在弹出的对话框中设置阵列参数，如图 3-67 所示。

（13）在场景中可以看到阵列复制的模型，可以修改其参数，删除与数字重叠的圆柱体，如图 3-68 所示。

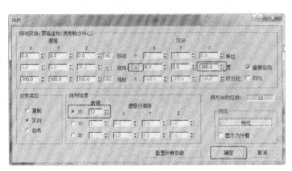

图 3-67

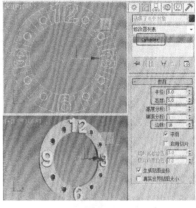

图 3-68

（14）在"前"视图中创建"圆柱体"，在场景汇总调整模型的位置，切换到 （修改）命令面板，在"参数"卷展栏中设置"半径"为 90、"高度"为 2，如图 3-69 所示。

（15）单击 "（创建）> （图形）>矩形"按钮，在"前"视图中创建矩形，在"参数"卷展栏中设置"长度"为 90、"宽度"为 5，如图 3-70 所示。

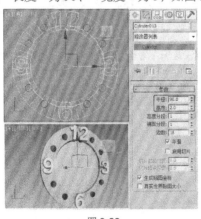

图 3-69

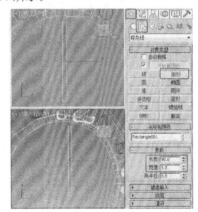

图 3-70

（16）切换到 （修改）命令面板，为矩形施加"编辑样条线"修改器，将选择集定义为"顶点"在"前"视图中使用"优化"工具，优化如图 3-71 所示的顶点。

（17）关闭"优化"按钮，在"前"视图中选择如图 3-72 所示的顶点。

（18）鼠标右击选择的顶点，在弹出的快捷菜单中选择"角点"命令，如图 3-73 所示。

（19）在"前"视图中调整顶点，如图 3-74 所示。

（20）关闭选择集，为图形施加"挤出"修改器，在"参数"卷展栏中设置"数量"为 1，如图 3-75 所示。按 Ctrl+V 键，在弹出的对话框中选择"复制"选项，单击"确定"按钮，如图 3-76 所示。

（21）在修改器堆栈中选择"编辑样条线"修改器，将选择集定义为"顶点"，删除底部的顶点，如图 3-77 所示。

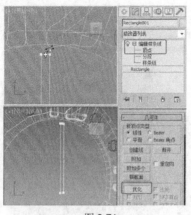
图 3-71

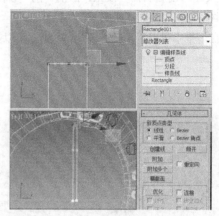
图 3-72

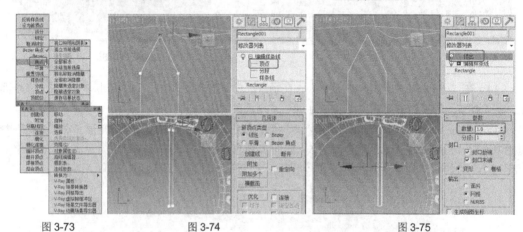

图 3-73　　　　图 3-74　　　　图 3-75

图 3-76　　　　图 3-77

（22）将选择集定义为"样条线"，在"几何体"卷展栏中设置样条线的"轮廓"，如图 3-78 所示。删除外侧的样条线，修改其图形的挤出"数量"为 1.2，如图 3-79 所示。

（23）使用同样的方法设置底端的装饰模型，如图 3-80 所示。单击" ▓ （创建）> ◯ （几何体）> 长方体"按钮，在"前"视图中创建长方体，在"参数"卷展栏中设置"长度"为 65、"宽度"为

1.3、"高度"为 1，如图 3-81 所示。

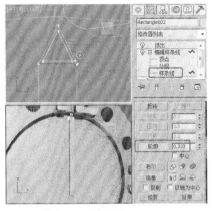
图 3-78

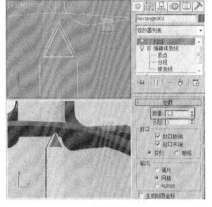
图 3-79

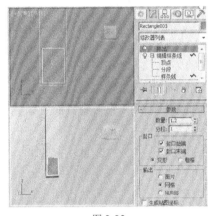
图 3-80

图 3-81

（24）复制长方体，在"参数"卷展栏中修改"长度"为 65、"宽度"为 0.8,、"高度"为 1，如图 3-82 所示。

（25）单击" （创建）> （几何体）>圆柱体"按钮，在"前"视图中创建圆柱体，在"参数"卷展栏中设置"半径"为 5、"高度"为 1，如图 3-83 所示。

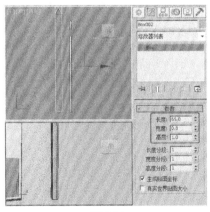
图 3-82

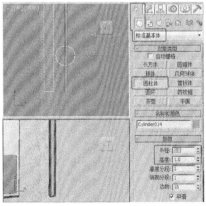
图 3-83

（26）复制圆柱体，在"参数"卷展栏中设置"半径"为4、"高度"为1，如图3-84所示。

（27）在场景中调整各个模型的位置，并调整模型的角度，如图3-85所示，完成表的制作。

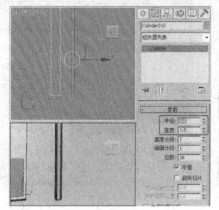

图 3-84

图 3-85

课堂练习——制作铁链护栏

练习知识要点

创建并调整样条线，创建矩形，并为矩形施加"扫描"制作出墩子模型；创建可渲染的矩形制作铁链，效果如图 3-86 所示。

效果所在位置

场景文件可以参考光盘文件/场景/第 3 章/铁链护栏 max。

设置完成的渲染场景可以参考光盘文件>场景>第 3 章>铁链护栏 ok.max。

图 3-86

课后习题——制作草地灯

习题知识要点

创建并编辑图形，为其施加一些相应的修改器，并结合使用一些基本几何体来完成草地灯的制作，效果如图 3-87 所示。

效果所在位置

场景文件可以参考光盘文件/场景/第 3 章/草地灯.max。
设置完成的渲染场景可以参考光盘文件>场景>第 3 章>草地灯 ok.max。

图 3-87

第4章 二维图形生成三维模型

复杂一点的三维模型都需要先绘制二维图形，再对二维图形进行编辑，然后对其施加某种或某些修改器，得到我们理想中的三维模型。本章将主要介绍各种常用的将二维图形转换为三维模型的修改器。

课堂学习目标	/ 创建二维图形
	/ 对图形的编辑和修改

4.1 修改命令面板的结构

创建的对象放到场景中后，将携带其创建参数。如果要更改这些参数，可以在 🔧（修改）命令面板中进行修改，在 🔧（修改）命令面板中还可以对模型指定修改器。

在命令面板上单击 🔧（修改）按钮，就可以进入修改命令面板这时 🔧（修改）按钮下方就是当前选定对象的名称和颜色，而最下方则是该对象的"参数"卷展栏，在这里可以对对象的参数进行修改。

🔧（修改）命令面板中的选项功能介绍如下（如图 4-1 所示）。

名称和颜色：在名称的文本框中可以更改模型的名称，单击物体颜色，可以弹出拾色器更改模型的颜色。

修改器列表：单击右侧的下拉按钮，会弹出修改器下拉列表框。

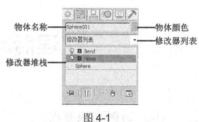

图 4-1

修改器堆栈：记录所有修改命令信息的集合，并以分配缓存的方式保留各项命令的相应效果，方便用户对其进行再次修改，修改命令按使用的先后顺序依次排列在堆栈中，最新使用的命令总是放置在堆栈的最上面。

📌（锁定堆栈）：将堆栈锁定到当前选定的对象，无论后续选择如何更改，它都属于该对象，整个 🔧（修改）命令面板同时将锁定到当前对象。

提示

锁定堆栈非常适用于在保持已修改对象的堆栈不变的情况下变换其他对象。

⫿（显示最终结果开/关切换）：显示在堆栈中所有修改完毕后出现的选定对象，与用户当前在堆栈中的位置无关。禁用此切换选项之后，对象将显示为对堆栈中的当前修改器所做的最新修改。

⩔（使唯一）：将实例化修改器转化为副本，它对于当前对象是唯一的。

⌫（从堆栈中移除修改器）：删除当前修改器或取消绑定当前空间扭曲。

（配制修改器集）：单击可显示弹出配制修改器集菜单，如图 4-2 所示。

配制修改器集：使用此对话框可以为修改命令面板创建自定义修改器和按钮集，如图 4-3 所示。在"修改器"中选择一个空白按钮，在"修改器列表"下拉列表框中双击想要添加到该按钮上的修改器，添加修改器。

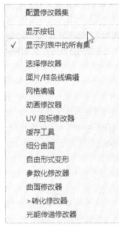
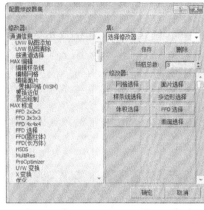

图 4-2　　　　　　　　　　　图 4-3　　　　　　　　　　　图 4-4

显示按钮：选择该命令将在修改器堆栈上方显示配制修改器集，如图 4-4 所示。

4.2　常用的图形修改器

下面将介绍在 3ds Max 中最为常用的几种修改器的使用。

4.2.1　"挤出"修改器

"挤出"修改器将深度添加到图形中，并使其成为一个参数对象，如图 4-5 左图所示。

在场景汇总选择需要施加挤出修改器的图形，为其施加"挤出"修改器，即可显示出挤出的参数面板（如图 4-5 右图所示）。

数量：设置挤出的深度。

分段：指定将要在挤出对象中创建线段的数目。

封口始端：在挤出对象始端生成一个平面。

封口末端：在挤出对象末端生成一个平面。

变形：以可预测、可重复的方式排列封口面，这是创建变形目标所必需的操作。渐进封口可以产生细长的面，而不像栅格封口需要渲染或变形。如果要挤出多个渐进目标，主要使用渐进封口的方法。

栅格：在图形边界上的方形修剪栅格中排列封口面。此方法将产生一个由大小均等的面构成的表面，这些面可以被其他修改器很容易地变形。当选中"栅格"封口选项时，栅格线是隐藏边而不是可见边。这主要影响使用"关联"选项指定的材质，或使用晶格修改器的任何对象。

面片：生成一个可以塌陷到面片对象的对象。

网格：生成一个可以塌陷到网格对象的对象。

NURBS：生成一个可以塌陷到 NURBS 曲面的对象。

生成贴图坐标：将贴图坐标应用到挤出对象中。

真实世界贴图大小：控制应用于该对象的纹理贴图材质所使用的缩放方法。

生成材质 ID：将不同的材质 ID 指定给挤出对象侧面与封口。特别是，侧面 ID 为 3，封口 ID 为 1 和 2。

使用图形 ID：将材质 ID 指定给在挤出产生的样条线中的线段，或指定给在 NURBS 挤出产生的曲线子对象。

平滑：将平滑应用于挤出图形。

图 4-5

4.2.2 "车削"修改器

"车削"通过绕轴旋转一个图形或 NURBS 曲线来创建 3D 对象。具体表现方法如图 4-6 所示。

选择需要施加 Lathe（车削）修改器的模型，切换到 （修改）命令面板在"修改器列表"中选择"车削"修改器，即可显示相关的参数卷展栏。

"参数"卷展栏中的选项功能介绍如下（如图 4-7 所示）。

度数：确定对象绕轴旋转多少度（范围为 0~360，默认值是 360）。可以给"度数"设置关键点，来设置车削对象圆环增强的动画。"度数"自动将尺寸调整到与要车削图形同样的高度。

焊接内核：通过将旋转轴中的顶点焊接来简化网格。

翻转法线：依赖图形上顶点的方向和旋转方向，旋转对象可能会内部外翻。

分段：在起始点之间，确定在曲面上创建多少插补线段。

封口：如果设置的车削对象的"度数"小于 360°，它控制是否在车削对象内部创建封口。

封口始端：封口设置的"度数"小于 360° 的车削对象的起始点，并形成闭合图形。

封口末端：封口设置的"度数"小于 360° 的车削的对象终点，并形成闭合图形。

变形：按照创建变形目标所需的可预见且可重复的模式排列封口面。

栅格：在图形边界上的方形修剪栅格中安排封口面。

X、Y、Z：设置轴的旋转方向。

对齐：设置对象的旋转对齐。

最小、中心、最大：将旋转轴与图形的最小、中心或最大范围对齐。

输出：设置车削的模型以什么样的网格形式进行显示输出。

面片：产生一个可以折叠到面片对象中的对象。

网格：产生一个可以折叠到网格对象中的对象。

NURBS：产生一个可以折叠到 NURBS 对象中的对象。

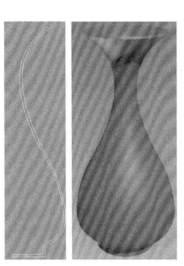

图 4-6　　　　　　　　　　　　　　　图 4-7

4.2.3　"倒角"修改器

"倒角"修改器将图形挤出为 3D 对象并在边缘应用平或圆的倒角。此修改器的一个常规用法是创建 3D 文本和徽标，而且可以应用于任意图形，如图 4-8 所示。

图 4-8

为图形施加倒角后，即可显示出相应的"参数"卷展栏（如图 4-9 所示）。

"封口"组：可以通过"封口"组中的复选框确定倒角对象是否要在一端封口。

始端：用对象的最低局部 Z 值（底部）对末端进行封口。

末端：用对象的最高局部 Z 值（底部）对末端进行封口。禁用此项后，底部不再打开。

"封口类型"组：两个单选按钮设置使用的封口类型。

变形：为变形创建适合的封口面。

栅格：在栅格图案中创建封口面。封装类型的变形和渲染要比渐进变形封装效果好。

图 4-9

"曲面"组：控制曲面侧面的曲率、平滑度和贴图。

线性侧面：激活此项后，级别之间的分段插值会沿着一条直线。

曲线侧面：激活此项后，级别之间的分段插值会沿着一条 Bezier 曲线。对于可见曲率，会将多个分段与曲线侧面搭配使用。

分段：在每个级别之间设置中级分段的数量。

级间平滑：控制是否将平滑组应用于倒角对象侧面。封口会使用与侧面不同的平滑组。

生成贴图坐标：启用此项后，将贴图坐标应用于倒角对象。

真实世界贴图大小：控制应用于该对象的纹理贴图材质所使用的缩放方法。

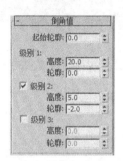

图 4-10

"相交"组：防止从重叠的临近边产生锐角。

避免线相交：防止轮廓彼此相交。它通过在轮廓中插入额外的顶点并用一条平直的线段覆盖锐角来实现。

分离：设置边之间所保持的距离。

"倒角值"卷展栏的介绍如下（如图 4-10 所示）。

起始轮廓：设置轮廓从原始图形的偏移距离。非零设置会改变原始图形的大小。

级别 1：包含两个参数，它们表示起始级别的改变。

高度：设置级别 1 在起始级别之上的距离。

轮廓：设置级别 1 的轮廓到起始轮廓的偏移距离。

级别 2：在级别 1 之后添加一个级别。

级别 3：在前一级别之后添加一个级别。如果未启用级别 2，级别 3 添加于级别 1 之后。

4.2.4　"倒角剖面"修改器

倒角剖面修改器使用一个图形作为路径或"倒角剖面"来挤出另一个图形，如图 4-11 所示。它是倒角修改器的一种变量。

在场景中首先选择需要施加倒角剖面的图形，显示其相应的参数卷展栏后单击"拾取剖面"按钮，可以在场景中拾取作为剖面的图形，可以创建出倒角剖面模型。

提示

相同的参数和命令介绍可以参考前面，这里就不详细介绍了。

倒角剖面的"参数"卷展栏如图 4-12 所示。

拾取剖面：选中一个图形或 NURBS 曲线来用于剖面路径。

避免线相交：防止倒角曲面自相交。这需要更多的处理器计算，而且在复杂几何体中很消耗时间。

分离：设定侧面为防止相交而分开的距离。

 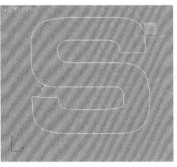  

图 4-11　　　　　　　　　　　　　　　　　　　　　图 4-12

4.2.5　"扫描"修改器

"扫描"修改器用于沿着基本样条线或 NURBS 曲线路径挤出横截面。类似于"放样"复合对象，但它是一种更有效的方法。可以处理一系列预制的横截面，例如角度、通道和宽法兰，也可以使用您自己的样条线或 NURBS 曲线作为自定义截面。

> "扫描"修改器类似于"挤出"修改器，因为应用于样条线之后，最后得到的是一个 3D 网格对象。截面和路径都可以含有多个样条线或多个 NURBS 曲线。创建结构钢细节、建模细节或任何需要沿着样条线挤出截面的情况时，该修改器都非常有用。

"曲面"修改器的"截面类型"卷展栏如图 4-13 所示。

使用内置截面：选择该选项可使用一个内置的备用截面。

使用自定义截面：如果已经创建了自己的截面，或者当前场景中含有另一个形状，或者想要使用另一 MAX 文件作为截面，那么可以选择该选项。

截面：显示所选择的自定义图形的名称。该区域为空白直到选择了自定义图形。

拾取：如果想要使用的自定义图形在视口中可见，那么可以单击"拾取"按钮，然后直接从场景中拾取图形。

图 4-13

拾取图形：单击可按名称选择自定义图形。此对话框仅显示当前位于场景中的有效图形；其控件类似于"场景资源管理器"控件。

提取：在场景中创建一个新图形，这个新图形可以是副本、实例或当前自定义截面的参考。将打开"提取图形"对话框。

合并自文件：选择储存在另一个 MAX 文件中的截面。将打开"合并文件"对话框。

移动：沿着指定的样条线扫描自定义截面。与"实例"、"副本"和"参考"开关不同，选中的截面会向样条线移动。在视口中编辑原始图形不影响"扫描"网格。

复制：沿着指定样条线扫描选中截面的副本。

实例：沿着指定样条线扫描选定截面的实例。

参考：沿着指定样条线扫描选中截面的参考。

"参数"卷展栏是上下文相关的，并且会根据所选择的沿着样条线扫描的内置截面显示不同的设置。例如，较复杂的截面如"角度"截面有七个可以更改的设置，而"四分之一圆"截面则只有一个设置。

"扫描参数"卷展栏：（如图 4-14 所示）。

在 XZ 平面上的镜像：启用该选项后，截面相对于应用"扫描"修改器的样条线垂直翻转。默认设置为禁用状态。

在 XY 平面上的镜像：启用该选项后，截面相对于应用"扫描"修改器的样条线水平翻转。默认设置为禁用状态。

X 偏移量：相对于基本样条线移动截面的水平位置。

Y 偏移量：相对于基本样条线移动截面的垂直位置。

角度：相对于基本样条线所在的平面旋转截面。

图 4-14

平滑截面：提供平滑曲面，该曲面环绕着沿基本样条线扫描的截面的周界。默认设置为启用。

平滑路径：沿着基本样条线的长度提供平滑曲面。对曲线路径这类平滑十分有用。默认设置为禁用状态。

轴对齐：提供帮助您将截面与基本样条线路径对齐的 2D 栅格。选择九个按钮之一来围绕样条线路径移动截面的轴。

对齐轴：启用该选项后，"轴对齐"栅格在视口中以 3D 外观显示。只能看到 3 x 3 的对齐栅格、截面和基本样条线路径。实现满意的对齐后，就可以关闭"对齐轴"按钮或右键单击以查看扫描。

倾斜：启用该选项后，只要路径弯曲并改变其局部 Z 轴的高度，截面便围绕样条线路径旋转。如果样条线路径为 2D，则忽略倾斜。如果禁用，则图形在穿越 3D 路径时不会围绕其 Z 轴旋转。默认设置为启用。

并集交集：如果使用多个交叉样条线，比如栅格，那么启用该开关可以生成清晰且更真实的交叉点。

4.2.6　课堂案例——制作广告牌

📋 **案例学习目标**

学习使用编辑样条线、挤出、倒角等修改器来对图形进行编辑。

📋 **案例知识要点**

本例介绍使用图形的编辑修改器来并结合使用编辑多边形来制作广告牌，效果如图 4-15 所示。

📋 **效果所在位置**

场景文件可以参考光盘文件/场景/第 4 章/广告牌.max。

设置完成的渲染场景可以参考光盘文件>场景>第 4 章>广告牌 ok.max。

（1）单击"▦（创建）>◎（图形）>弧"按钮，在"左"视图中创建弧，在"参数"卷展栏中设置"半径"为 145、"从"为 233、"到"为 307，如图 4-16 所示。

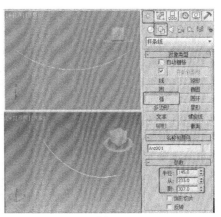

图 4-15　　　　　　　　　　　　　　　　图 4-16

（2）切换到 （修改）命令面板，为弧施加"编辑样条线"修改器，将选择集定义为"样条线"，在"几何体"卷展栏中设置"轮廓"为 15，按 Enter 键，即可设置出图形的轮廓，如图 4-17 所示。

（3）将选择集定义为"顶点"，在场景中调整图形的形状，如图 4-18 所示。

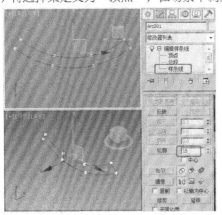

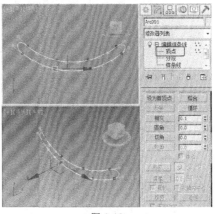

图 4-17　　　　　　　　　　　　　　　　图 4-18

（4）关闭选择集，为图形施加"倒角"修改器，在"倒角值"卷展栏中设置"级别 1"的"高度"为 5、"轮廓"为 2；勾选"级别 2"选项，设置"高度"为 500；勾选"级别 3"选项，设置"高度"为 5、"轮廓"为-2，如图 4-19 所示。

（5）单击"（创建）> （几何体）>长方体"按钮，在"顶"视图中创建长方体，调整模型的位置，切换到 （修改）命令面板，在"参数"卷展栏中设置"长度"为 20、"宽度"为 20、"高度"为 70，如图 4-20 所示。

（6）单击"（创建）> （图形）>线"按钮，在"左"视图中创建样条线，在"渲染"卷展栏中勾选"在渲染中启用"和"在视口中启用"选项，设置"厚度"为 5，如图 4-21 所示。

（7）在"顶"视图中移动复制长方体和可渲染的样条线，如图 4-22 所示。

（8）单击"（创建）> （图形）>弧"按钮，在"左"视图中创建弧，在"参数"卷展栏中设置"半径"为 15、"从"为 300、"到"为 90，如图 4-23 所示。

（9）切换到 （修改）命令面板，为弧施加"编辑样条线"修改器，设置"样条线"的"轮廓"，并调整"顶点"，调整出的图形形状如图 4-24 所示。

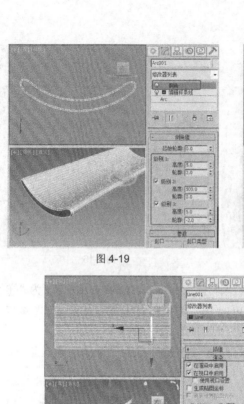

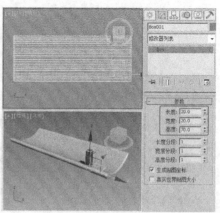

图 4-19　　　　　　　　　　　　　　图 4-20

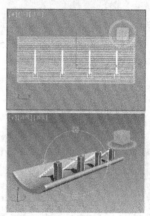

图 4-21　　　　　　　　　　　　　　图 4-22

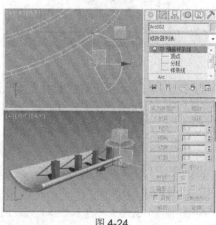

图 4-23　　　　　　　　　　　　　　图 4-24

（10）为图形施加"挤出"修改器，在"参数"卷展栏中设置"数量"为 20，如图 4-25 所示。

（11）为模型施加"编辑多边形"修改器，在"编辑多边形"卷展栏中单击"插入"后的 ▢ 按钮，在弹出的对参数小盒中设置插入参数，如图 4-26 所示。

（12）继续设置多边形的"挤出"，如图 4-27 所示。在场景中选择如图 4-28 所示的多边形，在"多边形：材质 ID"卷展栏中"设置 ID"为 1，如图 4-28 所示。

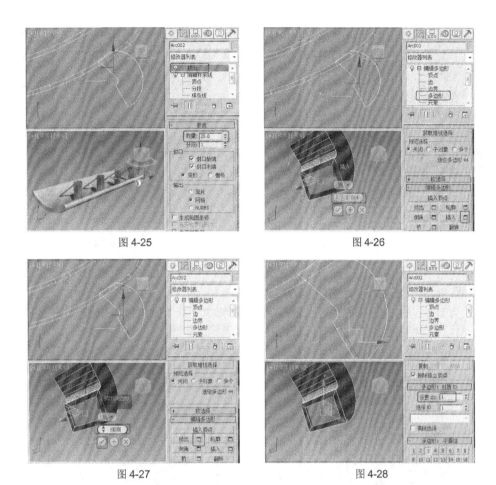

图 4-25　　　　　　　　　　　图 4-26

图 4-27　　　　　　　　　　　图 4-28

（13）按 Ctrl+I 键，反选多边形，设置"设置 ID"为 2，如图 4-29 所示。在场景中复制模型，如图 4-30 所示。

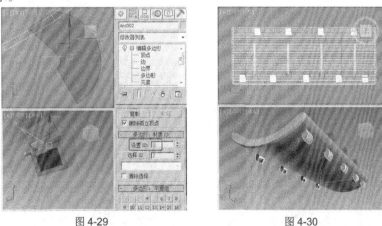

图 4-29　　　　　　　　　　　图 4-30

（14）单击" （创建）> （图形）>矩形"按钮，在"顶"视图中创建矩形，在"参数"卷展栏中设置"长度"为 25、"宽度"为 25、"角半径"为 2，如图 4-31 所示。

（15）为图形施加"挤出"修改器，在"参数"卷展栏中设置"数量"为 250，如图 4-32 所示。

81

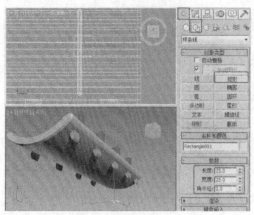

图 4-31   图 4-32

（16）单击"⊕（创建）>⚏（图形）>矩形"按钮，在"前"视图中创建矩形，在"参数"卷展栏中设置"长度"为 162、"宽度"为 345，如图 4-33 所示。

（17）为图形施加"编辑样条线"修改器，将选择集定义为"样条线"，设置样条线的"轮廓"为 10，如图 4-34 所示。

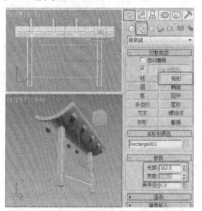

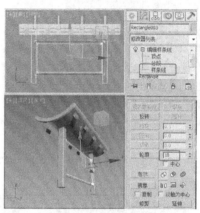

图 4-33   图 4-34

（18）为图形施加"挤出"修改器，在"参数"卷展栏中设置"数量"为 20，如图 4-35 所示。创建一个合适的长方体，设置合适的参数，调整模型的位置，如图 4-36 所示，模型制作完成。

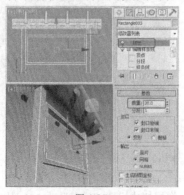

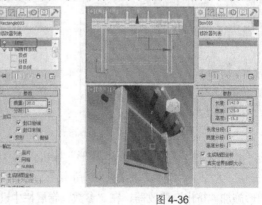

图 4-35   图 4-36

4.2.7 课堂案例——制作中式月亮门

📋 **案例学习目标**

学习使用编辑样条线、扫描和可渲染的样条线。

📋 **案例知识要点**

本例介绍如何使用编辑样条线中的修剪和焊接命令，并介绍如何使用扫描修改器，结合使用可渲染的样条线来完成中式月亮门的制作，如图 4-37 所示。

📋 **效果所在位置**

场景文件可以参考光盘文件/场景/第 4 章/中式月亮门.max。

设置完成的渲染场景可以参考光盘文件>场景>第 4 章>中式月亮门 ok.max。

（1）单击"📷（创建）>🔘（图形）>矩形"按钮，在"前"视图中创建矩形，在"参数"卷展栏中设置"长度"为 200、"宽度"为 230，如图 4-38 所示。

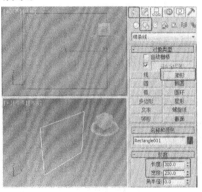

图 4-37   图 4-38

（2）单击"📷（创建）>🔘（图形）>圆"按钮，在"前"视图中创建圆，在"参数"卷展栏中设置"半径"为 79.9，如图 4-39 所示。单击"📷（创建）>🔘（图形）>矩形"按钮，在"前"视图中创建矩形，在"参数"卷展栏中设置"长度"为 65.197、"宽度"为 86.192，如图 4-40 所示。

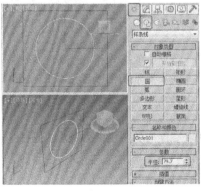

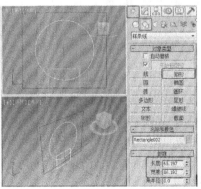

图 4-39   图 4-40

（3）在场景中选择较大的矩形，切换到 命令面板，为图形施加"编辑样条线"修改器，在"几何体"卷展栏中单击"附加"按钮，在场景中拾取另一个的矩形和圆，将图形附加到一起，如图 4-41 所示。

（4）将选择集定义为"样条线"，在"几何体"卷展栏中单击"修剪"按钮，在场景中将多余的样条线修剪掉，如图 4-42 所示。

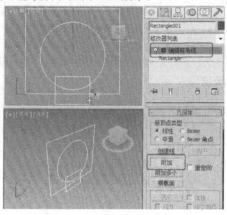
图 4-41

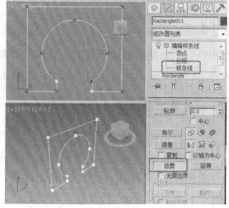
图 4-42

（5）将选择集定义为"顶点"，在场景中按 Ctrl+A 键，全选顶点，在"几何体"卷展栏中单击"焊接"按钮，焊接顶点，如图 4-43 所示。

（6）单击" ![] （创建）> ![] （图形）>矩形"按钮，在"顶"视图中创建矩形，在"参数"卷展栏中设置"长度"为 20、"宽度"为 5，设置合适的参数，如图 4-44 所示。

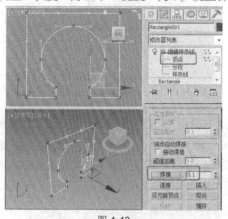
图 4-43

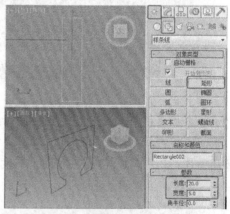
图 4-44

（7）在场景中小矩形的位置创建"圆"，设置合适的参数后，对圆进行复制；选择矩形，切换到 ![] （修改）命令面板，为图形施加"编辑样条线"修改器，在"几何体"卷展栏中单击"附加"按钮，附加圆，如图 4-45 所示。

（8）参考前面"修剪"和"焊接"的使用调整出截面图形的形状，如图 4-46 所示。

（9）在场景中选择月亮门的挤出图形，为其施加"扫描"修改器，在"截面类型"卷展栏中选择"使用自定义截面"选项，单击"拾取"按钮，在场景中拾取作为截面的图形，如图 4-47 所示。

（10）在场景中可以调整截面图形的形状，知道调整出满意的月亮门边框，如图 4-48 所示。

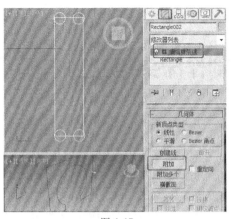

图 4-45

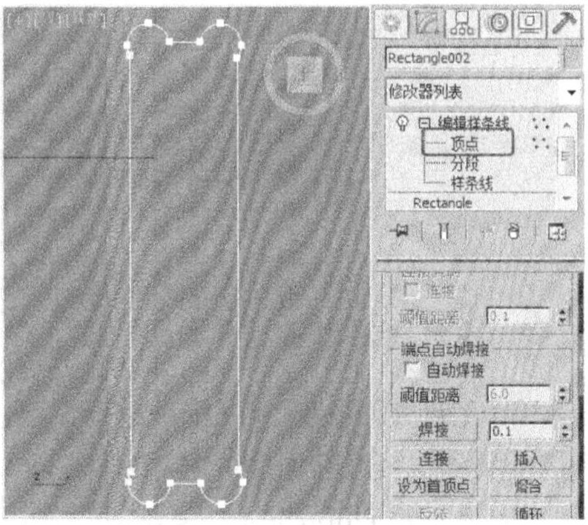

图 4-46

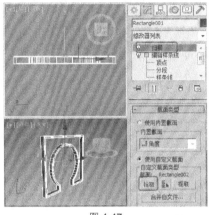

图 4-47

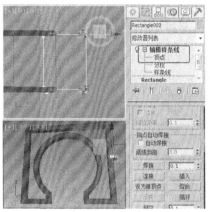

图 4-48

（11）继续在扫描出的模型修改器堆栈选择"编辑样条线"修改器，将选择集定义为"顶点"，在场景中调整其模型的形状，如图 4-49 所示。

（12）在场景中创建可渲染的样条线，在"渲染"卷展栏中勾选"在渲染中启用"和"在视口中启用"选项，选择"矩形"选项，并设置"长度"为 10、"宽度"为 2，制作出可渲染的花纹格，如图 4-50 所示，这样月亮门就制作完成。

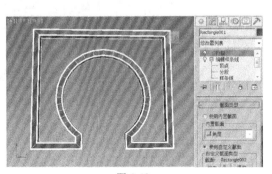

图 4-49

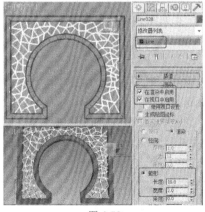

图 4-50

85

课堂练习——制作床头柜

🔖 练习知识要点

本例介绍创建样条线，并对图形进行调整，并为图形施加挤出修改器，创建可渲染的样条线和标准基本体来装饰模型，结合使用 ProBoolean 工具辅助制作出床头柜的效果，效果如图 4-51 所示。

🔖 效果所在位置

场景文件可以参考光盘文件/场景/第 4 章/床头柜.max。

设置完成的渲染场景可以参考光盘文件>场景>第 4 章>床头柜 ok.max。

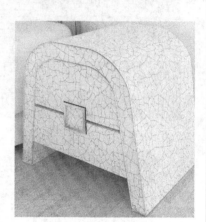

图 4-51

课后习题——制作中式台灯

🔖 习题知识要点

创建并编辑图形的形状，然后为图形施加倒角和车削修改器制作支架和灯托，创建几何体并结合使用一些几何体编辑修改器来完成其他构件的制作，完成中式台灯的模型，效果如图 4-52 所示。

🔖 效果所在位置

场景文件可以参考光盘文件/场景/第 4 章/中式台灯.max。

设置完成的渲染场景可以参考光盘文件>场景>第 4 章>中式台灯 ok.max。

图 4-52

第 5 章　三维模型的常用修改器

本章主要对各种常用的修改命令进行介绍。通过修改命令的编辑可以使几何体的形体发生改变。读者通过学习本章的内容，能掌握各种修改命令的属性和作用，并通过修改命令的配合使用，制作出完整精美的模型。

课堂学习目标	/ 使用各种三维修改器
	/ 对模型进行编辑和修改

5.1　"弯曲"修改器

"弯曲"修改器用于对物体进行弯曲处理，可以调节弯曲的角度和方向，以及弯曲依据的坐标轴向，还可以将弯曲限制在一定的坐标区域之内，如图 5-1 所示。

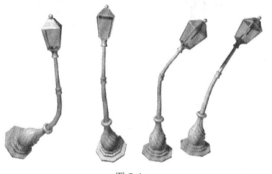

图 5-1

图 5-2

为模型施加"弯曲"修改器，即可显示相关参数卷展栏。

修改器堆栈介绍如下（如图 5-2 所示）。

Gizmo：可以在此子对象层级上与其他对象一样对 gizmo 进行变换并设置动画，也可以改变弯曲修改器的效果。转换 gizmo 将以相等的距离转换它的中心。根据中心转动和缩放 Gizmo。

中心：可以在子对象层级上平移中心并对其设置动画，改变弯曲 Gizmo 的图形，并由此改变弯曲对象的图形。

"参数"卷展栏中的各项介绍如下（如图 5-3 所示）。

角度：从顶点平面设置要弯曲的角度。范围为-999,999.0 至 999,999.0。

方向：设置弯曲相对于水平面的方向。范围为-999,999.0 至 999,999.0。

X/Y/Z：指定要弯曲的轴。注意此轴位于弯曲 Gizmo 并与选择项不相关。默认值为 Z 轴。

图 5-3

限制效果:将限制约束应用于弯曲效果。默认设置为禁用状态。

上限：以世界单位设置上部边界，此边界位于弯曲中心点上方，超出此边界弯曲不再影响几何体。默认值为 0。范围为 0 至 999,999.0。

下限：以世界单位设置下部边界，此边界位于弯曲中心点下方，超出此边界弯曲不再影响几何体。默认值为 0。范围为-999,999.0 至 0。

5.2 "锥化"修改器

"锥化"修改器通过缩放对象几何体的两端产生锥化轮廓；一段放大而另一端缩小。可以在两组轴上控制锥化的量和曲线。也可以对几何体的一段限制锥化。如图 5-4 所示为锥化的各种效果。

图 5-4   图 5-5

为模型施加 Taper（锥化）修改器后，显示 Paramenters（参数）卷展栏，如图 5-5 所示。

数量：缩放扩展的末端。这个量是一个相对值，最大为 10。

曲线：对锥化 gizmo 的侧面应用曲率，因此影响锥化对象的图形。正值会沿着锥化侧面产生向外的曲线，负值产生向内的曲线。值为 0 时，侧面不变。默认值为 0。

主轴：锥化的中心轴或中心线：X、Y 或 Z。默认为 Z。

效果：用于表示主轴上的锥化方向的轴或轴对。可用选项取决于主轴的选取。影响轴可以是剩下两个轴的任意一个，或者是它们的合集。如果主轴是 X，影响轴可以是 Y、Z 或 YZ。默认设置为 XY。

对称：围绕主轴产生对称锥化。锥化始终围绕影响轴对称。默认设置为禁用状态。

限制组：锥化偏移应用于上下限之间。围绕的几何体不受锥化本身的影响，它会旋转以保持对象完好。

限制效果：对锥化效果启用上下限。

上限：用世界单位从倾斜中心点设置上限边界，超出这一边界以外，倾斜将不再影响几何体。

下限：用世界单位从倾斜中心点设置下限边界，超出这一边界以外，倾斜将不再影响几何体。

5.3 "噪波"修改器

"澡波"修改器沿着三个轴的任意组合调整对象顶点的位置。它是模拟对象形状随机变化的重要动画工具，如图 5-6 所示。

使用分形设置，可以得到随机的涟漪图案，比如风中的旗帜。使用分形设置，也可以从平面几何体中创建多山地形。

可以将"澡波"修改器应用到任何对象类型上。澡波 Gizmo 会更改形状以帮助您更直观的理解更改参数设置所带来的影响。"噪波"修改器的结果对含有大量面的对象效果最明显。

大部分"澡波"参数都含有一个动画控制器。

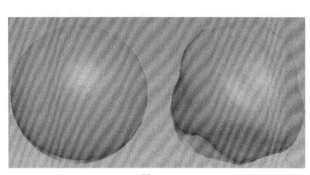

图 5-6 图 5-7

为模型施加"澡波"修改器后，显示"参数"卷展栏，如图 5-7 所示。

噪波组：控制噪波的出现，及其由此引起的在对象的物理变形上的影响。默认情况下，控制处于非活动状态直到更改设置。

种子：从设置的数中生成一个随机起始点。在创建地形时尤其有用，因为每种设置都可以生成不同的配置。

比例:设置噪波影响（不是强度）的大小。较大的值产生更为平滑的噪波，较小的值产生锯齿现象更严重的噪波。默认值为 100。

分形：根据当前设置产生分形效果。默认设置为禁用，如图 5-8 所示，相同的参数，禁用分形为如左图所示，启用分形如右图所示效果。

图 5-8

粗糙度：决定分形变化的程度。较低的值比较高的值更精细。范围为 0 至 1.0。默认值为 0。

迭代次数：控制分形功能所使用的迭代（或是八度音阶）的数目。较小的迭代次数使用较少的分形能量并生成更平滑的效果。迭代次数为 1.0 与禁用"分形"效果一致。范围为 1.0 至 10.0。默认值为 6.0。

强度组：控制噪波效果的大小。只有应用了强度后噪波效果才会起作用。

X、Y、Z：沿着三条轴的每一个设置噪波效果的强度。至少为这些轴中的一个输入值以产生噪波效果。默认值为 0.0、0.0、0.0。

动画组：通过为噪波图案叠加一个要遵循的正弦波形，控制噪波效果的形状。这使得噪波位于边界内，并加上完全随机的阻尼值。启用"动画噪波"后，这些参数影响整体噪波效果。但是，可以分别设置"噪波"和"强度"参数动画；这并不需要在设置动画或播放过程中启用"动画噪波"。

动画噪波：调节"噪波"和"强度"参数的组合效果。下列参数用于调整基本波形。

频率：设置正弦波的周期。调节噪波效果的速度。较高的频率使得噪波振动的更快。较低的频率产生较为平滑和更温和的噪波。

相位：移动基本波形的开始和结束点。

5.4 "晶格"修改器

"晶格"修改器将图形的线段或边转化为圆柱形结构，并在顶点上产生可选的关节多面体。使用它可基于网格拓扑创建可渲染的几何体结构，或作为获得线框渲染效果的另一种方法，如图 5-9 所示。

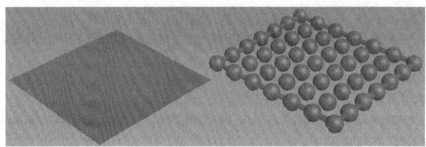

图 5-9

为模型施加"晶格"修改器即可显示"参数"卷展栏，如图 5-10 所示。

"几何体"组：指定是否使用整个对象或选中的子对象，并显示它们的结构和关节这两个组件。

应用于整个对象：将"晶格"应用到对象的所有边或线段上。禁用时，仅将"晶格"应用到传送到堆栈中的选中子对象。默认设置为启用。

仅来自顶点的节点：仅显示原始网格的顶点生成的节点（多面体）。

仅来自边的支柱：仅显示原始网格的线段生成的支柱（圆柱体）。

二者：显示支柱和节点。

支柱组：提供影响几何体结构的控件。

半径：指定结构半径。

分段：指定沿结构的分段数目。当需要使用后续修改器将结构或变形或扭曲时，增加此值。

边数：指定结构周界的边数目。

材质 ID：指定用于结构的材质 ID。使结构和关节具有不同的材质 ID，这会很容易的将它们指定给不同的材质。结构默认值为 1。

忽略隐藏边：仅生成可视边的结构。禁用时，将生成所有边的结构，包括不可见边。默认设置为启用。

末端封口：将末端封口应用于结构。

平滑：将平滑应用于结构。

节点组：提供影响关节几何体的控件。

基点面类型：指定用于关节的多面体类型。

四面体：使用四面体。

八面体：使用八面体。

二十面体：使用二十面体。

半径：设置关节的半径。

分段：指定关节中的分段数目。分段越多，关节形状越像球形。

材质 ID：指定用于结构的材质 ID。默认设置值为 2。

平滑：将平滑应用于关节。

贴图坐标组：确定指定给对象的贴图类型。

无：不指定贴图。

重用现有坐标：使用当前指定给对象的贴图。

新建：使用专用于"晶格"修改器的贴图。将圆柱形贴图应用于每个结构，球形贴图应用于每个关节。

图 5-10

5.5 自由形式变形

自由形式变形（FFD）提供了一种通过调整晶格的控制点使对象发生变形的方法。控制点相对原始晶格源体积的偏移位置会引起受影响对象的扭曲。

下面我们将以 FFD（2×2×2）修改器进行介绍。

FFD 是一种变形工具，2×2×2 修改器则是说明控制顶点的不同，可以通过控制点对模型进行变形调整。

为模型施加 FFD 2×2×2 修改器后显示其子物体层级和相关的参数卷展栏。

FFD 2×2×2 修改器堆栈中的子物体层级的功能介绍如下（如图 5-11 所示）。

图 5-11

控制点：在此子对象层级，可以选择并操纵晶格的控制点，可以一次处理一个或以组为单位处理（使用标准方法选择多个对象）。操纵控制点将影响基本对象的形状，可以给控制点使用标准变形方法，当修改控制点时如果启用了自动关键点按钮，此点将变为动画。

晶格：在此子对象层级，可从几何体中单独地摆放、旋转或缩放晶格框。当首先应用 FFD 时，默认晶格是一个包围几何体的边界框。移动或缩放晶格时，仅位于体积内的顶点子集可应用局部变形。

设置体积：在此子对象层级，变形晶格控制点变为绿色，可以选择并操作控制点而不影响修改对象。这使晶格更精确地符合不规则图形对象，当变形时这将提供更好的控制。
"设置体积"主要用于设置晶格的原始状态，如果控制点已是动画或启用自动
关键点按钮时，此时"设置体积"与子对象层级上的"控制点"使用一样，当
操作点时改变对象形状。

图 5-12

"参数"卷展栏中的选项功能介绍如下（如图 5-12 所示）。

晶格：将绘制连接控制点的线条以形成栅格。

源体积：控制点和晶格会以未修改的状态显示。

仅在体内：只有位于源体积内的顶点会变形。默认设置为启用。

所有顶点：将所有顶点变形，无论它们位于源体积的内部还是外部。

重置：将所有控制点返回到它们的原始位置。

全部动画化：默认情况下，FFD 晶格控制点将不在轨迹视图中显示出来，
因为没有给它们指定控制器。如果在设置控制点动画时，为它指定了控制器，
则它在轨迹视图中将可见。使用"全部动画化"也可以添加和删除关键点，以
及执行其他关键点操作。

与图形一致：在对象中心控制点位置之间沿直线延长线，将每一个 FFD 控制点移动到修改对
象的交叉点上，这将增加一个由补偿微调器指定的偏移距离。

内部点：仅控制受"与图形一致"影响的对象内部点。

外部点：仅控制受"与图形一致"影响的对象外部点。

偏移：受"与图形一致"影响的控制点偏移对象曲面的距离。

关于：显示版权和许可信息对话框。

5.6 "编辑多边形"修改器

"编辑多边形"修改器与"可编辑多边形"大部分功能相同，但"可编辑多边形"中包含"细分
曲面"、"细分置换"卷展栏，以及一些具体的设置选项。

"编辑多边形"修改器与"可编辑多边形"之间的区别。

"编辑多边形"是一个修改器，具有修改器状态所说明的所有属性。其中包括在堆栈中将"编辑
多边形"放到基础对象和其他修改器上方，在堆栈中将修改器移动到不同位置，以及对同一对象应
用多个"编辑多边形"修改器（每个修改器包含不同的建模或动画操作）的功能。

"编辑多边形"有两个不同的操作模式："模型"和"动画"。

"编辑多边形"中不再包括始终启用的"完全交互"开关功能。

"编辑多边形"提供了两种从堆栈下部获取现有选择的新方法：使用堆栈选
择和获取堆栈选择。

除与"可编辑多边形"共有的小盒外，"编辑多边形"还通过"编辑多边
形模式"卷展栏上的"设置"按钮提供"对齐几何体"对话框。

"编辑多边形"中缺少"可编辑多边形"的"细分曲面"和"细分置换"卷
展栏。

在"动画"模式中，通过单击"切片"而不是"切片平面"来开始切片操

图 5-13

作。也需要单击"切片平面"来移动平面。可以设置切片平面的动画。

为模型施加"编辑多边形"修改器后，在修改器堆栈中可以查看该修改器的子物体层级，如图5-13 所示。

"编辑多边形"子物体层级的介绍如下。

顶点：顶点是位于相应位置的点，它们定义构成多边形对象的其他子对象的结构。当移动或编辑顶点时，它们形成的几何体也会受影响。顶点也可以独立存在，这些孤立顶点可以用来构建其他几何体，但在渲染时，它们是不可见的。当定义为"顶点"时可以选择单个或多个顶点，并且使用标准方法移动它们。

边：边是连接两个顶点的直线，它可以形成多边形的边。边不能由两个以上多边形共享。另外，两个多边形的法线应相邻，如果不相邻，应卷起共享顶点的两条边。当定义为"边"选择集时选择一条或多条边，然后使用标准方法变换它们。

边界：边界是网格的线性部分，通常可以描述为孔洞的边缘，它通常是多边形仅位于一面时的边序列。例如，长方体没有边界，但茶壶对象有若干边界：壶盖、壶身和壶嘴上有边界，还有两个在壶把上。如果创建圆柱体，然后删除末端多边形，相邻的一行边会形成边界。当将选择集定义为"边界"时可选择一个或多个边界，然后使用标准方法变换它们。

多边形：多边形是通过曲面连接的 3 条或多条边的封闭序列。多边形提供"编辑多边形"对象的可渲染曲面。当将选择集定义为"多边形"时可选择单个或多个多边形，然后使用标准方法变换它们。

元素：元素是两个或两个以上可组合为一个更大对象的单个网格对象。

"编辑多边形模式"卷展栏中的选项功能介绍如下（如图 5-14 所示）。

模型：用于使用"编辑多边形"功能建模。在"模型"模式下，不能设置操作的动画。

动画：用于使用"编辑多边形"功能设置动画。

标签：显示当前存在的任何命令。否则，它显示<无当前操作>。

提交：在"模型"模式下，使用小盒接受任何更改并关闭小盒（与小盒上的确定按钮相同）。在"动画"模式下，冻结已设置动画的选择在当前帧的状态，然后关闭对话框，会丢失所有现有关键帧。

设置：切换当前命令的小盒。

取消：取消最近使用的命令。

图 5-14

显示框架：在修改或细分之前，切换显示可编辑多边形对象的两种颜色线框的显示。框架颜色显示为复选框右侧的色样。第一种颜色表示未选定的子对象，第二种颜色表示选定的子对象，通过单击其色样更改颜色。"显示框架"切换只能在子对象层级使用。

"选择"卷展栏中的选项功能介绍如下（如图 5-15 所示）。

（顶点）：访问"顶点"子对象层级，可从中选择光标下的顶点。区域选择将选择区域中的顶点。

（边）：访问"边"子对象层级，可从中选择光标下的多边形的边。区域选择将选择区域中的多条边。

（边界）：访问"边界"子对象层级，可从中选择构成网格中孔洞边框的一系列边。

（多边形）：访问"多边形"子对象层级，可选择光标下的多边形。

图 5-15

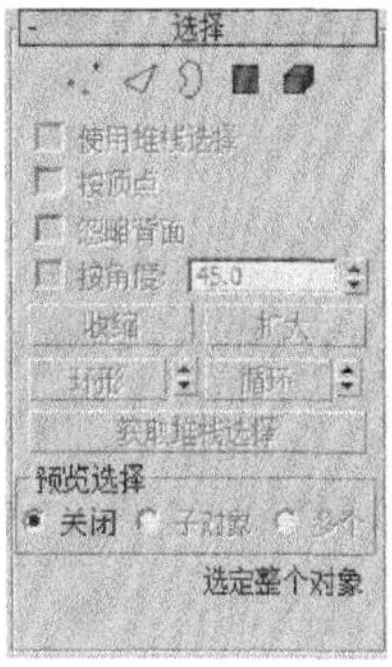

区域选择将选择区域中的多个多边形。

■（元素）：访问"元素"子对象层级，通过它可以选择对象中所有相邻的多边形。区域选择用于选择多个元素。

使用堆栈选择：启用该复选框时，"编辑多边形"自动使用在堆栈中向上传递的任何现有子对象选择，并禁止用户手动更改选择。

按顶点：启用该复选框时，只有通过选择所用的顶点，才能选择子对象。单击顶点时，将选择使用该选定顶点的所有子对象。该功能在"顶点"子对象层级上不可用

忽略背面：启用该复选框后，选择子对象将只影响面向用户的那些对象。

按角度：启用该复选框时，选择一个多边形会基于复选框右侧的角度设置同时选择相邻多边形。该值可以确定要选择的邻近多边形之间的最大角度。仅在"多边形"子对象层级可用。

收缩：通过取消选择最外部的子对象缩小子对象的选择区域。如果不再减少选择大小，则可以取消选择其余的子对象，如图 5-16 所示。

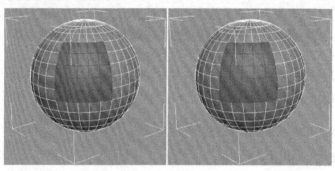

图 5-16

扩大：向所有可用方向外侧扩展选择区域，如图 5-17 所示。

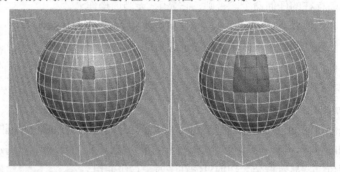

图 5-17

环形："环形"按钮旁边的微调器允许用户在任意方向将选择移动到相同环上的其他边，即相邻的平行边，如图 5-18 所示。如果用户单击了"循环"按钮，则可以使用该功能选择相邻的循环。只适用于"边"和"边界"子对象层级。

循环：在与所选边对齐的同时，尽可能远地扩展边选定范围。循环选择仅通过四向连接进行传播，如图 5-19 所示。

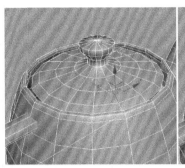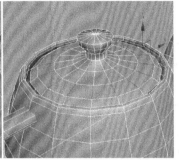

图 5-18

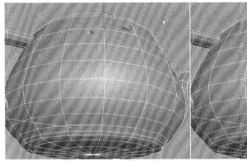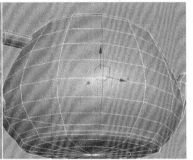

图 5-19

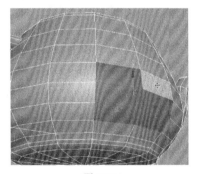

图 5-20

获取堆栈选择：使用在堆栈中向上传递的子对象选择替换当前选择。然后，可以使用标准方法修改此选择。

预览选择：提交到子对象选择之前，该选项组允许预览它。根据鼠标的位置，用户可以在当前子对象层级预览，或者自动切换子对象层级。

关闭：预览不可用。

子对象：仅在当前子对象层级启用预览，如图 5-20 所示。

多个：像子对象一样起作用，但根据鼠标的位置，也在"顶点"、"边"和"多边形"子对象层级级别之间起作用。

选定整个对象："选择"卷展栏底部是一个文本显示区域，提供有关当前选择的信息。如果没有子对象选择，或者选择了多个子对象，那么该文本给出选择的数目和类型。

"软选择"卷展栏中的选项功能介绍如下（如图 5-21 所示）。

使用软选择：在可编辑对象或编辑修改器的子对象层级上影响移动、旋转和缩放功能的操作，如果在子对象选择上操作变形修改器，那么也会影响应用到对象上的变形修改器的操作。启用该复选框后，3ds Max 会将样条线曲线变形应用到所变换的选择周围的未选定子对象。

边距离：启用该复选框后，将软选择限制到指定的面数，该选择在进行选择的区域和软选择的最大范围之间。影响区域根据"边距离"空间沿着曲面进行测量，而不是真实空间。

影响背面：启用该复选框后，那些法线方向与选定子对象平均法线方向相反的、取消选择的面就会受到软选择的影响。在顶点和边的情况下，这将应用到它们所依附的面的法线上。

衰减：用于定义影响区域的距离，它是用当前单位表示的从中心到球体的边的距离。使用越高的衰减设置，就可以实现更平缓的斜坡，具体情况取决于用户的几何体比例。默认设置为 20。

收缩：沿着垂直轴提高并降低曲线的顶点，设置区域的相对突出度。为负数时，将生成凹陷，而不是点。

膨胀：沿着垂直轴展开和收缩曲线。

明暗处理面切换：显示颜色渐变，它与软选择权重相适应。

锁定软选择：启用该复选框将禁用标准软选择选项，通过锁定标准软选择的一些调节数值选项，避免程序选择对它进行更改。

绘制软选择：可以通过鼠标在视图上指定软选择，绘制软选择可以通过绘制不同权重的不规则形状来表达想要的选择效果。与标准软选择相比，绘制软选择可以更灵活地控制软选择图形的范围，让用户不再受固定衰减曲线的限制。

绘制：单击该按钮，在视图中拖动鼠标，可在当前对象上绘制软选择。

模糊：单击该按钮，在视图中拖动鼠标，可复原当前的软选择。

复原：单击该按钮，在视图中拖动鼠标，可复原当前的软选择。

选择值："绘制"或"复原"软选择的最大权重，最大值为 1。

笔刷大小：绘制软选择的笔刷大小。

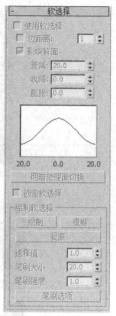

图 5-21

笔刷强度：绘制软选择的笔刷强度，强度越高，达到完全值的速度越快。

笔刷选项：可打开绘制笔刷对话框来自定义笔刷的形状、镜像和敏压设置等相关属性。

"编辑几何体"卷展栏中的选项功能介绍如下（如图 5-22 所示）。

重复上一个：重复最近使用的命令。

约束：可以使用现有的几何体约束子对象的变换。

无：没有约束。这是默认选项。

边：约束子对象到边界的变换。

面：约束子对象到单个面曲面的变换。

法线：约束每个子对象到其法线（或法线平均）的变换。

保持 UV：启用此复选框后，可以编辑子对象，而不影响对象的 UV 贴图。

创建：创建新的几何体。

塌陷：通过将其顶点与选择中心的顶点焊接，使连续选定子对象的组产生塌陷。

图 5-22

附加：用于将场景中的其他对象附加到选定的多边形对象。单击 ▣（附加列表）按钮，在弹出的对话框中可以选择一个或多个对象进行附加。

分离：将选定的子对象和附加到子对象的多边形作为单独的对象或元素进行分离。单击 ▣（设置）按钮，弹出分离对话框，使用该对话框可设置多个选项。

切片平面：为切片平面创建 Gizmo，可以定位和旋转它，来指定切片位置。同时启用"切片"和"重置平面"按钮；单击"切片"可在平面与几何体相交的位置创建新边。

分割：启用该复选框时，通过"快速切片"和"分割"操作，可以在划分边的位置处的点创建两个顶点集。

切片：在切片平面位置处执行切片操作。只有按下"切片平面"按钮时，才能使用该按钮。

重置平面：将"切片"平面恢复到其默认位置和方向。只有按下"切片平面"按钮时，才能使用该按钮。

快速切片：可以将对象快速切片，而不操纵 Gizmo。进行选择，并单击"快速切片"按钮，然后在切片的起点处单击一次，再在其终点处单击一次。激活命令时，可以继续对选定内容执行切片操作。要停止切片操作，请在视口中右击，或者再次单击"快速切片"按钮将其关闭。

切割：用于创建一个多边形到另一个多边形的边，或在多边形内创建边。单击起点，并移动鼠标光标，然后再单击，再移动和单击，以便创建新的连接边。右击一次退出当前切割操作，然后可以开始新的切割，或者再次右击退出"切割"模式。

网格平滑：使用当前设置平滑对象。

细化：根据细化设置细分对象中的所有多边形。单击■（设置）按钮，以便指定平滑的应用方式。

平面化：强制所有选定的子对象成为共面。该平面的法线是选择的平均曲面法线。

X、Y、Z：平面化选定的所有子对象，并使该平面与对象的局部坐标系中的相应平面对齐。例如，使用的平面是与按钮轴相垂直的平面，因此，单击 X 按钮时，可以使该对象与局部 YZ 轴对齐。

视图对齐：使对象中的所有顶点与活动视口所在的平面对齐。在子对象层级，此功能只会影响选定顶点或属于选定子对象的那些顶点。

栅格对齐：使选定对象中的所有顶点与活动视图所在的平面对齐。在子对象层级，只会对齐选定的子对象。

松弛：使用当前的"松弛"设置将"松弛"功能应用于当前选择。"松弛"可以规格化网格空间，方法是朝着邻近对象的平均位置移动每个顶点。单击■（设置）按钮，以便指定"松弛"功能的应用方式。

隐藏选定对象：隐藏选定的子对象。

全部取消隐藏：将隐藏的子对象恢复为可见。

隐藏未选定对象：隐藏未选定的子对象。

命令选择：用于复制和粘贴对象之间的子对象的命名选择集。

复制：单击该按钮，弹出一个对话框，使用该对话框，可以指定要放置在复制缓冲区中的命名选择集。

粘贴：从复制缓冲区中粘贴命名选择。

删除孤立顶点：启用该复选框时，在删除连续子对象的选择时删除孤立顶点。禁用该复选框时，删除子对象会保留所有顶点。默认设置为启用。

"绘制变形"卷展栏中的选项功能介绍如下（如图 5-23 所示）。

推/拉：将顶点移入对象曲面内（推）或移出曲面外（拉）。推拉的方向和范围由"推/拉值"设置所确定。

松弛：将每个顶点移到由它的邻近顶点平均位置所计算出来的位置上，来规格化顶点之间的距离。"松弛"使用与"松弛"修改器相同的方法。

复原：通过绘制可以逐渐擦除、反转"推/拉"或"松弛"的效果。仅影响从最近的"提交"操作开始变形的顶点。如果没有顶点可以复原，"复原"按钮将不可用。

图 5-23

推/拉方向：此设置用于指定对顶点的推或拉是根据曲面法线、原始法线或变形法线进行，还是沿着指定轴进行。

原始法线：选择此单选按钮后，对顶点的推或拉会使顶点以它变形之前的法线方向进行移动。重复应用"绘制变形"总是将每个顶点以它最初移动时的相同方向进行移动。

变形法线：选择此单选按钮后，对顶点的推或拉会使顶点以它现在的法线方向进行移动，也就是说，在变形之后的法线。

变换轴：X、Y、Z，选择相应的单选按钮后，对顶点的推或拉会使顶点沿着指定的轴进行移动。

推/拉值：确定单个推/拉操作应用的方向和最大范围。正值将顶点拉出对象曲面，而负值将顶点推入曲面。

笔刷大小：设置圆形笔刷的半径。

笔刷强度：设置笔刷应用"推/拉"值的速率。低的强度值应用效果的速率要比高的强度值来得慢。

笔刷选项：单击此按钮，弹出"绘制选项"对话框，在该对话框中可以设置各种笔刷相关的参数。

提交：使变形的更改永久化，将它们烘焙到对象几何体中。在使用"提交"后，就不可以将"复原"应用到更改上。

取消：取消自最初应用绘制变形以来的所有更改，或取消最近的"提交"操作。

在"编辑多边形"中有许多参数卷展栏是根据子物体层级相关联的，选择子物体层级时，相应的卷展栏将出现。下面对这些卷展栏进行详细的介绍。

首先来介绍当选择"顶点"选择集时在修改器列表中出现的卷展栏。

"编辑顶点"卷展栏中的选项功能介绍如下（如图 5-24 所示）：

移除：删除选择的顶点，并接合起使用它们的多边形。要删除顶点，请选择它们，然后按 Delete 键。这会在网格中创建一个或多个洞。要删除顶点而不创建孔洞，请使用"移除"按钮，效果如图 5-25 所示。

使用"移除"可能导致网格形状变化并生成非平面的多边形。

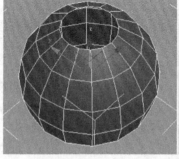

图 5-24   图 5-25

断开：在与选定顶点相连的每个多边形上，都创建一个新顶点，这可以使多边形的转角相互分开，使它们不再相连于原来的顶点上。如果顶点是孤立的或者只有一个多边形使用，则顶点将不受影响。

挤出：可以手动挤出顶点，方法是在视口中直接操作。单击此按钮，然后垂直拖动到任何顶点上，就可以挤出此顶点。挤出顶点时，它会沿法线方向移动，并且创建新的多边形，形成挤出的面，将顶点与对象相连。挤出对象的面的数目，与原来使用挤出顶点的多边形数目一样。单击■（设置）按钮，将弹出挤出顶点助手，以便通过交互式操纵执行挤出。

　　焊接：对焊接助手中指定的公差范围内选定的连续顶点进行合并。所有边都会与产生的单个顶点连接。单击■（设置）按钮，将弹出焊接顶点助手以便指定焊接阈值。

　　切角：单击此按钮，然后在活动对象中拖动顶点。要用数字切角顶点，请单击■（设置）按钮，然后使用切角量值，如图 5-26 所示。如果选定多个顶点，那么它们都会被同样地切角。

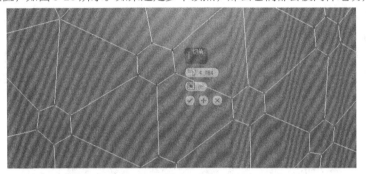

图 5-26

　　目标焊接：可以选择一个顶点，并将它焊接到相邻目标顶点，如图 5-27 所示。"目标焊接"只焊接成对的连续顶点，也就是说，顶点有一个边相连。

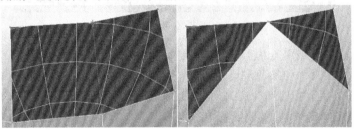

图 5-27

　　连接：在选择的顶点对之间创建新的边，如图 5-28 所示。

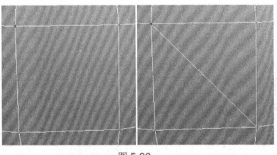

图 5-28

图 5-29

　　移除孤立顶点：将不属于任何多边形的所有顶点删除。

　　移除未使用的贴图顶点：某些建模操作会留下未使用的（孤立）贴图顶点，它们会显示在"展开 UVW"编辑器中，但是不能用于贴图。可以使用该按钮，来自动删除这些贴图顶点。

下面介绍当选择"边"选择集时在修改器列表中出现的卷展栏。

"编辑边"卷展栏中的选项功能介绍如下（如图 5-29 所示）。

插入顶点：用于手动细分可视的边。按下"插入顶点"按钮后，单击某边即可在该位置处添加顶点。

移除：删除选定边并组合使用这些边的多边形。

分割：沿着选定边分割网格。对网格中心的单条边应用时，不会起任何作用。影响边末端的顶点必须是单独的，以便能使用该单选按钮。例如，因为边界顶点可以一分为二，所以，可以在与现有的边界相交的单条边上使用该单选按钮。另外，因为共享顶点可以进行分割，所以，可以在栅格或球体的中心处分割两个相邻的边。

桥：使用多边形的"桥"连接对象的边。桥只连接边界边，也就是只在一侧有多边形的边。创建边循环或剖面时，该工具特别有用。单击■（设置）按钮打开跨越边助手，以便通过交互式操纵在边对之间添加多边形，如图 5-30 所示。

图 5-30

创建图形：选择一条或多条边后，单击此按钮可使用选定边，单击"创建图形"按钮后的■（设置）按钮，创建一个或多个样条线形状。

编辑三角剖分：用于修改绘制内边或对角线时多边形细分为三角形的方式。

旋转：用于通过单击对角线修改多边形细分为三角形的方式。按下"旋转"按钮时，对角线可以在线框和边面视图中显示为虚线。在"旋转"模式下，单击对角线可更改其位置。要退出"旋转"模式，请在视口中右击或再次单击"旋转"按钮。

下面介绍当选择"边界"选择集时在修改器列表中出现的卷展栏。

"编辑边界"卷展栏中的选项功能介绍如下（如图 5-31 所示）。

封口：使用单个多边形封住整个边界环，如图 5-32 所示。

图 5-31

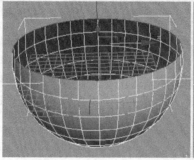

图 5-32

　　利用所选内容创建图形：用户可以预览“创建图形”功能、命名图形，以及将其设置为“权重”或“折缝”。

　　编辑三角剖分：用于修改绘制内边或对角线时多边形细分为三角形的方式。

　　旋转：用于通过单击对角线修改多边形细分为三角形的方式。

　　下面介绍当选择“多边形”选择集时在修改器列表中出现的卷展栏。

　　“编辑多边形”卷展栏中的选项功能介绍如下（如图 5-33 所示）。

　　轮廓：用于增加或减少每组连续的选定多边形的外边，单击 □（设置）按钮，弹出多边形加轮廓助手，以便通过数值设置执行加轮廓操作，如图 5-34 所示。

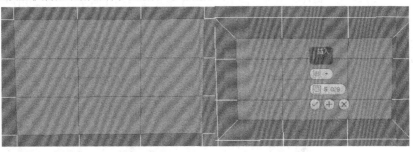

图 5-33　　　　　　　　　　　　　　　　　　　图 5-34

　　倒角：通过直接在视口中操纵执行手动倒角操作。单击 □（设置）按钮，弹出倒角助手，以便通过交互式操纵执行倒角处理。

　　插入：执行没有高度的倒角操作，即在选定多边形的平面内执行该操作。单击此按钮，然后垂直拖动任何多边形，以便将其插入单击 □（设置）按钮，弹出插入助手，以便通过交互式操纵插入多边形。

　　翻转：反转选定多边形的法线方向。

　　从边旋转：通过在视口中直接操纵，执行手动旋转操作。单击 □（设置）按钮，弹出从边旋转助手，以便通过交互式操纵旋转多边形。

　　沿样条线挤出：沿样条线挤出当前的选定内容。单击 □（设置）按钮，弹出沿样条线挤出助手，以便通过交互式操纵沿样条线挤出。

　　编辑三角剖分：使用用户可以通过绘制内边修改多边形细分为三角形的方式。

　　重复三角算法：允许 3ds Max 对多边形或当前选定的多边形自动执行最佳的三角剖分操作。

　　旋转：用于通过单击对角线修改多边形细分为三角形的方式。

　　“多边形：材质 ID”卷展栏中的选项功能介绍如下（如图 5-35 所示）。

　　设置 ID：用于向选定的面片分配特殊的材质 ID 编号，以供多维/子对象材质和其他应用使用。

图 5-35

　　选择 ID：选择与相邻 ID 字段中指定的材质 ID 对应的子对象。键入或使用该微调器指定 ID，然后单击“选择 ID”按钮。

　　清除选择：启用该复选框时，选择新 ID 或材质名称会取消选择以前选定的所有子对象。

　　“多边形：平滑组”卷展栏中的选项功能介绍如下（如图 5-36 所示）。

图 5-36

按平滑组选择：单击该按钮，弹出说明当前平滑组的对话框。

清除全部：从选定片中删除所有的平滑组分配多边形。

自动平滑：基于多边形之间的角度设置平滑组。如果任何两个相邻多边形的法线之间的角度小于阈值角度（由该按钮右侧的微调器设置），它们会包含在同一平滑组中。

5.7 "网格平滑"修改器

"网格平滑"修改器通过多种不同方法平滑场景中的几何体。它允许用户细分几何体，同时在角和边插补新面的角度，以及将单个平滑组应用于对象中的所有面。"网格平滑"的效果是使角和边变圆，就像它们被锉平或刨平一样。使用"网格平滑"参数可控制新面的大小和数量，以及它们如何影响对象曲面，如图 5-37 所示。

图 5-37

为模型施加"网格平滑"修改器后即可显示其相关参数卷展栏。

"细分方法"卷展栏中的选项功能介绍如下（如图 5-38 所示）。

细分方法：选择以下控件之一可确定网格平滑操作的输出。

NURMS：减少非均匀有理数网格平滑对象（缩写为NURMS）。"强度"和"松弛"平滑参数对于 NURMS 类型不可用，此 NURBS 对象与可以为每个控制顶点设置不同权重的 NURBS 对象相似。通过更改边权重，可进一步控制对象形状。

图 5-38

经典：生成三面和四面的多面体。

四边形输出：仅生成四面多面体（假设看不到隐藏的边，因为对象仍然由三角形面组成）。

应用于整个网格：启用该复选框时，在堆栈中向上传递的所有子对象选择被忽略，且"网格平滑"应用于整个对象。

旧式贴图：使用 3ds Max 版本 3 算法将"网格平滑"应用于贴图坐标。此方法会在创建新面和纹理坐标移动时变形基本贴图坐标。

"细分量"卷展栏中的选项功能介绍如下（如图 5-39 所示）。

图 5-39

迭代次数：设置网格细分的次数。增加该值时，每次新的迭代会通过在迭代之前对顶点、边和曲面创建平滑差补顶点来细分网格。

平滑度：确定对多尖锐的锐角添加面以平滑它。

渲染值：用于在渲染时对对象应用不同的平滑迭代次数和不同的"平滑度"值。一般，将使用较低的迭代次数和较低的"平滑度"值进行建模，使用较高值进行渲染。这样，可在视口中迅速处理低分辨率对象，同时生成更平滑的对象以供渲染。

图 5-40

"迭代次数"复选框：允许在渲染时选择一个不同数量的平滑迭代次数应用于对象。启用"迭代次数"复选框，然后使用其右侧的微调器来设置迭代次数。

平滑度：用于选择不同的"平滑度"值，以便在渲染时应用于对象。启用"平滑度"复选框，然后使用其右侧的微调器设置平滑度的值。

"局部控制"卷展栏中的选项功能介绍如下（如图 5-40 所示）。

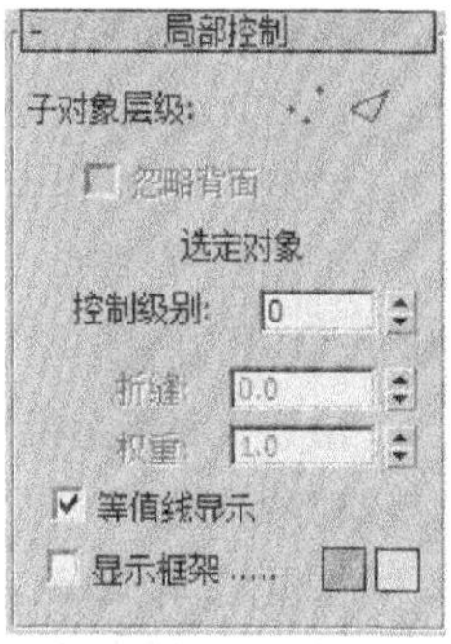

子对象层级：启用或禁用 🗹（边）或 ∴（顶点）层级。如果两个层级都被禁用，将在对象层级工作。

忽略背面：启用该复选框时，子对象选择会仅选择其法线使其在视口中可见的那些子对象。

控制级别：用于在一次或多次迭代后查看控制网格，并在该级别编辑子对象的点和边。

折缝：创建曲面不连续，从而获得褶皱或唇状结构等清晰边界。

权重：设置选定顶点或边的权重。

等值线显示：对象在平滑之前的原始边。使用此复选框的好处是减少混乱的显示。

显示框架：在细分之前，切换显示修改对象的两种颜色线框的显示。框架颜色显示为复选框右侧的色样。

"参数"卷展栏中的选项功能介绍如下（如图 5-41 所示）。

平滑参数：这些设置仅在网格平滑类型设置为经典或四边形输出时可用。

图 5-41

强度：使用 0.0 ~ 1.0 的范围设置所添加面的大小。

松弛：应用正的松弛效果以平滑所有顶点。

投影到限定曲面：将所有点放置到网格平滑结果的"投影到限定曲面"上，即在无数次迭代后生成的曲面上。

曲面参数：将平滑组应用于对象，并使用曲面属性限制网格平滑效果。

平滑结果：对所有曲面应用相同的平滑组。

材质：防止在不共享材质 ID 的曲面之间的边创建新曲面。

平滑组：防止在不共享至少一个平滑组的曲面之间的边上创建新曲面。

"设置"卷展栏中的选项功能介绍如下（如图 5-42 所示）。

操作于：作用于面 ◁，将每个三角形作为面并对所有边（即使是不可见边）进行平滑。操作于多边形 ▢，将忽略不可见边，将多边形（如组成长方体的四边形或圆柱体上的封口）作为单个面。

图 5-42

保持凸面：（仅在操作于多边形 ▢ 模式下可用）。保持所有输入多边形为凸面。选择此复选框后，会将非凸面多边形为最低数量的单独面（每个面都为凸面）进行处理。

更新选项：设置手动或渲染时更新选项，适用于平滑对象的复杂度过高而不能应用自动更新的情况。

始终：更改任意"网格平滑"设置时自动更新对象。

渲染时：只在渲染时更新对象的视口显示。

手动：启用手动更新。

更新：更新视口中的对象，使其与当前的"网格平滑"设置相匹配。仅在选择"渲染时"或"手动"单选按钮时才起作用。

"重置"卷展栏中的选项功能介绍如下（如图5-43所示）。

重置所有层级：将所有子对象层级的几何体编辑、折缝和权重恢复为默认或初始设置。

图 5-43

重置该层级：将当前子对象层级的几何体编辑、折缝和权重恢复为默认或初始设置。

重置几何体编辑：将对顶点或边所做的任何变换恢复为默认或初始设置。

重置边折缝：将边折缝恢复为默认或初始设置。

重置顶点权重：将顶点权重恢复为默认或初始设置。

重置边权重：将边权重恢复为默认或初始设置。

全部重置：将全部设置恢复为默认或初始设置。

5.8 "涡轮平滑"修改器

"涡轮平滑"修改器被认为比网格平滑更快并更有效率地利用内存。涡轮平滑提供网格平滑功能的限制子集。涡轮平滑使用单独平滑方法（NURBS），它可以仅应用于整个对象，不包含子对象层级并输出三角网格对象。

为模型施加"涡轮平滑"修改器后显示"涡轮平滑"卷展栏卷展栏。

"涡轮平滑"卷展栏中的选项功能介绍如下（如图5-44所示）。

主体：用于设置涡轮平滑的基本参数。

迭代次数：设置网格细分的次数。增加该值时，每次新的迭代会通过在迭代之前对顶点、边和曲面创建平滑差补顶点来细分网格。修改器会细分曲面来使用这些新的顶点。默认值为1。

渲染迭代次数：允许在渲染时选择一个不同数量的平滑迭代次数应用于对象。启用渲染迭代次数复选框，并使用右边的字段来设置渲染迭代次数。

等值线显示：启用该复选框时，3ds Max 只显示等值线对象在平滑之前的原始边。使用此复选框的好处是减少混乱的显示。

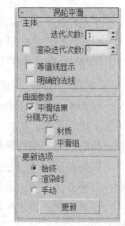

图 5-44

明确的法线：允许涡轮平滑修改器为输出计算法线，此方法要比 3ds Max 中网格对象平滑组中用于计算法线的标准方法迅速。默认设置为禁用状态。

曲面参数：允许通过曲面属性对对象应用平滑组并限制平滑效果。

平滑结果：对所有曲面应用相同的平滑组。

材质：防止在不共享材质 ID 的曲面之间的边创建新曲面。

平滑组：防止在不共享至少一个平滑组的曲面之间的边上创建新曲面。

更新选项：设置手动或渲染时更新选项，适用于平滑对象的复杂度过高而不能应用自动更新的情况。注意同时可以在主组中设置更高的平滑度仅在渲染时应用。

始终：更改任意平滑网格设置时自动更新对象。

渲染时：只在渲染时更新对象的视口显示。

手动：启用手动更新。选择手动更新时，改变的任意设置直到单击"更新"按钮时才起作用。

更新：更新视口中的对象，使其与当前的网格平滑设置。仅在选择"渲染时"或"手动"单选按钮时才起作用。

5.9 课堂案例——制作小雏菊

📋 案例学习目标

学习使用可编辑多边形和涡轮平滑的使用。

📋 案例知识要点

本例介绍使用可编辑多边形调整模型的基本形状，并为其施加涡轮平滑修改器，制作出模型的效果效果，如图 5-45 所示。

📋 效果所在位置

场景文件可以参考光盘文件/场景/第 5 章/小雏菊.max。

设置完成的渲染场景可以参考光盘文件>场景>第 5 章>小雏菊 ok.max。

（1）单击"▨（创建）>◯（几何体）>平面"按钮，在"前"视图中创建平面，在"前"视图中创建平面，在"参数"卷展栏中设置"长度"为 180、"宽度"为 80，设置"长度分段"为 5、"宽度分段"为 5，如图 5-46 所示。

图 5-45

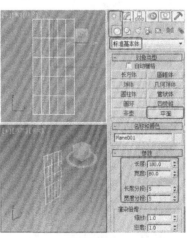

图 5-46

（2）在场景中鼠标右击平面，在弹出的快捷菜单中选择"转换为>转化为可编辑多边形"命令，如图 5-47 所示

（3）切换到 ▨（修改）命令面板，将选择集定义为"顶点"，在"前"视图中调整顶点，如图 5-48 所示。

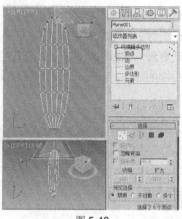

图 5-47   图 5-48

（4）在"前"视图中选择顶点，在"顶"视图中对其进行调整，制作出花瓣凸出的纹理，如图 5-49 所示。继续在"左"视图中调整顶点，如图 5-50 所示。

（5）关闭选择集，在"细分曲面"卷展栏中勾选"使用 NURMS 细分"选项，如图 5-51 所示。

（6）切换到 品（层级）命令面板，打开"仅影响轴"按钮，在"前"视图中调整轴的位置，如图 5-52 所示。

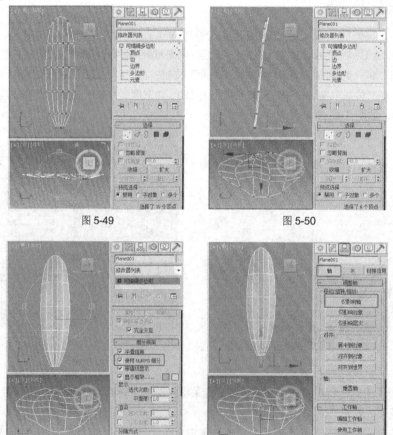

图 5-49   图 5-50

图 5-51   图 5-52

（7）在"前"视图中按住 Shift 键，旋转复制模型，并缩放模型的大小，调整模型的位置，如图 5-53 所示。

（8）在"前"视图中创建"球体"，在"参数"卷展栏中设置"半径"为 37、设置"半球"为 0.5，如图 5-54 所示。

图 5-53

图 5-54

（9）在"顶"视图中镜像复制半球，如图 5-55 所示。

（10）为花朵后作为茎的模型施加"编辑多边形"修改器，将选择集定义为"顶点"，在"前"视图中调整顶点，如图 5-56 所示。

 提 示

在场景中选择作为花茎的模型，切换到 ▣（显示）命令面板，单击"隐藏"卷展栏中的"隐藏未选定对象"按钮，将制作完成的花朵隐藏，方便调整花茎模型。

图 5-55

图 5-56

（11）在"前"视图中选择如图 5-57 所示的多边形，单击"编辑多边形"卷展栏中的"挤出"后的 ▣ 按钮，在弹出的小盒中设置挤出的高度。

（12）使用同样的方法设置模型的多边形的多次挤出，如图 5-58 所示。

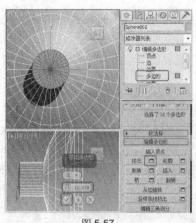

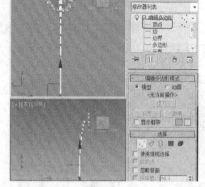

图 5-57   图 5-58

（13）关闭选择集，为作为茎的模型施加"涡轮平滑"修改器，如图 5-59 所示。

（14）显示花朵模型，完成小雏菊的制作，如图 5-60 所示。

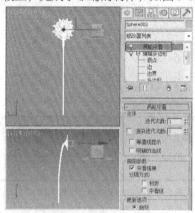

图 5-59   图 5-60

5.10 课堂案例——制作小清新吊灯

📋 案例学习目标

学习使用编辑样条线、挤出、细分和弯曲等修改器。

📋 案例知识要点

本例介绍使用"星形"为其施加"编辑样条线、挤
出、细分"修改器，创建"圆柱体"，复制并组合灯罩，
使用"弯曲"修改器完成灯罩的效果，结合使用其他的
图形和几何体组合完成小清新吊灯，完成的模型效果如
图 5-61 所示。

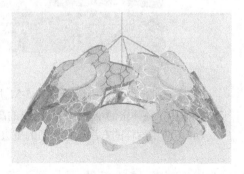

图 5-61

场景文件可以参考光盘文件/场景/第 5 章/小清新吊灯.max。

设置完成的渲染场景可以参考光盘文件>场景>第 5 章>小清新吊灯 ok.max。

（1）单击"　（创建）>　（图形）>星形"按钮，在"前"视图中创建星形，在"参数"卷展栏中设置合适的参数，如图 5-62 所示。

（2）切换到　（修改）命令面板，为星形施加"编辑样条线"修改器，在修改器堆栈中选择"顶点"按 Ctrl+A 键，全选顶点，鼠标右击全选的顶点，在弹出的快捷菜单中选择"Bezier 角点"，如图 5-63 所示。

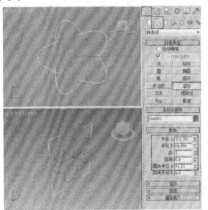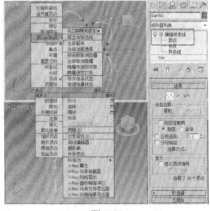

图 5-62　　　　　　　　　　　　图 5-63

（3）在场景中调整顶点的控制手柄，如图 5-64 所示。

（4）将选择集定义为"分段"，在场景中选择如图 5-65 所示的分段，在"几何体"卷展栏中设置"拆分"参数为 5，单击"拆分"按钮，完成的拆分如图 5-66 所示。关闭选择集，在"修改器列表"中，为星形施加"挤出"修改器，设置合适的参数，如图 5-67 所示。

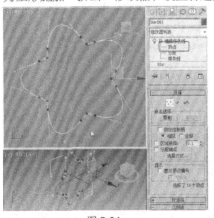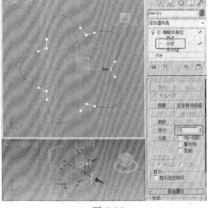

图 5-64　　　　　　　　　　　　图 5-65

（5）单击"　（创建）>　（几何体）>圆柱体"按钮，在"前"视图中创建圆柱体，设置合适的分段，如图 5-68 所示。

（6）在场景中选择星形模型和圆柱体，使用移动工具在"前"视图中按住 Shift 键沿着 X 轴移动复制模型，在弹出的对话框中设置合适的参数，如图 5-69 所示，单击"确定"按钮。

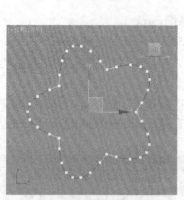

图 5-66

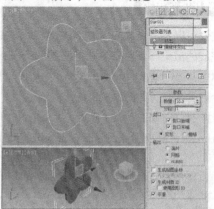

图 5-67

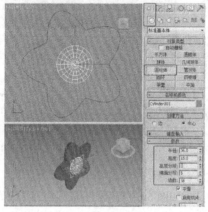

图 5-68

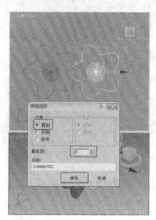

图 5-69

（7）全选所有模型，在菜单栏中选择"组>成组"命令，如图 5-70 所示。在"修改器列表"中为成组的模型施加"Bend"修改器，在"参数"卷展栏中设置"角度"为 360，如图 5-71 所示。

图 5-70

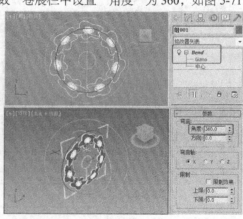

图 5-71

（8）设置弯曲的"方向"为-66，并将选择集定义为"Gizmo"，并在场景中旋转 Gizmo，如图

5-72 所示。

（9）关闭选择集，在场景中旋转模型，可以看到如图 5-73 所示模型出现了交叉现象，这是由于模型表面没有足够的分段使其弯曲造成的。

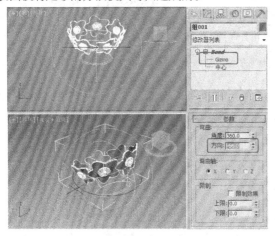
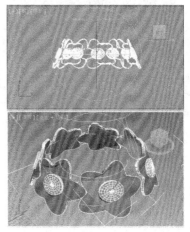

图 5-72 　　　　　　　　　　　　　　　图 5-73

（10）在场景中将成组的模型打开，选择星形模型，在修改器堆栈中选择"挤出"修改器，在"修改器列表"中为其施加"细分"修改器，如图 5-74 所示。

（11）使用同样的方法为其他的星形模型施加"细分"修改器，如图 5-75 所示。

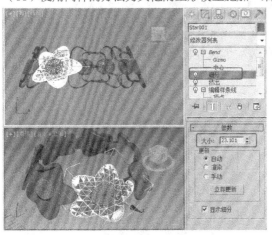
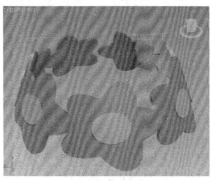

图 5-74 　　　　　　　　　　　　　　　图 5-75

（12）接着调整一下弯曲的角度，使其模型不要有缺口，参数合适即可，如图 5-76 所示。

（13）单击"　（创建）>　（图形）>线"按钮，在"前"视图中绘制如图 5-77 所示的样条线作为支架模型，设置器可渲染。

（14）调整图形的位置，如图 5-78 所示，对其进行旋转复制。

（15）继续创建一条可渲染的样条线，如图 5-79 所示。

（16）单击"　（创建）>　（几何体）>球体"按钮，在"顶"视图中创建球体，设置其参数，如图 5-80 所示。

（17）复制球体，修改其参数，如图 5-81 所示。

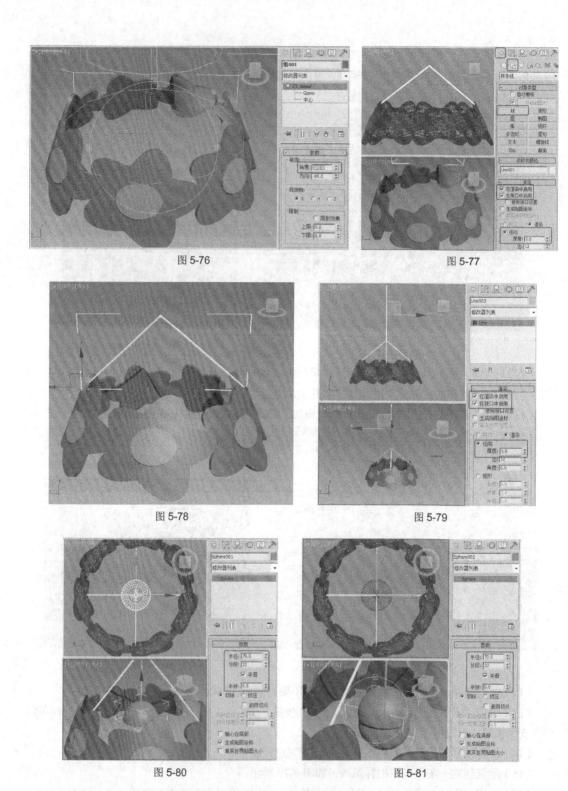

图 5-76

图 5-77

图 5-78

图 5-79

图 5-80

图 5-81

（18）为球体施加"拉伸"修改器，设置合适的参数，如图 5-82 所示。

（19）调整各个模型，完成小清新吊灯的效果，如图 5-83 所示。

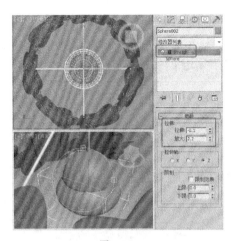

图 5-82

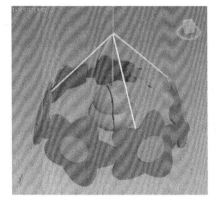

图 5-83

课堂练习——制作抱枕

练习知识要点

本例介绍创建切角长方体，为模型施加
FFD 变形修改器，通过调整"控制点"完成抱
枕模型的制作，纹理是通过贴图来表现的，在
后面的章节中我们会介绍，这里就不重复了，
效果如图 5-84 所示。

效果所在位置

图 5-84

场景文件可以参考光盘文件/场景/第 5 章/抱枕.max。

设置完成的渲染场景可以参考光盘文件>场景>第 5 章>抱枕 ok.max。

课后习题——制作哈密瓜

习题知识要点

哈密瓜模型主要创建球体或几何球体，为其施加
"锥化"，并创建圆柱体，为其施加 FFD 变形修改器，
完成哈密瓜模型的制作，效果如图 5-85 所示。

效果所在位置

场景文件可以参考光盘文件/场景/第 5 章/哈密
瓜.max。

设置完成的渲染场景可以参考光盘文件>场景>第
5 章>哈密瓜 ok.max。

图 5-85

第 6 章　复合对象模型

3ds Max 的基本内置模型是创建复合物体的基础，可以将多个内置模型组合在一起，从而产生出千变万化的模型。布尔运算工具和放样工具曾经是 3ds Max 的主要建模手段。虽然这两个建模工具已渐渐退出主要地位，但仍然是快速创建一些相对复杂物体的好方法。

课堂学习目标	/ 使用布尔创建布尔对象
	/ 使用放样工具放样模型

6.1 "放样"工具

"放样"对象是沿着第三个轴挤出的二维图形，从两个或多个现有样条线对象中创建放样对象。这些样条线之一会作为路径，其余的样条线会作为放样对象的横截面或图形，如图 6-1 所示。

图 6-1

图 6-2

6.1.1 "放样"工具参数面板

单击"（创建）>（几何体）>复合对象>放样"按钮，显示放样的各个参数卷展栏。

"创建方法"卷展栏中的选项功能介绍如下（如图 6-2 所示）。

获取路径：将路径指定给选定图形或更改当前指定的路径。

获取图形：将图形指定给选定路径或更改当前指定的图形。

"曲面参数"卷展栏中的选项功能介绍如下（如图 6-3 所示）。

平滑长度：沿着路径的长度提供平滑曲面。当路径曲线或路径上的图形更改大小时，这类平滑非常有用。

平滑宽度：围绕横截面图形的周界提供平滑曲面。当图形更改顶点数或更改外形时，这类平滑非常有用。

应用贴图：启用和禁用放样贴图坐标。必须启用"应用贴图"复选框才

图 6-3

能访问其余的项目。

真实世界贴图大小：控制应用于该对象的纹理贴图材质所使用的缩放方法。

长度重复：设置沿着路径的长度重复贴图的次数，贴图的底部放置在路径的第一个顶点处。

宽度重复：设置围绕横截面图形的周界重复贴图的次数，贴图的左边缘将与每个图形的第一个顶点对齐。

规格化：决定沿着路径长度和图形宽度路径顶点间距如何影响贴图。

生成材质 ID：在放样期间生成材质 ID。

使用图形 ID：提供使用样条线材质 ID 来定义材质 ID 的选择。

面片：放样过程可生成面片对象。

网格：放样过程可生成网格对象。

"蒙皮参数"卷展栏中的选项功能介绍如下（如图 6-4 所示）。

图 6-4

封口始端：如果启用该复选框，则路径第一个顶点处的放样端被封口。如果禁用，则放样端为打开或不封口状态。默认设置为启用。

封口末端：如果启用该复选框，则路径最后一个顶点处的放样端被封口。如果禁用，则放样端为打开或不封口状态。

变形：按照创建变形目标所需的可预见且可重复的模式排列封口面。变形封口能产生细长的面，与那些采用栅格封口创建的面一样，这些面也不进行渲染或变形。

栅格：在图形边界处修剪的矩形栅格中排列封口面。此方法将产生一个由大小均等的面构成的表面，这些面可以被其他修改器很容易地变形。

图形步数：设置横截面图形的每个顶点之间的步数。该值会影响围绕放样周界的边的数目。

路径步数：设置路径的每个主分段之间的步数。

优化图形：如果启用该复选框，则对于横截面图形的直分段，忽略"图形步数"。如果路径上有多个图形，则只优化在所有图形上都匹配的直分段。

优化路径：如果启用该复选框，则对于路径的直分段，忽略"路径步数"。"路径步数"设置仅适用于弯曲截面。仅在"路径步数"模式下才可用。

自适应路径步数：如果启用该复选框，则分析放样，并调整路径分段的数目，以生成最佳蒙皮。主分段将沿路径出现在路径顶点、图形位置和变形曲线顶点处。

轮廓：如果启用该复选框，则每个图形都将遵循路径的曲率。

倾斜：如果启用该复选框，则只要路径弯曲并改变其局部 Z 轴的高度，图形便围绕路径旋转。

恒定横截面：如果启用该复选框，则在路径中的角处缩放横截面，以保持路径宽度一致。

线性插值：如果启用该复选框，则使用每个图形之间的直边生成放样蒙皮。

翻转法线：如果启用该复选框，则将法线翻转 180°。可使用此复选框来修正内部外翻的对象。

四边形的边：如果启用该复选框，且放样对象的两部分具有相同数目的边，则将两部分缝合到一起的面将显示为四方形。具有不同边数的两部分之间的边将不受影响，仍与三角形连接。

变换降级：使放样蒙皮在子对象图形/路径变换过程中消失。

蒙皮：如果启用该复选框，则使用任意着色层在所有视图中显示放样的蒙皮，并忽略"明暗处理视图中的蒙皮"设置。

明暗处理视图中的蒙皮：如果启用该复选框，则忽略"蒙皮"设置，在着色视图中显示放样的蒙皮。

"路径参数"卷展栏中的选项功能介绍如下（如图 6-5 所示）。

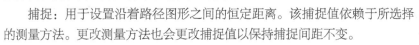

路径：通过输入值或拖动微调器来设置路径的级别。如果 Snap（捕捉）处于启用状态，该值将变为上一个捕捉的增量。该路径值依赖于所选择的测量方法。更改测量方法将导致路径值的改变。

图 6-5

捕捉：用于设置沿着路径图形之间的恒定距离。该捕捉值依赖于所选择的测量方法。更改测量方法也会更改捕捉值以保持捕捉间距不变。

启用：当启用"启用"选项时，"捕捉"处于活动状态。默认设置为禁用状态。

百分比：将路径级别表示为路径总长度的百分比。

距离：将路径级别表示为路径第一个顶点的绝对距离。

路径步数：将图形置于路径步数和顶点上，而不是作为沿着路径的一个百分比或距离。

（拾取图形）：将路径上的所有图形设置为当前级别。 （拾取图形）仅在 Modify（修改）面板中可用。

（上一个图形）：从路径级别的当前位置上沿路径跳至上一个图形上。黄色 X 出现在当前级别上。

（下一个图形）：从路径层级的当前位置上沿路径跳至下一个图形上。黄色 X 出现在当前级别上。

切换到 （修改）面板"变形"卷展栏中的选项功能介绍如下（如图 6-6 所示）。

缩放：可以从单个图形中放样对象（如列和小喇叭），该图形在其沿着路径移动时只改变其缩放。要制作这些类型的对象时，请使用"缩放"变形。

图 6-6

扭曲：使用变形扭曲可以沿着对象的长度创建盘旋或扭曲的对象。扭曲将沿着路径指定旋转量。

倾斜："倾斜"变形围绕局部 X 轴和 Y 轴旋转图形。当在 Skin "蒙皮参数"卷展栏上选择"轮廓"时，倾斜是 3ds Max 自动选择的工具。当手动控制轮廓效果时，请使用"倾斜"变形。

倒角：您在真实世界中碰到的每一个对象几乎需要倒角。这是因为制作一个非常尖的边很困难且耗时间，创建的大多数对象都具有已切角化、倒角或减缓的边。使用"倒角"变形来模拟这些效果。

拟合：使用拟合变形可以使用两条"拟合"曲线来定义对象的顶部和侧剖面。想通过绘制放样对象的剖面来生成放样对象时，请使用"拟合"变形。

变形曲线首先作为使用常量值的直线。要生成更精细的曲线，可以插入控制点并更改它们的属性。使用变形对话框工具栏中间的按钮可以插入和更改变形曲线控制点。

变形曲线首先作为使用常量值的直线。要生成更精细的曲线，可以插入控制点并更改它们的属性。使用变形对话框工具栏中间的按钮可以插入和更改变形曲线控制点，下面以"倒角变形"对话框来介绍其中各项命令，如图 6-7 所示。

（均衡）：均衡是一个动作按钮，也是一种曲线编辑模式，可以用于对轴和形状应用相同的变形。

（显示 X 轴）：仅显示红色的 X 轴变形曲线。

▨（显示 Y 轴）：仅显示绿色的 Y 轴变形曲线。

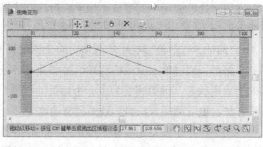

▨（显示 XY 轴）：同时显示 X 轴和 Y 轴变形曲线，各条曲线使用各自的颜色。

⬚（变换变形曲线）：在 X 轴和 Y 轴之间复制曲线。此按钮在启用 🔒（均衡）时是禁用的。

✛（移动控制点）：更改变形的量（垂直移动）和变形的位置（水平移动）。

图 6-7

Ⅰ（缩放控制顶点）：更改变形的量，而不更改位置。

⬚（插入角点）：单击变形曲线上的任意处可以在该位置插入角点控制点。

▯（删除控制点）：删除所选的控制点，也可以通过按 Delete 键来删除所选的点。

✕（重置曲线）：删除所有控制点（但两端的控制点除外）并恢复曲线的默认值。

数值字段：仅当选择了一个控制点时，才能访问这两个字段。第一个字段提供了点的水平位置，第二个字段提供了点的垂直位置（或值）。可以使用键盘编辑这些字段。

🖐（平移）：在视图中拖动，向任意方向移动。

▨（最大化显示）：更改视图放大值，使整个变形曲线可见。

▨（水平方向最大化显示）：更改沿路径长度进行的视图放大值，使得整个路径区域在对话框中可见。

▨（垂直方向最大化显示）：更改沿变形值进行的视图放大值，使得整个变形区域在对话框中显示。

⬚（水平缩放）：更改沿路径长度进行的放大值。

⬚（垂直缩放）：更改沿变形值进行的放大值。

🔍（缩放）：更改沿路径长度和变形值进行的放大值，保持曲线纵横比。

🔍（缩放区域）：在变形栅格中拖动区域。区域会相应放大，以填充变形对话框。

6.1.2　课堂案例——制作香蕉

📋 **案例学习目标**

介绍使用放样工具。

📋 **案例知识要点**

本例介绍创建放样路径和放样截面，并使用放样工具创建放样模型，如图 6-8 所示。

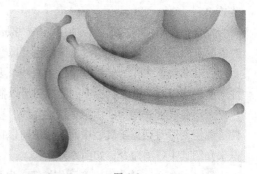

📋 **效果所在位置**

场景文件可以参考光盘文件/场景/第 6 章/香蕉.max。

图 6-8

设置完成的渲染场景可以参考光盘文件>场景>第 6 章>香蕉 ok.max。

（1）单击"（创建）>（图形）>多边形"按钮，在"前"视图中创建多边形，在"参数"卷展栏中设置"半径"为 55、"边数"为 6、"角半径"为 30，如图 6-9 所示。

（2）单击"（创建）>（图形）>弧"按钮，在"左"视图中创建弧，设置合适的参数，如图 6-10 所示。

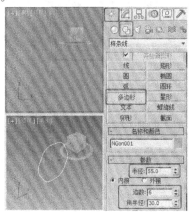

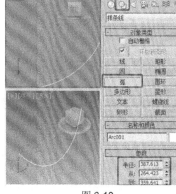

图 6-9　　　　　　　　　　　　　　　图 6-10

（3）在场景中选择弧，单击"（创建）>（几何体）>复合对象>放样"按钮，在"创建方法"卷展栏中单击"获取图形"按钮，在场景中拾取多边形，如图 6-11 所示。

（4）切换到（修改）命令面板，在"变形"卷展栏中单击"缩放"按钮，在弹出的"缩放变形"对话框中使用（插入角点）按钮，在变形控制线上添加角点，使用（移动控制点）工具，鼠标右击顶点，选择合适的顶点控制类型，并调整曲线，如图 6-12 所示。

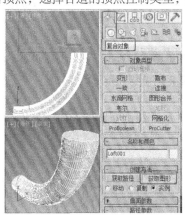

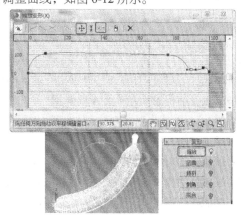

图 6-11　　　　　　　　　　　　　　　图 6-12

6.2　"布尔"工具

"布尔"对象通过对两个对象执行布尔运算将它们组合起来。在 3ds Max 中，布尔型对象是由两个重叠对象生成的。原始的两个对象是操作对象（A 和 B），而布尔对象自身是运算的结果，如图 6-13 所示。

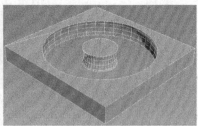

图 6-13

6.2.1 "布尔"工具参数面板

单击" ▓ （创建）> ◎ （几何体）>复合对象>布尔"按钮，即可显示出布尔的参数设置卷展栏。

"拾取布尔"卷展栏中的选项功能介绍如下（如图 6-14 所示）。

图 6-14

拾取操作对象 B：此按钮用于选择用于完成布尔操作的第二个对象。

"参数"卷展栏中的选项功能介绍如下（如图 6-15 所示）。

操作对象：显示当前的操作对象。

名称：编辑此字段更改操作对象的名称。在"操作对象"列表框中选择一个操作对象，该操作对象的名称同时也将显示在"名称"框中。

提取操作对象：提取选中操作对象的副本或实例。在列表框中选择一个操作对象即可启用此按钮。

操作：在该选项组中选择运算方式。

并集：布尔对象包含两个原始对象的体积。将移除几何体的相交部分或重叠部分。

图 6-15

交集：布尔对象只包含两个原始对象公用的体积（即重叠的位置）。

差集（A-B）：从操作对象 A 中减去相交的操作对象 B 的体积。布尔对象包含从中减去相交体积的操作对象 A 的体积。

差集（B-A）：从操作对象 B 中减去相交的操作对象 A 的体积。布尔对象包含从中减去相交体积的操作对象 B 的体积。

切割：使用操作对象 B 切割操作对象 A，但不给操作对象 B 的网格添加任何东西。

优化：在操作对象 B 与操作对象 A 面的相交之处，在操作对象 A 上添加新的顶点和边。

分割：类似于"优化"，不过此种剪切还沿着操作对象 B 剪切操作对象 A 的边界，添加第二组顶点和边或两组顶点和边。

移除内部：删除位于操作对象 B 内部的操作对象 A 的所有面。

移除外部：删除位于操作对象 B 外部的操作对象 A 的所有面。

6.2.2 课堂案例——制作文件架

📒 案例学习目标

介绍使用布尔工具。

案例知识要点

本例介绍创建标准基本体和图形，并结合使用壳、挤出修改器来制作两个布尔对象，使用布尔工具布尔出文件架的模型，如图 6-16 所示。

效果所在位置

场景文件可以参考光盘文件/场景/第 6 章/文件架.max。

设置完成的渲染场景可以参考光盘文件>场景>第 6 章>文件架 ok.max。

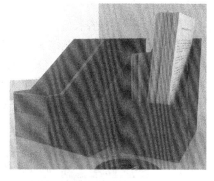

图 6-16

（1）单击"□（创建）>○（几何体）>长方体"按钮，在"顶"视图中创建长方体，在"参数"卷展栏中设置"长度"为 200、"宽度"为 100、"高度"为 280，如图 6-17 所示。

（2）切换到□（修改）命令面板，为模型施加"壳"修改器，在"参数"卷展栏中设置"内部量"为 12、"外部量"为 0，如图 6-18 所示。

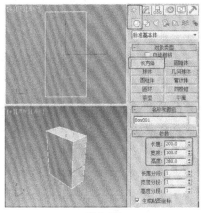

图 6-17

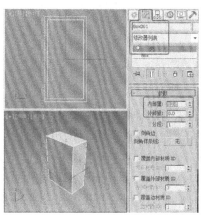

图 6-18

（3）单击"□（创建）>○（图形）>线"按钮，在"左"视图中创建图形，如图 6-19 所示。

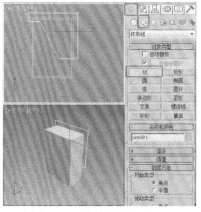

图 6-19

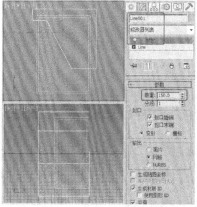

图 6-20

（4）切换到□（修改）命令面板，为图形施加"挤出"修改器，在"参数"卷展栏中设置"数量"为 150，如图 6-20 所示。

（5）在场景中选择长方体，单击"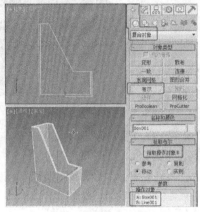（创建）> 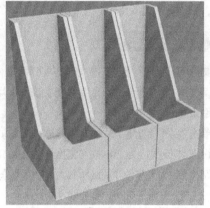（几何体）>复合对象>布尔"工具，在"拾取布尔"卷展栏中单击"拾取操作对象 B"按钮，在场景中拾取挤出后的图形，如图 6-21 所示。

（6）对布尔的模型进行复制，完成文件架的制作，如图 6-22 所示。

图 6-21

图 6-22

6.3 "ProBoolean" 工具

ProBoolean 复合对象在执行布尔运算之前，它采用了 3ds Max 网格并增加了额外的智能。首先它组合了拓扑，然后确定共面三角形并移除附带的边。然后不是在这些三角形上而是在 N 多边形上执行布尔运算。完成布尔运算之后，对结果执行重复三角算法，然后在共面的边隐藏的情况下将结果发送回 3ds Max 中。这样额外工作的结果有双重意义，布尔对象的可靠性非常高，因为有更少的小边和三角形，因此结果输出更清晰，如图 6-23 所示。

选择切角长方体，单击"（创建）> （几何体）>复合对象>ProBoolean"按钮，即可显示其命令卷展栏。

"拾取布尔对象"卷展栏中的选项功能介绍如下（如图 6-24 所示）。

开始拾取：在场景中拾取操作对象。

"高级选项"卷展栏中的选项功能介绍如下（如图 6-25 所示）。

图 6-23

图 6-24

图 6-25

更新：这些选项确定在进行更改后，何时在布尔对象上执行更新。

始终：只要用户更改了布尔对象，就会进行更新。

手动：仅在单击"更新"按钮后进行更新。

仅限选定时：不论何时，只要选定了布尔对象，就会进行更新。

仅限渲染时：仅在渲染或单击"更新"按钮时才将更新应用于布尔对象。

更新：对布尔对象应用更改。

消减%：从布尔对象中的多边形上移除边，从而减少多边形数目的边百分比。

四边形镶嵌：用于启用布尔对象的四边形镶嵌。

设为四边形：启用该复选框时，会将布尔对象的镶嵌从三角形改为四边形。

四边形大小%：确定四边形的大小作为总体布尔对象长度的百分比。

移除平面上的边：用于确定如何处理平面上的多边形。

全部移除：移除一个面上的所有其他共面的边，这样该面本身将定义多边形。

只移除不可见：移除每个面上的不可见边。

不移除边：不移除边。

"参数"卷展栏中的选项功能介绍如下（如图 6-26 所示）。

运算这些设置确定布尔运算对象实际如何交互。

并集：将两个或多个单独的实体组合到单个布尔对象中。

交集：从原始对象之间的物理交集中创建一个新对象，移除未相交的体积。

差集：从原始对象中移除选定对象的体积。

图 6-26

合并：将对象组合到单个对象中，而不移除任何几何体。在相交对象的位置创建新边。

附加（无交集）：将两个或多个单独的实体合并成单个布尔对象，而不更改各实体的拓扑。实质上，操作对象在整个合并成的对象内仍为单独的元素。

插入：先从第一个操作对象减去第二个操作对象的边界体积，然后再组合这两个对象。

盖印：将图形轮廓（或相交边）打印到原始网格对象上，如图 6-27 所示。

切面：切割原始网格图形的面，只影响这些面。选定运算对象的面未添加到布尔结果中。

显示：选择下面一个显示模式。

图 6-27

结果：只显示布尔运算而非单个运算对象的结果。

运算对象：显示定义布尔结果的运算对象。使用该模式编辑运算对象并修改结果。

应用材质：选择下面一个材质应用模式。

应用运算对象材质：布尔运算产生的新面获取运算对象的材质。

保留原始材质：布尔运算产生的新面保留原始对象的材质。

子对象运算：这些函数对在层次视图列表框中高亮显示的运算对象进行运算。

提取所选对象：对在层次视图列表框中高亮显示的运算对象应用运算。

移除：从布尔结果中移除在层次视图列表框中高亮显示的运算对象。它本质上撤销了加到布尔对象中的高亮显示的运算对象。提取的每个运算对象都再次成为顶层对象。

复制：提取在层次视图列表框中高亮显示的一个或多个运算对象的副本。原始的运算对象仍然是布尔运算结果的一部分。

实例：提取在层次视图列表框中高亮显示的一个或多个运算对象的一个实例。对提取的这个运算对象的后续修改也会修改原始的运算对象，因此会影响布尔对象。

重排运算对象：在层次视图列表框中更改高亮显示的运算对象的顺序。将重排的运算对象移动到"重排运算对象"按钮旁边的文本字段中列出的位置。

更改运算：为高亮显示的运算对象更改运算类型。

层次视图：显示定义选定网格的所有布尔运算的列表。

6.4 "图形合并"工具

使用"图形合并"来创建包含网格对象和一个或多个图形的复合对象。这些图形嵌入在网格中（将更改边与面的模式），或从网格中消失，如图 6-28 所示。

图 6-28

图 6-29

单击" （创建）> （几何体）>复合对象>图形合并"按钮，显示器相关卷展栏参数。

"拾取操作对象"卷展栏中的选项功能介绍如下（如图 6-29 所示）。

拾取图形：单击该按钮，然后单击要嵌入网格对象中的图形。此图形沿图形局部负 Z 轴方向投射到网格对象上。

"参数"卷展栏中的选项功能介绍如下（如图 6-30 所示）。

操作对象：在复合对象中列出所有操作对象。第一个操作对象是网格对象，以下是任意数目的基于图形的操作对象。

名称：显示选择操作对象的名称。

删除图形：从复合对象中删除选中图形。

提取操作对象：提取选中操作对象的副本或实例。在列表框中选择操作对象使此按钮可用。

图 6-30

操作：此选项决定如何将图形应用于网格中。

饼切：切去网格对象曲面外部的图形。

合并：将图形与网格对象曲面合并。

反转：反转饼切或合并效果。

输出子网格选择：提供指定将哪个选择级别传送到堆栈中的选项。

无：输出整个对象。

边：输出合并图形的边。

面：输出合并图形内的面。

顶点：输出由图形样条线定义的顶点。

课堂练习——制作平底锅

练习知识要点

本例介绍使用标准基本体和图形来制作模型的基本形状，结合使用车削、FFD 和编辑多边形来制作出模型效果，使用布尔工具来制作把手上的孔，效果如图 6-31 所示。

效果所在位置

场景文件可以参考光盘文件/场景/第 6 章/平底锅.max。

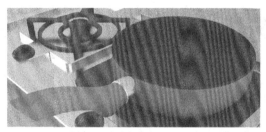

图 6-31

设置完成的渲染场景可以参考光盘文件>场景>第 6 章>平底锅 ok.max。

课后习题——制作刀盒

习题知识要点

本例介绍使用"线、长方体、圆柱体和 ProBoolean"工具，结合使用"可编辑多边形和倒角"修改器制作刀盒模型，效果如图 6-32 所示。

效果所在位置

场景文件可以参考光盘文件/场景/第 6 章/刀盒.max。
设置完成的渲染场景可以参考光盘文件>场景>第 6 章>刀盒 ok.max。

图 6-32

第7章 材质与贴图

前面几章中讲解了利用 3ds Max 创建模型的方法，好的作品除了模型之外还需要材质贴图的配合，材质与贴图是三维创作中非常重要的环节，它的重要性和难度丝毫不亚于建模。通过本章的学习我们应掌握材质编辑器的参数设定、常用材质和贴图，以及结合"UVW 贴图"的使用方法。

课堂学习目标　　　／　使用常用的材质设置材质
　　　　　　　　　　　　／　使用贴图来表现纹理

7.1 材质的概述

真实世界中的物体都有自身的表面特征，例如透明的玻璃，不同的金属具有不同的光泽度，石材和木材有不同的颜色和纹理等。

在 3ds Max 中创建好模型后，使用材质编辑器可以准确、逼真地表现物体不同的颜色、光泽和质感特性，图 7-1 所示为 3ds Max 模型指定材质后的效果。

图 7-1

贴图的主要材质是位图，在实际应用中主要用到下面几种位图形式。

BMP 位图格式：它有 Windows 和 OS/2 两种格式，该种文件几乎不压缩，占用磁盘空间较大，它的颜色存储格式有 1 位、4 位、8 位和 24 位，是当今应用比较广泛的一种文件格式。

GIF 格式：Compuserve 提供的 GIF 是一种图形变换格式（Graphics Interchange Format），这是一种经过压缩的格式，它使用 LZW（Lempel-ZIV And Welch）压缩方式。该格式在 Internet 上被广泛地应用，其原因主要是 256 种颜色已经较能满足主页图形的需要，且文件较小，适合网络环境下的传输和浏览。

JPEG 格式：JPEG 格式是由 Joint Photographic Experts Group 发展出来的标准，可以用不同的压缩比例对这种文件进行压缩，且压缩技术十分先进，对图像质量影响较小，因此可以用最少的磁盘空间得到较好的图像质量。由于它性能优异，所以应用非常广泛，是目前 Internet 上主流的图形格式，但 JPEG 格式是一种有损压缩。

PSD 格式：PSD 是 Adobe Photoshop 的专用格式，在该软件所支持的各种格式中，PSD 格式存取速度比其他格式快很多。由于 Photoshop 软件越来越广泛地被应用，所以这个格式也逐步流行起来。用 PSD 格式存档时会将文件压缩，以节省空间，但不会影响图像质量。

TIFF 格式：这是由 Commode Amga 计算机所采用的文件格式，它是 Interchange File Format 的缩写，有许多绘图或图像处理软件使用 TIFF 格式来进行文件交换。TIFF 格式具有图形格式复杂、存储信息多的特点。3ds Max 中的大量贴图就是 TIFF 格式的。TIFF 最大色深为 32bit，可采用 LZW 无损压缩方案存储。

PNG 格式：PNG（Portable Network Graphics）是一种新兴的网络图形格式，结合了 GIF 和 JPEG 的优点，具有存储形式丰富的特点。PNG 最大色深为 48bit，采用无损压缩方案存储。著名的 Macromedia 公司的 Fireworks 的默认格式就是 PNG。

7.2　认识材质编辑器

材质编辑器是一个浮动的对话框，用于设置不同类型和属性的材质与贴图效果，并将设置的结果赋予场景中的物体。

在工具栏中单击 （材质编辑器）按钮，弹出"Slate 材质编辑器"窗口，如图 7-2 所示。平板材质编辑器是一个具有多个元素的图形界面。

按住 按钮，弹出隐藏的 （材质编辑器）按钮，弹出精简的"材质编辑器"面板，如图 7-3 所示。

图 7-2　　　　　　　　　　　　　　　　　图 7-3

在下面材质的设置中我们将以精简材质面板进行设置。

7.2.1　材质类型

下面将以精简材质编辑器为例向大家介绍材质类型，在材质编辑器窗口中单击 Standard 按钮，在弹出的"材质/贴图浏览器"窗口中展开"材质"卷展栏中的"标准"卷展栏，其中列出了标准材质类型，如图 7-4 所示，下面介绍常用的几种材质类型。

Ink'n Paint（卡通）：Ink'n Paint（卡通）材质与其他提供仿真效果的材质不同，它提供的是一种带勾线的均匀填色方式，主要用于制作卡通渲染效果。由于 Ink'n Paint 属于材质，所以可以将三维效果的对象与二维卡通效果的对象渲染在同一个场景内。具体表现效果如图 7-5 所示。

光线跟踪：光线跟踪材质是一种比 Standard 材质更高级的材质类型，它不仅包括了标准材质具备的全部特性，还可以创建真实的反射和折射效果，并且还支持雾、颜色浓度、半透明和荧光灯等其他特殊效果，如图 7-6 所示。

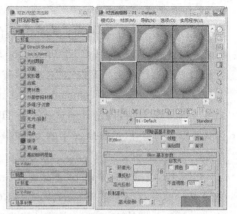

图 7-4

图 7-5

图 7-6

建筑："建筑"材质能够快速模拟真实世界的高质量效果，可使用"光能传递"或 Mental Ray 的"全局照明"进行渲染，适合于建筑效果制作。"建筑"材质是基于物理计算的，可设置的控制参数不是很多，其内置了光线追踪反射、折射和衰减。通过建筑材质内置的模板可以方便地完成很多常用材质的设置，如木头、石头、玻璃、水和大理石等，如图 7-7 所示。

无光/投影：使用"无光/投影"材质可将整个对象（或面的任何子集）转换为显示当前背景颜色或环境贴图的无光对象。也可以从场景中的非隐藏对象中接收投射在照片上的阴影。使用此技术，通过在背景中建立隐藏代理对象并将它们放置于简单形状对象前面，可以在背景上投射阴影。

Standard（标准）：Standard（标准）材质是默认的通用材质，在真实生活中，对象的外观取决于它反射光线的情况，在 3ds Max 中，标准材质用来模拟对象表面的反射属性，在不使用贴图的情况下，标准材质为对象提供了单一均匀的表面颜色效果。

混合："混合"材质将两种不同的材质融合在表面的同一面上，通过不同的融合度，控制两种材质表现出的强度，并且可以制作出材质变形动画。混合材质是由两种或更多的子材质所结合成的材质，用于对象创建混合的效果。混合材质与"合成"类似，只不过存在于材质级别中。

高级照明材质：该材质用户可以直接控制材质的光能传递属性，如图 7-8 所示，左图为使用默认材质设置时的效果，右图为指定了"高级照明覆盖材质"并设置的渲染参数后的效果。"高级照明覆盖材质"通常是基础材质的补充，基础材质可以是任意可渲染的材质。"高级照明覆盖材质"材质对普通渲染没有影响，它影响"光能传递"解决方案或"光跟踪器"。

图 7-7

图 7-8

7.2.2　贴图类型

下面介绍常用的贴图类型。

1．二维贴图

二维贴图在二维平面上进行贴图，通常用于环境背景和图案商标，最简单也是最重要的二维贴图是"位图"，其他的二维贴图属于程序贴图。

位图：位图是由彩色像素的固定矩阵生成的图像，如马赛克。位图可以用来创建多种材质，从木纹和墙面到蒙皮和羽毛。也可以使用动画或视频文件替代位图来创建动画材质。

平铺：使用平铺贴图程序可创建砖、彩色瓷砖或材质贴图。制作时可以使用预制的建筑砖图案，也可以设计自定义的图案样式。

棋盘格：棋盘格贴图将两色的棋盘图案应用于材质。默认棋盘格贴图是黑白方块图案。棋盘格贴图是 2D 程序贴图。组建棋盘格既可以是颜色，也可以是贴图，如图 7-9 所示。

图 7-9

Combustion（燃烧）：使用 Combustion 贴图，可以同时使用 Autodesk Combustion 软件和 3ds Max 交互式创建贴图。使用 Combustion 在位图上进行绘制时，材质将在"材质编辑器"窗口和明暗处理视口中自动更新。

渐变：渐变是指从一种颜色到另一种颜色进行明暗处理。为渐变指定两种或三种颜色，3ds Max 将插补中间值。

渐变坡度："渐变坡度"贴图与"渐变"颜色贴图相似的二维贴图，都可以产生颜色间的渐变坡，但渐变坡度贴图可以指定任意数量的颜色或贴图，制作出更为多样化的渐变效果，图 7-10 所示为通过渐变坡度制作的多层蛋糕。

图 7-10

漩涡："漩涡"是一种 2D 程序的贴图，它生成的图案类似于两种口味冰淇淋的外观。如同其他双色贴图一样，任何一种颜色都可用其他贴图替换，所以举例来说，大理石与木材也可以生成漩涡。图 7-11 所示为漩涡效果。

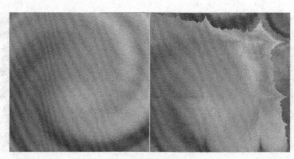

图 7-11

2. 三维贴图

3D 贴图是产生三维空间图案的程序贴图。例如将指定了"大理石"贴图的几何体切开，它的内部同样显示着与外表面匹配的纹理。

细胞：细胞贴图是一种程序贴图，生成用于各种视觉效果的细胞图案，包括马赛克瓷砖、鹅卵石表面甚至海洋表面，如图 7-12 所示。

凹痕："凹痕"是 3D 程序贴图。扫描线渲染过程中，"凹痕"根据分形噪波产生随机图案。图案的效果取决于贴图类型。如图 7-13 所示，凹痕贴图为左边的茶杯提供纹理；右边的茶杯具有相同的图案，但没有凹痕。

衰减："衰减"贴图基于几何体曲面上法线的角度衰减来生成从白到黑的值。将"衰减"贴图指定到"漫反射"中可以制作毛绒、天鹅绒等布料效果；指定到"不透明"中可以制作出衰减渐变的效果，如图 7-14 所示。

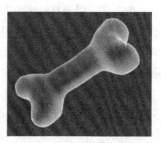

图 7-12   图 7-13   图 7-14

大理石：大理石贴图针对彩色背景生成带有彩色纹理的大理石曲面，将自动生成第三种颜色。

噪波："噪波"贴图基于两种颜色或材质的交互创建曲面的随机扰动。常用于无序贴图效果的制作，如图 7-15 所示。

粒子年龄：专用于粒子系统，根据粒子的生命时间，分别为开始、中间和结束处的粒子指定 3 种不同的颜色或贴图，就好像"渐变"贴图类型，粒子在一诞生时具有第一种颜色，然后慢慢边生长边变形成第 2 种颜色，最终在消亡前变形成第 3 种颜色，这样就形成了动态色彩粒子效果，如图 7-16 所示，粒子系统指定了一个标准贴图材质，"漫反射"贴图是"粒子年龄"贴图，通过对 3 种颜色指定不同的贴图类型，产生色彩和贴图变幻的粒子。

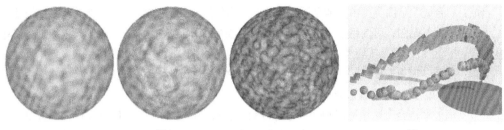

图 7-15　　　　　　　　　　　　　　　　　　　图 7-16

粒子运动模糊：根据粒子运动的速度进行模糊处理，常用做"不透明"贴图，在下列情况下能够有效实现粒子运动模糊效果。

Perlin 大理石：Perlin 大理石贴图用来模拟一种珍珠岩型大理石的效果，图 7-17 所示为 Perlin 大理石贴图效果。

向量贴图：使用向量贴图，可以将基于向量的图形（包括动画）用作对象的纹理。向量图形文件具有描述性优势，因此它生成的图像与显示分辨率无关。向量贴图支持多种行业标准向量图形格式。

烟雾：烟雾是生成无序、基于分形的湍流图案的 3D 贴图。其主要设计用于设置动画的不透明贴图，以模拟一束光线中的烟雾效果或其他云状流动贴图效果，如图 7-18 所示。

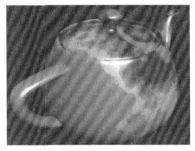

图 7-17　　　　　　　　　　　　　　　　　　　图 7-18

斑点：产生两色斑点纹理，通常用于"漫反射"和"凹凸"贴图，制作一种花岗岩或其他图案效果的表面材质。

泼溅："泼溅"通常用于"漫反射"贴图方式，产生类似油彩飞溅的效果，可以制作喷涂墙壁的材质。

灰泥：灰泥是一个 3D 贴图，它生成一个表面图案，该图案对于"凹凸"贴图创建灰泥表面的效果非常有用。

波浪："波浪"产生平面或三维空间中的水波纹效果，可以控制波纹的数目、振幅和波动的速度等参数，一般将它作为"漫反射"和"凹凸"贴图联合使用，也可以用做"不透明"贴图，产生透明的水波效果

木材："木材"是 3D 程序贴图，此贴图将整个对象体积渲染成波浪纹图案。可以控制纹理的方向、粗细和复杂度。

3．合成贴图

合成贴图是指将不同颜色或贴图合成跟踪一起的一类贴图。在进行图像处理时，合成贴图能够将两种或更多的图像按指定方式结合在一起。

131

合成："合成"贴图类型由其他贴图组成，并且可使用 Alpha 通道和其他方法将某层置于其他层之上。对于此类贴图，可使用已含 Alpha 通道的叠加图像，或使用内置遮罩工具仅叠加贴图中的某些部分。

遮罩：使用"遮罩"贴图，可以在曲面上通过一种材质查看另一种材质。遮罩控制应用到曲面的第二个贴图的位置，如图 7-19 所示。

混合：通过"混合"贴图可以将两种颜色或材质合成在曲面的一侧，也可以将"混合量"参数设为动画，然后绘制出使用变形功能曲线的贴图，来控制两个贴图随时间混合的方式。如图 7-20 所示，左侧和中间的图像为混合的图像，右侧的为设置"混合量"为 50%后的图像效果。

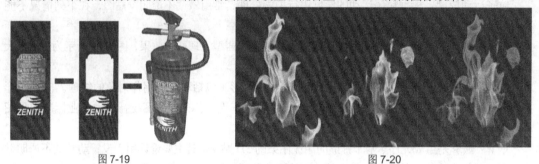

图 7-19   图 7-20

4．颜色修改贴图

颜色修改贴图能够改变材质中像素的颜色。

输出：该材质是用来弥补某些无输出设置的贴图类型，对于"位图"类型，系统已经提供了"输出"设置，用来控制位图的亮度、饱和度和反转等基本输出调节。

RGB 染色：RGB Tint（RGB 染色）可调整图像中 3 种颜色通道的值。3 种色样代表 3 种通道，更改色样可以调整其相关颜色通道的值。

顶点颜色：顶点颜色贴图设置应用于可渲染对象的顶点颜色。可通过"描绘顶点"修改器，"指定顶点颜色"程序或可编辑网格、可编辑面及可编辑多边形中的顶点控制参数，来指定顶点颜色。虽然顶点颜色分派功能最初应用于游戏引擎及光能传递渲染器等特殊的应用程序上，但用户仍可以用它来创建华美而有变化的表面效果。

RGB 倍增：主要用于"凹凸"贴图方式，允许将两个颜色或两个贴图图像的颜色进行相乘处理，大幅度增加图像的对比度，也就增加了凹凸的程度。它的运算方法是将一个图像中的红色与另一个图像中的红色相乘，作为结果色，以此类推。如果两个图像都具有 Alpha 通道，它还可以决定是否将 Alpha 通道图像也进行相乘处理。

7.2.3　Vray 材质的介绍

接下来我们将介绍 VRay 材质的场景参数设置。

首先确定装上了 VRay 插件，然后，打开"渲染设置"面板，在"公用"选项卡中展开"指定渲染器"卷展栏，从中单击 ... 按钮，在弹出的对话框中选择 VRay 渲染器，如图 7-21 所示。

指定渲染器后，打开"材质编辑器"面板，单击 Standard 按钮，在弹出的"材质/贴图浏览器"中选择 VRayMtl 材质，即可指定 VR 材质，如图 7-22 所示。

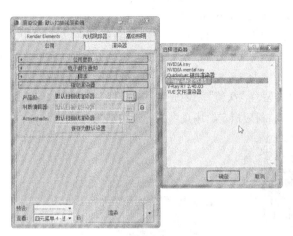

图 7-21

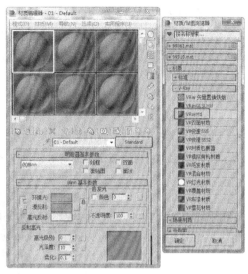

图 7-22

指定 VRay 材质后的"基本参数"面板，如图 7-23 所示。

漫反射：相当于物体本身的颜色。

自发光:设置材质的发光颜色和倍增参数,相当于 VR 发光材质。

反射：黑与白的过度，受颜色的影响很小，越黑反射越小，反之越白反射越大。在黑天，所有的物体都是黑色的，因为没有光，白天因为有光，太阳光由 3 种颜色，光照到物体上，其他的颜色被物体所吸收，反射出物体本身的颜色，所以我们就看到物体。

折射：透明、半透明、折射：当光线可以穿透物体时，这个物体肯定时透明的。纸张、塑料、蜡烛等物体在光的照射下背光部分会出现"透光"现象即为半透明。由于透明物体的密度不同，光线射入后会发生偏转现象，这就是折射，比如水中的筷子。而不同密度的物体折射率不同。

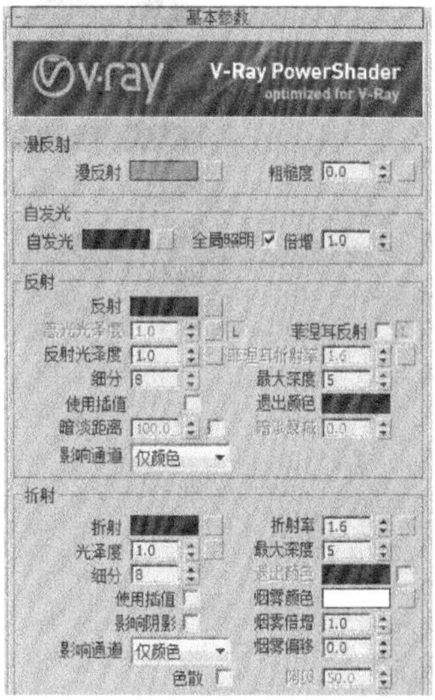

图 7-23

7.2.4　课堂案例——制作金属材质

📝 案例学习目标

介绍使用 VRay 材质设置不锈钢材质和黄铜材质。

📝 案例知识要点

本例介绍使用 VRay 材质中的反射参数来介绍金属的材质的设置,如图 7-24 所示。

📝 效果所在位置

原始场景文件可以参考光盘文件/场景/第 7 章/金属材质.max。

图 7-24

设置完成的渲染场景可以参考光盘文件>场景>第 7 章>金属材质 ok.max。

（1）打开原始场景文件，在场景中选择作为不锈钢材质的模型，在工具栏中单击 （材质编辑器）按钮，在弹出的"材质编辑器"中，将材质转换为 VRayMtl 材质。

在"基本参数"卷展栏中设置"漫反射"的红绿蓝为 0，设置"反射"的红绿蓝为 220、220、220，单击"高光光泽度"后的 按钮，并设置器参数为 0.91、"反射光泽度"为 0.96、"细分"为5，如图 7-25 所示。

（2）在"双向反射分布函数"卷展栏中选择类型为"沃德"，设置"各向异性"为-0.7，如图 7-26所示。单击 （将材质指定给选定对象）按钮，将材质指定给场景中的选定的不锈钢模型。

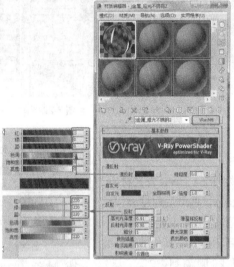

图 7-25

图 7-26

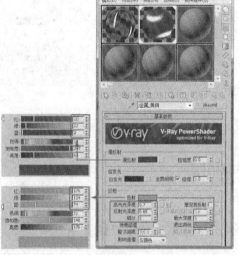

图 7-27

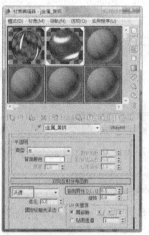

图 7-28

（3）接下来选择场景中的黄铜模型，在材质编辑器中选择一个新的材质样本球，将材质转换为VRayMtl 材质，在"基本参数"卷展栏中设置"漫反射"的红绿蓝为 63、22、2，设置"反射"和

"退出颜色"的红绿蓝为 176、124、74，设置"高光光泽度"为 0.7、"反射光泽度"为 0.65，设置"细分"为 5，如图 7-27 所示。

（4）在"双向反射分布函数"卷展栏中选择类型为"沃德"，设置"各向异性"为-0.5，如图 7-28 所示。单击 （将材质指定给选定对象）按钮，将材质指定给场景中的选定的不锈钢模型。

7.2.5　课堂案例——制作玻璃材质

📋 **案例学习目标**

介绍使用 VRay 材质设置玻璃材质。

📋 **案例知识要点**

本例介绍使用 VRay 材质中的反射和折射参数来制作玻璃材质的设置，如图 7-29 所示。

📋 **效果所在位置**

原始场景文件可以参考光盘文件/场景/第 7 章/玻璃材质.max。

图 7-29

设置完成的渲染场景可以参考光盘文件>场景>第 7 章>玻璃材质 ok.max。

（1）打开原始场景文件，在场景中选择作为玻璃材质的模型，在工具栏中单击（材质编辑器）按钮，在弹出的"材质编辑器"中，将材质转换为 VRayMtl 材质。

在"基本参数"卷展栏中设置"漫反射"的红绿蓝均为 100，如图 7-30 所示。

（2）在"反射"组中，设置"反射"的色块红绿蓝均为 60、60、60，设置"反射光泽度"为 0.95；在"折射"组中设置"折射"的红绿蓝为 255、255、255，设置"烟雾颜色"为 224、238、254，设置"烟雾倍增"为 0.002，勾选"影响阴影"选项，如图 7-31 所示。

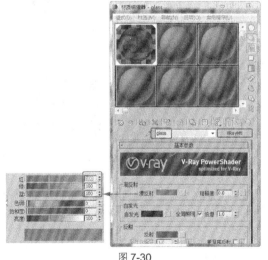

图 7-30

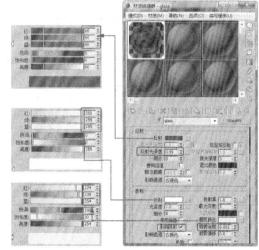

图 7-31

单击（将材质指定给选定对象）按钮，将材质指定给场景中的选定的玻璃型。

课堂练习——设置木纹材质

练习知识要点

本例介绍使用 VRay 材质设置木纹材质，主要是设置反射的颜色和参数，并为"漫反射"指定木纹贴图，为"凹凸"指定一个木纹的凹凸贴图，效果如图 7-32 所示。

效果所在位置

原始场景文件可以参考光盘文件/场景/第 7 章/木纹材质.max。

设置完成的渲染场景可以参考光盘文件>场景>第 7 章>木纹材质 ok.max。

图 7-32

课后习题——设置皮革材质

习题知识要点

本例介绍使用 VRayMtl 材质设置皮革材质，主要是通过设置"漫反射"的颜色，并为"凹凸"和"置换"指定一个皮革凹凸贴图，完成皮革材质的设置如图 7-33 所示。

效果所在位置

原始场景文件可以参考光盘文件/场景/第 7 章/皮革材质.max。

设置完成的渲染场景可以参考光盘文件>场景>第 7 章>皮革材质 ok.max。

图 7-33

第 8 章 灯光

灯光对象是 3ds Max 模拟现实生活中不同类型光源的对象，从居家办公用的普通灯具到舞台及电影布景中使用的照明器械，乃至日光都可以模拟。不同类型的光源产生照明的方式不尽相同，也就形成了 3ds Max 中多种类型的灯光对象。

课堂学习目标　　／　使用标准灯光
　　　　　　　　　　　／　使用光度学灯光
　　　　　　　　　　　／　使用VR灯光

8.1 灯光的概述

通过为场景创建灯光可以增加场景的真实感，增加场景的清晰程度和三维纵深度。此外，灯光对象还可以像放映电影一样透射图像，在没有灯光的情况下，场景会自动使用默认的照明方式，这种照明方式可以根据设置由一盏或两盏不可见的灯光对象组成。当在场景中创建了灯光对象时，系统默认的灯光照明方式将自动关闭。如果将场景中的灯光全部删除，默认照明方式又会重新启动。

在学习灯光之前，大家应该对灯光的照明、属性、制作流程，以及动画设置等有一个整体的了解，这样才能更合理地运用灯光到三维世界。

1. 灯光的使用原则和目的

提高场景的照明程度。在默认状态下，视图中的照明程度往往不够，很多复杂对象的表面都不能很好地表现出来，这时就需要为场景添加灯光来改善照明程度。

通过逼真的照明效果提高场景的真实性。

为场景提供阴影，提高真实程度。所有的灯光对象都可以产生阴影效果，当然用户还可以自己设置灯光是否投射或接受阴影。

模拟场景中的光源。灯光对象本身是不能被渲染的，所以还需要创建复合光源的几何体模型相配合。自发光材质也有很好的辅助作用。

制作广域网照明效果的场景。通过光度学灯光设置各种广域网文件，可以很容易地制作出各种不同的分布效果。

2. 灯光的操作和技巧

这些操作和技巧对于标准灯光和光度学灯光都适用。

可以通过"添加默认灯光到场景"，将默认的照明方式转换为灯光对象，从而开始对场景的灯光设置。

要在场景中显示默认灯光，应执行以下操作。

（1）在视图左上角名称后的视图类型名称上右击，在弹出的快捷菜单中选择"配置"命令，如图 8-1 所示。

图 8-1

（2）弹出"视口配制"对话框，在"视觉样式和外观"组中，选择"默认灯光"单选按钮，并选择"2 盏灯"单选按钮，然后单击"确定"按钮，如图 8-2 所示。

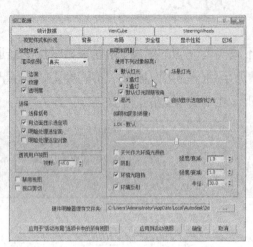 

图 8-2　　　　　　　　　　　　　　　　　图 8-3

（3）在菜单栏中选择"创建>灯光>标准灯光>添加默认灯光到场景"命令，如图 8-3 所示。

（4）弹出"添加默认灯光到场景"对话框，该对话框中显示创建默认主灯光和默认辅助灯光两个选项，可以从中设置两盏灯的缩放距离，使用默认参数即可，单击"确定"按钮，如图 8-4 所示。

（5）在场景中显示灯光，在模型的上方偏左方向的灯光为场景中的主光源，在后下方向的灯光为辅助灯光，如图 8-5 所示。

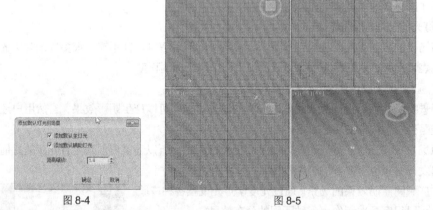

图 8-4　　　　　　　　　　　　　　　　　图 8-5

在显示面板中设置灯光是否在场景中。

通过 ◯（放置高光）工具对灯光对象进行定位。

灯光视口是调节聚光灯的好方法。

3．灯光的基本属性

灯光光源的亮度影响灯光照亮对象的程度，当光线接触到对象表面后，表面会反射或者少部分反射这些光线，这样该表面就可以被看见了。对象表面所呈现的效果取决于接触到表面上的光线和表面自身材质的属性。

亮度：灯光光源的亮度影响灯光照亮对象的程度，暗淡的光源即使照射在很新鲜的颜色上，也只能产生暗淡的颜色效果。

入射角：表面法线相对于光源之间的角度称为灯光的入射角。表面偏离光源的程度越大，它所接收到的光线越少，表面越暗。

衰减：在现实生活中，灯光的亮度会随着距离增加逐渐变暗，离光源远的对象比离光源近的对象要暗。这种效果就是衰减效果。

反射光与环境光：对象反射后的光能够照亮其他对象，反射的光越多，照亮环境中其他对象的光越多。反射光产生环境光，环境光没有明确的光源和方向，不会产生清晰的阴影。

灯光颜色：灯光的颜色与光源的属性直接相关，例如钨丝灯产生橘黄色的照明颜色，水银灯产生冷蓝白色，日光的颜色为黄白色。

色温：色温是一种按照绝对温标来描述颜色的方式，有助于描述光源颜色及其他接近白色的颜色值。

灯光照明指南：设置灯光照明时，首先应当明确场景要模拟的是自然光效果还是人工光效果。对于自然照明场景来说，无论是日光照明还是月光照明，最主要的光源只有一个；而人工照明场景通常应包含多个类似的光源，无论是室内还是室外场景，都会受到材质颜色的影响。

8.2 3ds Max 中的灯光

下面介绍 3ds Max 中的各种常用灯光。

8.2.1 标准灯光

下面介绍 3ds max 中的标准灯光，如图 8-6 所示。

1. 标准灯光的公共参数

下面介绍常用的标准灯光的公共参数卷展栏。

"常规参数"卷展栏中的选项功能介绍如下（如图 8-7 所示）。

启用：设置灯光的开关。如果暂时不需要此灯光的照射，可以先关闭该灯光。

图 8-6

阴影：从中设置阴影属性。

启用：选择该复选框可以启用阴影。

使用全局设置：选择该复选框，将会把下面的阴影参数应用到场景中全部投影灯上。

排除：指定对象不受灯光的照射影响。单击"排除"按钮，在弹出的"排除包含"对话框中选择不需要照射的模型，单击 >> 按钮，将其指定到右侧的

图 8-7

排除列表中，渲染场景看到被排除照射的灯光变黑了，系统的默认的是"排除"灯光模型，所以在右侧对话框中的对象都会被排除当前灯光的照明或投影；但如果选择了对话框右上角的"包含"模式，所有在右侧对话框中的对象将成为受此灯光单独照明或投影的对象，而左侧对话框中的所有对象都不会受此灯光的任何影响。在右侧对象栏的上方还可以设置排除、包含以什么方式排除及包含选项。

"阴影参数"卷展栏中的选项功能介绍如下（如图 8-8 所示）。

对象阴影。

颜色：单击其后的色块，弹出颜色选择器对话框，以便选择此灯光投影的阴影的颜色。默认颜色为黑色。

密度：调整阴影的密度。如图 8-9 所示，从左到右的阴影密度依次为 2、1、0.5。

图 8-8

图 8-9

贴图：启用该复选框，可以使用贴图按钮指定的贴图，将贴图指定给阴影。可以使贴图颜色与阴影颜色混合起来。

灯光影响阴影颜色：启用此复选框后，将灯光颜色与阴影颜色（如果阴影已设置贴图）混合起来。

大气阴影：使用这些选项，诸如体积雾这样的大气效果也投影阴影。

启用：启用此复选框后，大气效果如灯光穿过他们一样投影阴影。

不透明度：调整阴影的不透明度。此值为百分比。

颜色量：调整大气颜色与阴影颜色混合的量。

"聚光灯参数"卷展栏中的选项功能介绍如下（如图 8-10 所示）。

光锥：这些参数控制聚光灯的聚光区和衰减区。

显示光锥：启用或禁用圆锥体的显示。

泛光灯：启用泛光化后，灯光在所有方向上投影灯光。但是，投影和阴影只发生在其衰减圆锥体内。如图 8-11 所示，右侧图为选择泛光灯复选框的效果。

图 8-10

图 8-11

聚光区/光束：调整灯光衰减区的角度。衰减区值以度为单位进行测量。

衰减区/区域：调整灯光衰减区的角度。衰减区值以度为单位进行测量。

圆、矩形：确定聚光区和衰减区的形状。如果想要一个标准圆形的灯光，应设置为"圆"。如果想要一个矩形的光束（如灯光通过窗户或门口投影），应设置为"矩形"。

纵横比：设置矩形光束的纵横比。使用位图适配按钮可以使纵横比匹配特定的位图。

位图拟合：如果灯光的投影纵横比为矩形，应设置纵横比以匹配特定的位图。当灯光用做投影灯时，该按钮非常有用。

高级效果卷展栏中的选项功能介绍如下（如图 8-12 所示）。

影响曲面选项组中各个选项的介绍如下。

图 8-12

对比度：调节对象高光区与漫反射区之间表面的对比度，值为 0 时是正常效果，对有些特殊效果如外层空间中刺目的反光，需要增大对比度值。如图 8-13 所示为调整该参数的前后对比。

柔化漫反射边：增加"柔化漫反射边"的值可以柔化曲面的漫反射部分与环境光部分之间的边缘。

漫反射：启用此复选框后，灯光将影响对象曲面的漫反射属性。禁用此选项后，灯光在漫反射曲面上没有效果。

高光反射：启用此复选框后，灯光将影响对象曲面的高光属性。禁用此选项后，灯光在高光属性上没有效果。

仅环境光：启用此复选框后，灯光仅影响照明的环境光组件。如图 8-13 所示，从左到右依次为只启用了"漫反射"、"高光反射"和"仅环境光"复选框后的效果。

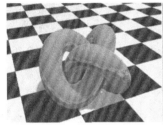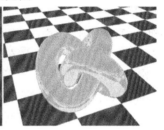

图 8-13

投影贴图：这些选项用于使光度学灯光进行投影。启用"贴图"复选框，单击其后的 None 按钮，从弹出的对话框中选择用于投影的贴图。如图 8-14 所示，左侧为指定的贴图，右侧为渲染的效果。

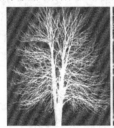

图 8-14

"强度/颜色/衰减"卷展栏中的选项功能介绍如下（如图 8-15 所示）：

Multiplier（倍增）：将灯光的功率放大一个正或负的量。如果将倍增设置为 2，灯光将亮两倍。负值可以减去灯光，这对于在场景中有选择地放置黑暗区域非常有用。

色块：显示灯光的颜色。单击色样将弹出颜色选择器，用于选择灯光的颜色。

衰退："衰退"是使远处灯光强度减小的另一种方法。

类型：选择要使用的衰退类型。

图 8-15

None 无：不应用衰退。从其源到无穷大灯光仍然保持全部强度，除非启用远距衰减。

反向：应用反向衰退。

平方反比：应用平方反比衰退。

开始：衰退开始的点取决于是否使用衰减。

显示：在视口中显示远距衰减范围设置。

近距衰减选项组中各个选项的介绍如下：

使用：启用灯光的近距衰减。

开始：设置灯光开始淡入的距离。

显示：在视口中显示近距衰减范围设置。对于聚光灯，衰减范围看起来好像圆锥体的镜头形部分。对于平行光，范围看起来好像圆锥体的圆形部分。

结束：设置灯光达到其全值的距离。

远距衰减：设置远距衰减范围可有助于大大缩短渲染时间。

"大气和效果"卷展栏中的选项功能介绍如下（如图 8-16 所示）：

添加：单击该按钮，弹出添加大气或效果对话框，使用该对话框可以将大气或渲染效果添加到灯光中。

删除：删除在列表框中选定的大气或效果。

设置：使用此按钮可以设置在列表框中选定的大气或渲染效果。

图 8-16

2. 常用的标准灯光

"目标聚光灯"产生锥形的照明区域，在照射区以外的对象不受灯光影响。"目标聚光灯"投射点和目标点两个图标均可调，方向性非常好，加入投影设置可以产生优秀的静态仿真效果，缺点是在进行动画照射时不易控制方向，两个图标的调节经常使发射范围改变，也不易进行跟踪照射。"目标聚光灯"在静态场景中主要作为主光源进行设置，如图 8-17 所示。

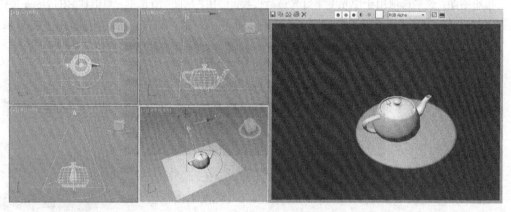

图 8-17

"自由聚光灯"产生锥形的照明区域，它其实是一种受限制的目标聚光灯，如图 8-18 所示。因为只能控制它的整个图标，而无法在视图中对发射点和目标点分别调节，它的优点是不会在视图中改变投射范围，适用于一些动画的灯光，如摇晃的船桅等、晃动的手电筒，以及舞台上的投射灯等。

"目标平行光"产生单方向的平行照射区域，它与目标聚光灯的区别是照射区域呈圆柱形或矩形，而不是锥形。平行光的主要用途是模拟阳光照射，对于户外场景尤为适用，如果制作体积光源，它可以产生一个光柱，常用来模拟探照灯、激光光束等特殊效果。与目标聚光灯一样，它也被系统自动指定一个目标点，可以在运动面板中改变注视目标。如图 8-19 所示，场景中只有一盏目标聚光灯。

　　"泛光灯"为正八面体图标，向四周发散光线。标准的泛光灯用来照亮场景，它的优点是易于建立和调节，不用考虑是否有对象在范围外而被照射，缺点是不能创建太多，否则效果显得平淡而无层次，泛光灯的参数与聚光灯参数大致相同，也可以投影图像。它与聚光

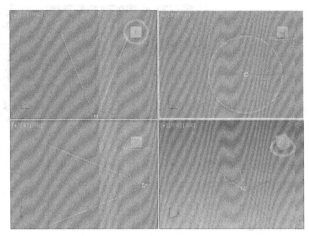

图 8-18

灯的差别在于照射范围，一盏投影泛光灯相当于 6 盏聚光灯所产生的效果。另外，泛光灯还常用来模拟灯泡、台灯等光源对象。具体表现如图 8-20 所示。

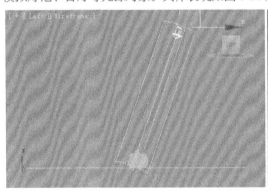

图 8-19

图 8-20

　　"天光"可以模拟日照效果，如图 8-21 所示。在 3ds Max 中，有多种模拟日照效果的方法，但如果配合"光跟踪器"渲染方式的话，"天光"对象往往能产生最生动的效果。

8.2.2　光度学灯光

　　下面介绍光度学中常用的目标灯光。
　　目标灯光具有可以用于指向灯光的目标子对象。图 8-22 所示为采用球形分布、聚光灯分布，以及 Web 分布的目标灯光的视口示意图。

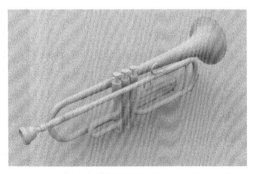

图 8-21

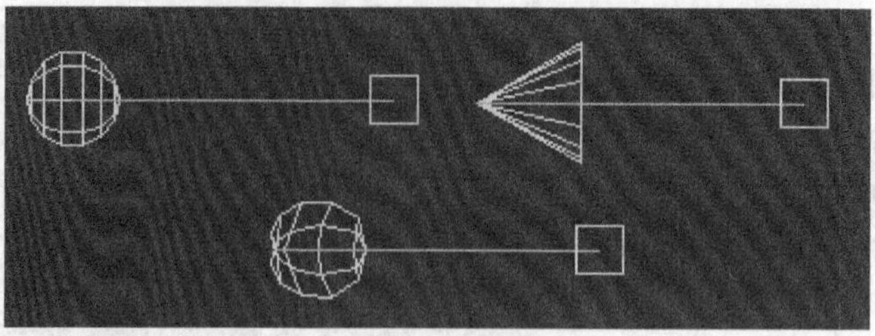

图 8-22

Templates（模板）中的灯光类型如下（如图 8-23 所示）。

40W Bulb（40 瓦（W）灯泡）

60W Bulb（60W 灯泡）

75W Bulb（75W 灯泡）

100W Bulb（100W 灯泡）

Halogen Light（卤素灯）

卤素聚光灯

21W Halogen Bulb（21W 卤素灯泡）

35W Halogen Bulb（35W 卤素灯泡）

50W Halogen Bulb（50W 卤素灯泡）

80W Halogen Bulb（80W 卤素灯泡）

100W Halogen Bulb（100W 卤素灯泡）

（嵌入式照明）

Recessed 75W Lamp（Web）（嵌入式 75W 灯光（Web））

Recessed 75W Wallwash（嵌入式 75W 洗墙灯（Web））

Recessed 250W Wallwash（嵌入式 250W 洗墙灯（Web））

（荧光灯）

4ft Pendant Fluorescent（4 ft.吊式荧光灯（Web））

4ft Cove Fluorescent（4 ft.暗槽荧光灯（Web））

（其他灯光）

Street 500W Lamp（Web）（400w 街灯（Web））

Stadium 1000W Lamp（1000W 体育场灯光（Web））

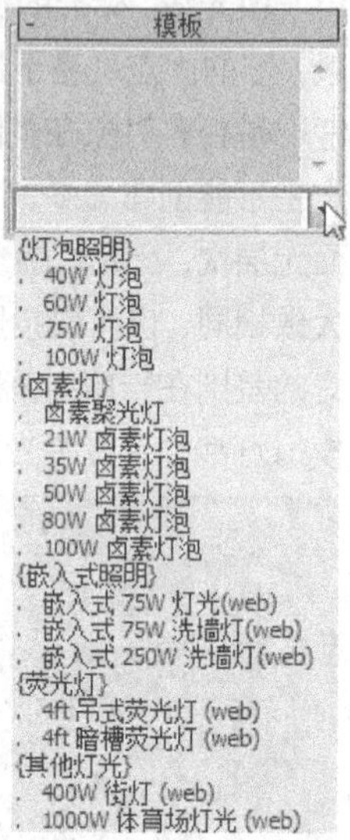

图 8-23

当选择模板时，将更新灯光参数以使用该灯光的值，并且列表之上的文本区域会显示灯光的说明。如果标题选择的是类别而非灯光类型，则文本区域会提示用户选择实际的灯光。

在常规参数卷展栏中设置灯光的基本属性和隐形以及灯光的分布类型，如图 8-24 所示的“常规参数”卷展栏。

“灯光分布（类型）”中的灯光类型如下。

光度学 Web：光度学 Web 分布使用光域网定义分布灯光。如果选择该灯光类型，在修改面板上将显示对应的卷展栏。

聚光灯：当使用聚光灯分布创建或选择光度学灯光时，修改面板上将显

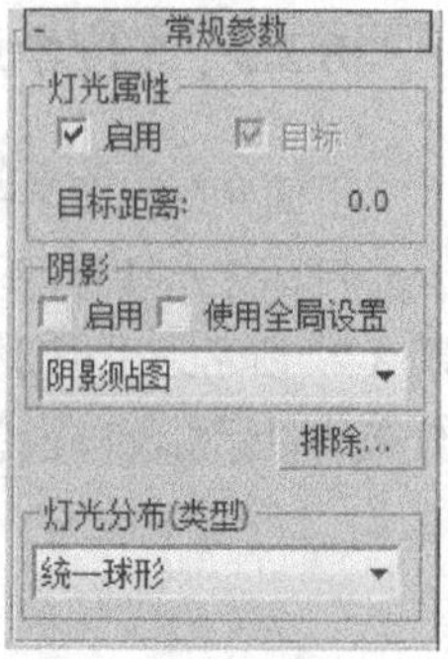

图 8-24

示对应的卷展栏。

统一漫反射：统一漫反射分布仅在半球体中投射漫反射灯光，就如同从某个表面发射灯光一样。统一漫反射分布遵循 Lambert 余弦定理，从各个角度观看灯光时，它都具有相同明显的强度。

统一球形：统一球形分布，如其名称所示，可在各个方向上均匀投射灯光。

"强度/颜色/衰减"卷展栏中的选项功能介绍如下（如图 8-25 所示）。

颜色选项组中各个选项的介绍如下：

灯光：选择公用灯光，近似灯光的光谱特征。Kelvin（开尔文）参数旁边的颜色，以反映用户所选的灯光。在下拉列表框中选择灯光颜色。

开尔文：通过调整色温微调器设置灯光的颜色。色温以开尔文度数显示。相应的颜色在温度微调器旁边的色样中可见。

过滤颜色：使用颜色过滤器模拟置于光源上的过滤色的效果。

强度：这些选项在物理数量的基础上指定光度学灯光的强度或亮度。

lm（流明）：测量整个灯光（光通量）的输出功率。100 W 的通用灯泡约有 1750 lm 的光通量。

cd（坎德拉）：用于测量灯光的最大发光强度，通常沿着瞄准发射。100 W 通用灯泡的发光强度约为 139 cd。

图 8-25

lx at（lux）：测量由灯光引起的照度，该灯光以一定距离照射在曲面上，并面向光源的方向。勒克斯是国际场景单位，等于 1 流明/平方米。照度的美国标准单位是尺烛光（fc），等于 1 流明/平方英尺。要从 footcandles 转换为 lux，请乘以 10.76。例如，要将指定 35 fc 的照度，请将照度设置为 376.6 lx。

暗淡选项组中各个选项的介绍如下：

结果强度：用于显示暗淡所产生的强度，并使用与"强度"选项组相同的单位。

暗淡%：启用该复选框后，该值会指定用于降低灯光强度的倍增。如果值为 100%，则灯光具有最大强度。百分比较低时，灯光较暗。

光线暗淡对白炽灯颜色会切换：启用此复选框后，灯光可在暗淡时通过产生更多黄色来模拟白炽灯。

"图形/区域阴影"卷展栏中的选项功能介绍如下（如图 8-26 所示）。

下拉列表框：使用该下拉列表框，可选择阴影生成的图形，如图 8-27 所示。

图 8-26

图 8-27

点光源：计算阴影时，如同点在发射灯光一样。点图形未提供其他控件。

线：计算阴影时，如同线在发射灯光一样。线图形提供了长度控件。

矩形：计算阴影时，如同矩形区域在发射灯光一样。区域图形提供了长度和宽度控件。

圆形：计算阴影时，如同圆形在发射灯光一样。圆图形提供了半径控件。

球形：计算阴影时，如同球体在发射灯光一样。球体图形提供了半径控件。

圆柱体：计算阴影时，如同圆柱体在发射灯光一样。圆柱体图形提供了长度和半径控件。

灯光图形在渲染中可见：启用此复选框后，如果灯光对象位于视野内，灯光图形在渲染中会显示为自供照明（发光）的图形。关闭此复选框后，将无法渲染灯光图形，而只能渲染它投影的灯光。默认设置为禁用状态。

"分布（光度学 Web）"卷展栏中的选项功能介绍如下（如图 8-28 所示）：

Web 图：在选择光度学文件之后，该缩略图将显示灯光分布图案的示意图，如图 8-29 所示。

选择光度学文件：单击此按钮，可选择用做光度学 Web 的文件。该文件可采用 IES、LTLI 或 CIBSE 格式。

X 轴旋转：沿着 X 轴旋转光域网。旋转中心是光域网的中心。范围为–180°～180°。

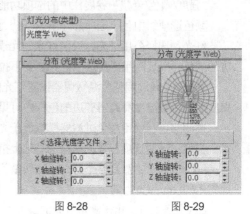

图 8-28　　　　　　　图 8-29

Y 轴旋转：沿着 Y 轴旋转光域网。

Z 轴旋转：沿着 Z 轴旋转光域网。

8.2.3　VRay 灯光

下面我们将介绍常用的 VRay 灯光。

1. VR 灯光

单击"　（创建）>　（灯光）>VRay> VR 灯光"按钮，即可显示相应的"参数"面板，如图 8-30 所示。

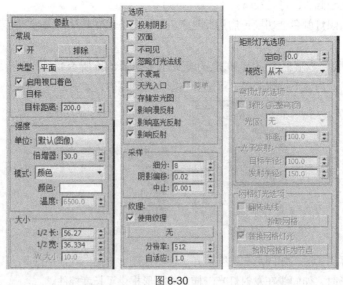

图 8-30

常规组中的各种常用命令和选项如下。

开选项：打开或关闭灯光。

排除：排除灯光照射的对象

类型：从中可以选择灯光的光源类型包括平面、球体、穹顶和网格。

在强度组中可以设置灯光的强度和颜色等参数。

倍增器：设置灯光的照射强度。

颜色：控制 VR 光源发出的光线颜色。

大小组：从中可以设置灯光的尺寸。

选项组中常用的选项介绍如下。

双面：当 VR 灯光为平面光源时，该选项控制光线是否从面光源的两个面发射出来。

不可见：设置 VR 光源的形状是否在最终渲染场景中显示出来。

忽略灯光法线：当一个被追踪的光线照射到光源上时，该选项让你控制 VR 计算发光的方法。对于模拟真是世界的光线，该选项应当关闭，但是当该选项打开时，渲染的结果更加平滑。

影响漫反射：控制灯光是否影响物体的漫反射，一般为打开的。

影响高光反射：控制灯光是否影响照射到物体上的高光，一般是打开的。

影响反射：控制灯光是否影响物体的镜面反射，一般是打开的。

采样组中的细分：该值控制 VR 用于计算照明的采样点的数量，值越大，影响越细腻，渲染时间越长。

2. VR 太阳

VR 太阳是可以使用一盏灯光完成整个室内外空间照明的自然灯光，如图 8-31 所示。

下面我们介绍 VR 太阳的重要参数。

启用：阳光的开关。

浊度：设置空气的浑浊度，值越大，空气越不透明，光线越暗，色调越暖。如早晨和黄昏的混浊度较大，中午的混浊度较低。

臭氧：设置臭氧层的稀薄程度，值越小，臭氧层越稀薄，到达地面的光能越多，光的漫射效果越强。

强度倍增：设置阳光的强度，如果使用 VR 物理摄影机，一般为 1 左右，如果使用默认的 3ds Max 中自带的摄影机，一般为 0.002～0.005。

大小倍增：设置太阳的尺寸，值越大，太阳的阴影就越模糊。

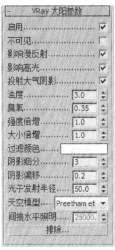

图 8-31

8.2.4　课堂案例——设置台灯光效

📖 **案例学习目标**

学习使用 VR_光源制作台灯照射效果。

📖 **案例知识要点**

创建 VR_光源并选择灯光类型、设置颜色和倍增完成台灯照射效果的设置，完成的台灯照射效果如图 8-32 所示。

图 8-32

效果所在位置

原始场景文件可以参考光盘文件/场景/第 8 章/设置台灯光效.max。

设置完成的渲染场景可以参考光盘文件>场景>第 8 章>设置台灯光效 ok.max。

（1）打开原始场景文件，如图 8-33 所示。

（2）单击"（创建）>（灯光）>VRay>VR 灯光"按钮，在"顶"视图中创建 VR_光源，在场景中调整灯光的位置，切换到（修改）命令面板，在"参数"卷展栏中选择灯光的"类型"为球体，设置"倍增器"为 10，设置灯光的"颜色"为浅橘红色（红绿蓝为 255、214、169）、照射"半径"为 80、"细分"为 8，勾选"不可见"选项，并调整灯光至合适的位置，如图 8-34 所示。

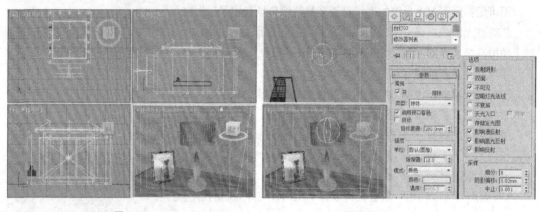

图 8-33   图 8-34

8.2.5 课堂案例——设置筒灯光效

案例学习目标

学习使用目标灯光制作筒灯照射效果。

案例知识要点

创建光度学目标灯光，并使用光度学 Web，设置合适的参数，制作出筒灯光效效果，如图 8-35 所示。

效果所在位置

原始场景文件可以参考光盘文件/场景/第 8 章/设置筒灯光效.max。

设置完成的渲染场景可以参考光盘文件>场景>第 8 章>设置筒灯光效 ok.max。

图 8-35

（1）打开原始场景文件，如图 8-36 所示。

（2）单击"（创建）>（灯光）>光度学>目标灯光"按钮，在"前"或"左"视图中创建目标灯光，在"常规参数"卷展栏中勾选"阴影"组中的"启用"选项，选择阴影类型为"VRay 阴影"，选择"灯光分布（类型）"为"光度学 Web"。

在"分布（光度学 Web）"卷展栏中单击"选择光度学文件"按钮，在弹出的对话框中选择随书附带光盘>贴图>Nice.ies 文件，单击打开按钮，则"选择光度学文件"按钮名称即可改变为 Nice。

在"强度/颜色/衰减"卷展栏中设置"过滤颜色"的红绿蓝为 253、217、159，设置"强度"为 1000。在"图形/区域阴影"卷展栏中选择"从（图形）发射光线"卷展栏中选择"点光源"，如图 8-37 所示。

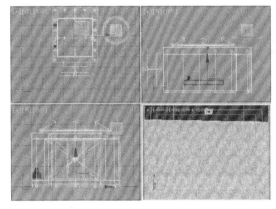

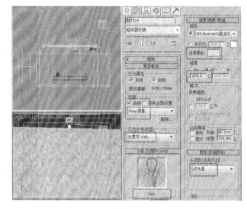

图 8-36   图 8-37

课堂练习——设置暗藏灯光晕效果

练习知识要点

本例介绍使用 VR 灯光平面灯，在顶灯池暗藏灯槽的位置创建平面灯光，设置其合适的参数，调整一个合适的颜色，即可模拟暗藏灯光晕效果，效果如图 8-38 所示。

效果所在位置

原始场景文件可以参考光盘文件/场景/第 8 章/设置暗藏灯效果.max。

设置完成的渲染场景可以参考光盘文件>场景>第 8 章>设置暗藏灯效果 ok.max。

图 8-38

课后习题——设置床头灯效

习题知识要点

本例介绍使用 VR 灯光，选择灯光类型为球体灯，设置合适的灯光参数，对场景进行渲染即可得到床头灯光效，如图 8-39 所示。

效果所在位置

原始场景文件可以参考光盘文件/场景/第 8 章/设置床头灯光效.max。

设置完成的渲染场景可以参考光盘文件>场景>第 8 章>设置床头灯光效 ok.max。

图 8-39

第9章　摄影机

摄像机是制作三维场景不可缺少的重要工具，就像场景中不能没有灯光一样。3ds Max 2014 中的摄像机与现实生活中使用的摄像机十分相似，摄像机的视角、位置都可以自由调整，还可以利用摄像机的移动制作浏览动画，系统还提供了景深、运动模糊等特殊效果的制作。

课堂学习目标	/ 学习使用目标摄影机
	/ 学习使用自由摄影机
	/ 学习使用VR

9.1　3ds max 摄影机

3ds Max 2014 中提供了 2 种摄像机，包括目标摄像机和自由摄像机，与前面章节中介绍的灯光有相似的地方，下面对这 2 种摄像机进行介绍。

1．目标摄像机

目标摄像机可以将目标点链接到运动的物体上，用于表现目光跟随的效果。目标摄像机适用于拍摄下面几种画面：静止画面、漫游画面、追踪跟随画面或从空中拍摄的画面。

目标摄像机的创建方法与目标聚光灯相同，单击"（创建）>（摄影机）>目标"摄影机按钮，在视图中按住鼠标左键不放并拖曳光标，在合适的位置松开鼠标左键即完成创建，如图 9-1 所示。

2．自由摄像机

自由摄像机可以绑定在运动目标上，随目标在运动轨迹上一起运动，还可以进行跟随和倾斜。自由摄像机适合处理游走拍摄、基于路径的动画。

自由摄像机的创建方法与自由聚光灯相同，单击"（创建）>（摄影机）>自由"摄影机按钮，直接在视图中单击鼠标左键即可完成创建，如图 9-2 所示，在创建时应该选择合适的视图。

图 9-1

图 9-2

3．摄影机参数

"参数"卷展栏的常用参数设置介绍如下（如图 9-3 所示）。

镜头：设置摄像机的焦距长度，48mm 为标准人眼的焦距，近焦造成鱼眼镜头的夸张效果，长焦用于观测较远的景色，保证物体不变形。

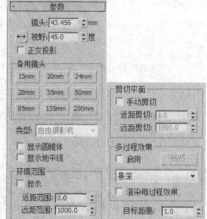

↔和视野：设定摄像机的视野角度。系统默认值为 45°，是摄像机视锥的水平角，接近人眼的聚焦角度。↔按钮中还有另外的隐藏按钮：↕垂直和↗对角，用于控制视野角度值的显示方式。

正交投影：选中复选框后，摄像机会以正面投影的角度面对物体进行拍摄。

备用镜头选项组提供了 9 种常用镜头供快速选择，只要单击它们就可以选择要使用的镜头。

类型：可以自由转换摄像机的类型，可以将目标摄像机转换成自由摄像机，也可以将自由摄像机转换成目标摄像机。

显示圆锥体：选中复选框，即使取消了这个摄像机的选定，在视图中也能够显示摄像机视野的锥形区域。

图 9-3

显示地平线：选中复选框，在摄像机视图显示一条黑色的线来表示地平线，它只在摄像机视图中显示。

剪切平面选项组。剪切平面是平行于摄像机镜头的矩形平面，以红色带交叉的矩形表示。它用于设置 3ds Max 中渲染对象的范围，在范围外的对象不会被渲染。

手动剪切：选中复选框，将使用下面的数值控制水平面的剪切。未选中复选框，距离摄像机 3 个单位内的对象将不被渲染和显示。

近/远距剪切：分别用于设置近距离剪切平面和远距离剪切平面到摄像机的距离。

多过程效果选项组参数可以对同一帧进行多次渲染。这样可以准确渲染景深和运动模糊效果。

启用：选中复选框，将激活多过程渲染效果和"预览"按钮。

预览按钮：将在摄像机视图中预览多过程效果。

景深效果下拉列表框：有景深 mental ray/iray、景深和运动模糊 3 种选择，默认使用景深效果。

渲染每过程效果：如果选中复选框，则每边都渲染如辉光等特殊效果。该选项可以适用于景深和运动模糊效果。

目标距离：指定摄像机到目标点的距离。可以通过改变这个距离使目标点靠近或者远离摄像机。

如图 9-4 所示的"景深"卷展栏，该卷展栏中的参数用于调整摄像机镜头的景深效果，景深是摄像机中一个非常有用的工具，可以在渲染时突出某个物体，景深效果如图 9-5 所示。

采样选项组用于设置图像的最后质量。

显示过程：选中复选框，当渲染时在渲染帧窗口中将显示景深的每一次渲染，这样就能够动态地观察景深的渲染情况。

使用初始位置：选中复选框，多次渲染中的第一次渲染将从摄像机的当前位置开始。

过程总数：设置多次渲染的总次数。数值越大，渲染次数越多，渲染时间就越长，最后得到的图像质量就越高，默认值为 12。

采样半径：设置摄像机从原始半径移动的距离。在每次渲染的时候稍微移动一点摄像机就可以获得景深的效果。数值越大，摄像机移动的越多，创建的景深就越明显。

采样偏移：决定如何在每次渲染中移动摄像机。该数值越小，摄像机偏离原始点就越少；该数值越大，摄像机偏离原始点就越多。默认值为 0.5。

过程混合选项组。当渲染多次摄像机效果时，渲染器将轻微抖动每次的渲染结果，以便混合每次的渲染。

规格化权重：选中复选框，每次混合都使用规格化的权重，景深效果比较平滑。

抖动强度：抖动是通过混合不同颜色和像素来模拟颜色或者混合图像的方法。

平铺大小：设置在每次渲染中抖动图案的大小，它是一个百分比值，默认值为 32。

扫描线渲染器参数选项组的参数可以取消多次渲染的过滤和反走样，从而加快渲染的时间。

禁止过滤：选中复选框，将取消多次渲染时的过滤。

禁用抗锯齿：选中复选框，将取消多次渲染时的反走样。

图 9-4

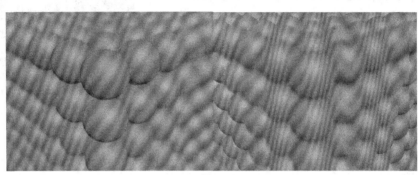

图 9-5

9.2　VR 物理摄影机

VR 物理摄影机和 max 本身自带的相机相比它能模拟真实成像、能够轻松的调节透视关系。单靠摄影机就能够控制曝光，另外还有许多非常不错的其他特殊功能和效果。

相机的几个重要参数介绍如下（如图 9-6 所示）。

胶片规格：控制相机所看到的景色范围。

焦距：控制相机的焦长。

光圈数：光圈系数和光圈相对口径成反比，系数越小口径越大。光圈数越大，主体更亮更清晰。光圈系数和景深成正比，越大景深越大

指定焦点：手动控制焦点，控制焦距大小。

曝光：控制场景的曝光。

快门速度：实际速度是快门速度的倒数，所以数字越大越快，快门速度越小实际速度越慢，通过的光线更多主体更亮更清晰，快门速度和运动模糊成反比，值越小越模糊。

白平衡：就是无论环境的光线影响白色如何变化都以这个白色定义为白色。

胶片速度（ISO）：ISO 底片感光速度，值越大越亮。

图 9-6

课堂练习——室内摄影机的应用

练习知识要点

本例将为室内创建一盏目标摄影机，调整摄影机在视口中的位置和角度，激活"透视"图，按 C 键，将其转换为摄影机视图，根据摄影机视图来调整摄影机，效果如图 9-7 所示。

效果所在位置

原始场景文件可以参考光盘文件/场景/第 9 章/室内摄影机的应用.max。

设置完成的渲染场景可以参考光盘文件>场景>第 9 章>室内摄影机的应用 ok.max。

图 9-7

课后习题——室内静物摄影机的创建

习题知识要点

本例使用 VR 物理摄影机，并勾选了景深效果，通过调整其他的各项参数来完成室内静物摄影机景深效果的设置，如图 9-8 所示。

效果所在位置

原始场景文件可以参考光盘文件/场景/第 9 章/室内静物摄影机的创建.max。

设置完成的渲染场景可以参考光盘文件>场景>第 9 章>室内静物摄影机的创建 ok.max。

图 9-8

下篇　案例实训篇

第 10 章　室内家具的制作

本章将介绍常用室内家具的制作，并指导学生制作比较典型的几种案例，并通过这几个案例用到的修改器来延伸思路，制作更多的模型。

课堂学习目标	/ 多用柜的制作
	/ 时尚单人沙发的制作
	/ 鼓凳的制作
	/ 吊扇的制作
	/ 洗衣机的制作

10.1　实例 1——多用柜

案例学习目标

学习使用倒角剖面、挤出、编辑多边形等修改器的应用。

案例知识要点

本例介绍创建桌面界面图形，并创建一个剖面图形，使用倒角剖面修改器制作出多用柜的桌面，并使用挤出和编辑多边形制作箱体，结合使用各种标准基本体和一些基本的修改器及命令来组合出多用柜的效果，如图 10-1 所示。

效果所在位置

场景文件可以参考光盘文件/场景/第 10 章/多用柜.max。
设置完成的渲染场景可以参考光盘文件>场景>第 10 章>多用柜 ok.max。

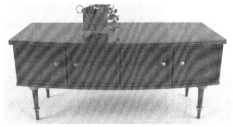

图 10-1

（1）单击"■（创建）>■（图形）>矩形"按钮，在"顶"视图中创建矩形，在"参数"卷展栏中设置"长度"为150、"宽度"为400，如图 10-2 所示。

（2）切换到■（修改）命令面板，为图形施加"编辑样条线"修改器，在"顶点"视图中调整图形的形状，如图 10-3 所示。

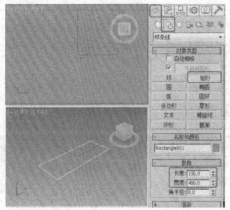

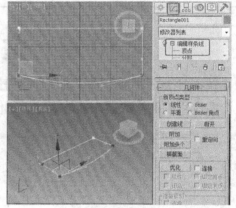

图 10-2   图 10-3

（3）在"左"视图中创建图形，并调整图形的形状，如图 10-4 所示。

（4）在场景汇总选择调整的矩形，为其施加"倒角剖面"修改器，在"参数"卷展栏中单击"拾取剖面"按钮，在场景中拾取绘制的图形，如图 10-5 所示。

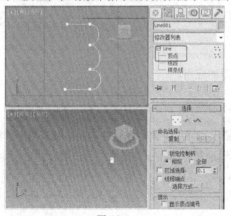

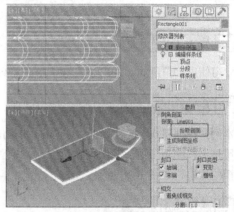

图 10-4   图 10-5

（5）在场景中选择合作面模型，按 Ctrl+V 键，在弹出的对话框中选择"复制"选项，单击"确定"按钮，如图 10-6 所示。

（6）选择复制出的模型，在修改器堆栈中将"倒角剖面"修改器删除，选择"编辑样条线"修改器 选择集定义为"顶点"，在"顶"视图中向内调整图形，如图 10-7 所示。

（7）为图形施加"挤出"修改器，在"参数"卷展栏中设置"数量"为-90、"分段"为 2，如图 10-8 所示。

（8）为模型施加"编辑多边形"修改器，将选择集定义为"顶点"，在"左"视图中调整顶点，并将选择集定义为"多边形"，在场景中选择底部的多边形，如图 10-9 所示。

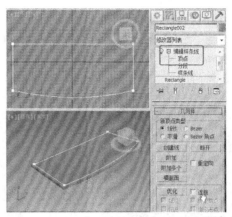

图 10-6　　　　　　　　　　　　　　　图 10-7

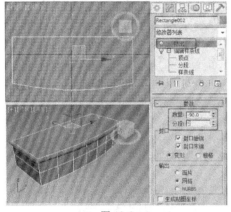

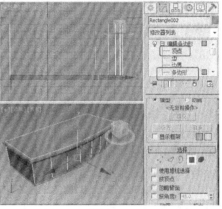

图 10-8　　　　　　　　　　　　　　　图 10-9

（9）单击"编辑多边形"卷展栏中的"挤出"后的 ■（设置）按钮，在弹出的助手小盒中设置挤出高度为 3，设置挤出类型为局部法线，如图 10-10 所示。

（10）在场景中选择桌面模型，按 Ctrl+V 键，在弹出的对话框中选择"复制"选项，单击"确定"按钮，如图 10-11 所示。

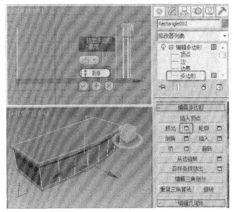

图 10-10　　　　　　　　　　　　　　图 10-11

157

（11）在修改器对战中删除"倒角剖面"修改器，将选择集定义为"分段"，在场景中删除水平和垂直的三条分段，选择弧形分段，在"几何体"卷展栏中设置"拆分"为 3，单击"拆分"按钮，如图 10-12 所示。

（12）选择所有的分段，在"几何体"卷展栏中勾选"连接复制"组中的"连接"按钮，在"前"视图中按住 Shift 键移动向下复制分段，如图 10-13 所示。

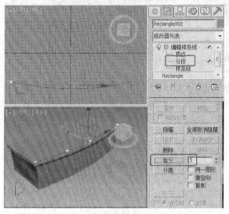

图 10-12 　　　　　　　　　　　　　　图 10-13

（13）将选择集定义为"顶点"，按 Ctrl+A 键，全选顶点，在"几何体"卷展栏中单击"焊接"按钮，焊接顶点，如图 10-14 所示。

（14）为图形施加"曲面"修改器，在"参数"卷展栏中设置"阈值"为 0，设置"面片拓扑"中的"步数"为 0，如图 10-15 所示。

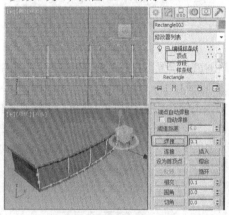
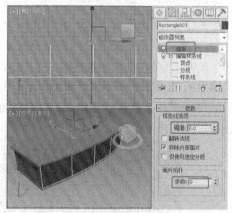

图 10-14 　　　　　　　　　　　　　　图 10-15

（15）为模型施加"编辑多边形"修改器，将选择集定义为"多边形"，在"编辑多边形"修改器中单击"倒角"后的 □（设置）按钮，在弹出的助手小盒中设置倒角类型为按多边形，设置挤出高度为-5、轮廓为-2，如图 10-16 所示。

（16）单击"插入"后的 □（设置）按钮，在弹出的助手小盒中设置插入数量为 2，如图 10-17所示。

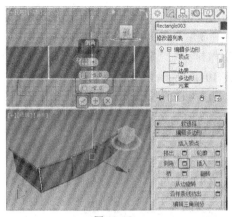
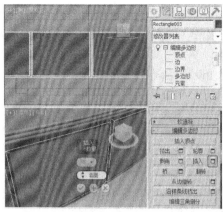

| 图 10-16 | 图 10-17 |

（17）单击"倒角"后的 （设置）按钮，在弹出的助手小盒中设置高度为 5、轮廓为-2，如图 10-18 所示。

（18）单击" （创建）> （几何体）>几何球体"按钮，在"前"视图中创建几何球体，在"参数"卷展栏中设置"半径"为 5.2、"分段"为 3，选择"四面体"选项，如图 10-19 所示。

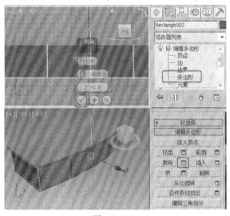
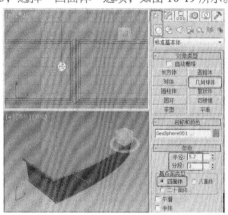

| 图 10-18 | 图 10-19 |

（19）在场景中对几何球体进行复制，如图 10-20 所示。单击" （创建）> （几何体）>球体"按钮，在"顶"视图中创建球体，在"参数"卷展栏中设置"半径"为 12，如图 10-21 所示。

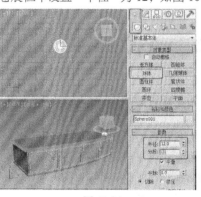

| 图 10-20 | 图 10-21 |

（20）单击"■（创建）>○（几何体）>圆锥体"按钮，在"顶"视图中创建圆锥体，在"参数"卷展栏中设置"半径 1"为 3、"半径 2"为 6、"高度"为 70，如图 10-22 所示。

（21）单击"■（创建）>○（几何体）>圆环"按钮，在"顶"视图中创建圆环，在"参数"卷展栏中设置"半径 1"为 5、"半径 2"为 2，如图 10-23 所示。

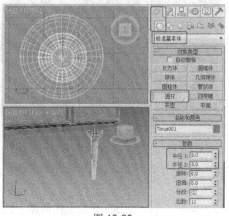

图 10-22　　　　　　　　　　　　　　　　图 10-23

（22）在场景中调整模型的位置，并对多用柜的腿进行复制，如图 10-24 所示。

图 10-24

10.2　实例 2——时尚单人沙发

📋 案例学习目标

学习使用编辑多边形、挤出、涡轮平滑。

📋 案例知识要点

本例介绍使用编辑多边形调整坐垫的基本形状，并使用涡轮平滑修改器制作出平滑坐垫的下过，使用创建图形命令，创建分离出边，制作出坐垫的折边，使用同样的方法制作扶手和坐垫，如图 10-25 所示。

图 10-25

场景文件可以参考光盘文件/场景/第 10 章/时尚单人沙发.max。

设置完成的渲染场景可以参考光盘文件>场景>第 10 章>时尚单人沙发 ok.max。

（1）单击"　（创建）>　（几何体）>扩展基本体>切角长方体"按钮，在"顶"视图中创建切角长方体，在"参数"卷展栏中设置"长度"为 180、"宽度"为 260、"高度"为 55、"圆角"为 4、"长度分段"为 2、"宽度分段"为 2、"高度分段"为 1，如图 10-26 所示。

（2）切换到　（修改）命令面板，为模型施加"编辑多边形"修改器，将选择集定义为"边"，在场景中选择顶部的十字边，并在"编辑边"卷展栏中单击"挤出"后的　（设置）按钮，在弹出的助手小盒中设置高度为-5、宽度为 6，如图 10-27 所示。

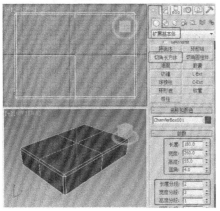
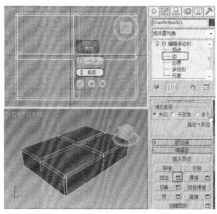

图 10-26   图 10-27

（3）单击"编辑边"中"切角"后的　（设置）按钮，在弹出的助手小盒中设置切角数量为 2、分段为 1，如图 10-28 所示。

（4）关闭选择集，为模型施加"涡轮平滑"修改器，设置"迭代次数"为 2，如图 10-29 所示。

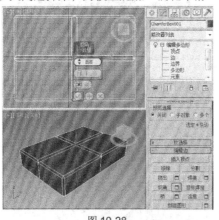
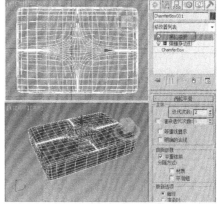

图 10-28   图 10-29

（5）再次为模型施加"编辑多边形"修改器，在场景中选择如图 10-30 所示的边。

（6）在"编辑边"卷展栏中单击"创建图形"按钮，如图 10-31 所示。

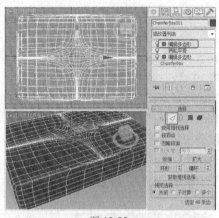

图 10-30

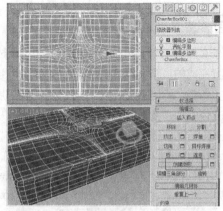

图 10-31

（7）选择创建的图形，在"渲染"卷展栏中勾选"在渲染中启用"和"在视口中启用"选项，设置"厚度"为 2，如图 10-32 所示。使用同样的方法制作坐垫底端的边，如图 10-33 所示。

（8）在"前"视图中创建图形，并设置图形的"圆角"效果，如图 10-34 所示。

（9）调整图形后，为图形施加"挤出"修改器，在"参数"卷展栏中设置"数量"为 179，如图 10-35 所示。

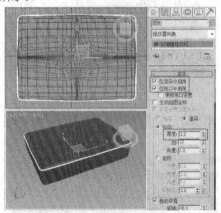

图 10-32

图 10-33

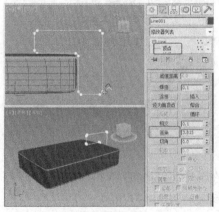

图 10-34

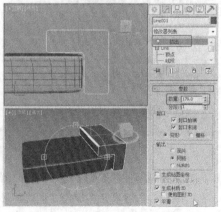

图 10-35

（10）为挤出的模型施加"编辑多边形"，将选择集定义为"边"，在场景中选择两侧的边，单击"编辑边"卷展栏中单击"切角"后的▢（设置）按钮，在弹出的助手小盒中设置切角量为 2.805，设置分段为 2，如图 10-36 所示。

（11）参考坐垫折边的制作，制作出扶手的折边，如图 10-37 所示。

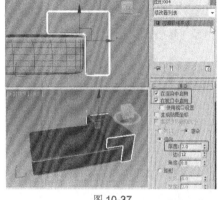

图 10-36　　　　　　　　　　　　　　　　　图 10-37

（12）使用同样的方法制作靠背，并对扶手进行复制，如图 10-38 所示。

（13）单击" "（创建）> （几何体）>标准基本体>长方体"按钮，在"前"视图中创建长方体，在"参数"卷展栏中设置"长度"为 120、"宽度"为 330、"高度"为 25、"长度分段"为 7、"宽度分段"为 7、"高度分段"为 2，如图 10-39 所示。

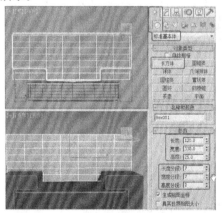

图 10-38　　　　　　　　　　　　　　　　　图 10-39

（14）为长方体施加"编辑多边形"修改器，将选择集定义为"顶点"，在"前"视图和"左"视图中调整顶点，如图 10-40 所示。

（15）为模型施加"网格平滑"修改器，在"细分量"卷展栏中设置"迭代次数"为 2，如图 10-41 所示。

（16）继续为模型施加"编辑多边形"修改器，将选择集定义为"边"，在场景中选择如图 10-42 所示的边，并将选择的设置为可渲染的样条线，参考坐垫这边的制作。

（17）单击" "（创建）> （几何体）>标准基本体>长方体"按钮，在"顶"视图中创建长方体，在"参数"卷展栏中设置"长度"为 170、"宽度"为 310、"高度"为 2，如图 10-43 所示。

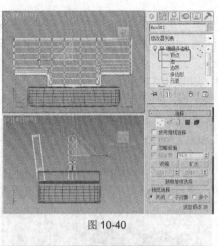

图 10-40

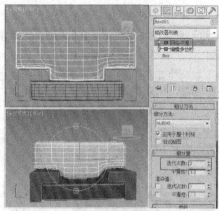

图 10-41

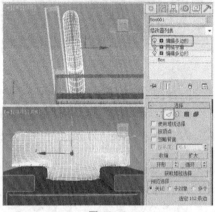

图 10-42

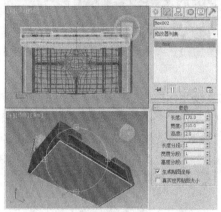

图 10-43

（18）单击"   （创建）>   （图形）>扩展样条线>通道"按钮，在"左"视图中创建通道，设置合适的参数，如图 10-44 所示。

（19）在场景中旋转通道图形，为其施加"挤出"修改器，在"参数"卷展栏中设置"数量"为 20，如图 10-45 所示，复制模型，作为腿，这样沙发模型就制作完成了。

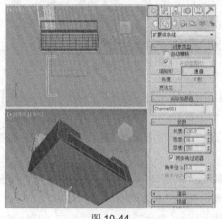

图 10-44

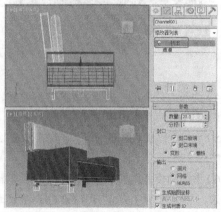

图 10-45

10.3 实例 3——鼓凳

📋 **案例学习目标**

学习使用编辑样条线、挤出、弯曲、球形化、倒角剖面等修改器和阵列工具的使用。

📋 **案例知识要点**

本例介绍创建并调整推行，设置图形的厚度，并为模型施加弯曲和球形化修改器，制作圆桶效果，使用倒角剖面制作鼓凳的面，使用阵列工具制作鼓凳的装饰半球，如图 10-46 所示。

📋 **效果所在位置**

场景文件可以参考光盘文件/场景/第 10 章/鼓凳.max。

图 10-46

设置完成的渲染场景可以参考光盘文件>场景>第 10 章>鼓凳 ok.max。

（1）单击"🎨（创建）>🔲（图形）>矩形"按钮，在"前"视图中创建矩形，在"参数"卷展栏中设置"长度"为 260、"宽度"为 25，如图 10-47 所示。

（2）按 Ctrl+V 键，复制矩形，在"参数"卷展栏中修改其"长度"为 200、"宽度"为 15、"圆角"为 5，如图 10-48 所示。

（3）选择其中一个矩形，在"几何体"卷展栏中激活"附加"工具，在场景中拾取另一个矩形，将图形附加到一起后，弹起附加按钮，取消其使用状态。

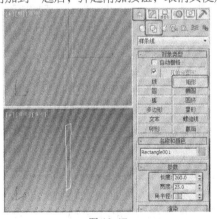

图 10-47

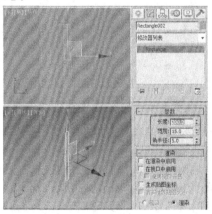

图 10-48

（4）将选择集定义为"分段"，在场景中选择外侧矩形的两侧分段，在"几何体"卷展栏中设置"拆分"参数为 14，单击"拆分"按钮，拆分分段，如图 10-49 所示。

（5）选择内侧矩形的水质两侧的分段，在"几何体"卷展栏中设置"拆分"参数为 10，单击"拆分"按钮，拆分分段，如图 10-50 所示。

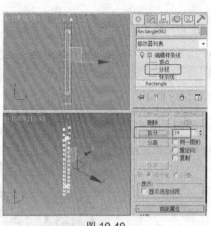

图 10-49

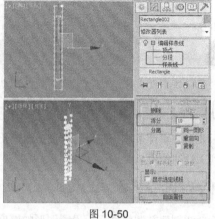

图 10-50

（6）关闭选择集，在修改器列表中选择"挤出"修改器，在"参数"卷展栏中设置"数量"为 20，在"前"视图中使用移动工具，按住 Shift 键，移动复制模型，在弹出的"克隆选项"对话框中选择"复制"选项，设置"副本数"为 30，单击"确定"按钮，如图 10-51 所示。

（7）在场景中选择所有的复制出的模型，为选择的模型施加"Bend 弯曲"修改器，在"参数"卷展栏中设置"角度"为 360、"弯曲轴"为 X，将选择集定义为 Gizmo，在场景中旋转 Gizmo，如图 10-52 所示。

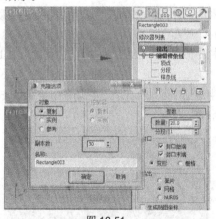

图 10-51

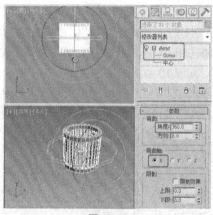

图 10-52

（8）继续为模型施加"球形化"修改器，在"参数"卷展栏中设置"百分比"为 60，如图 10-53 所示。

（9）单击"　　（创建）>　（图形）>圆"按钮，在"顶"视图中创建圆，在"参数"卷展栏中设置"半径"为 111，如图 10-54 所示。

（10）单击"　　（创建）>　（图形）>弧"按钮，在"前"视图中创建弧，在"参数"卷展栏中设置"半径"为 16.968、"从"为 355.443、"到"为 97.516，如图 10-55 所示。

（11）在场景中选择圆，为圆施加"倒角剖面"修改器，在"参数"卷展栏中单击"拾取剖面"按钮，在场景中选择弧，如图 10-56 所示。

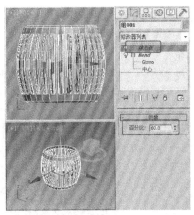

图 10-53

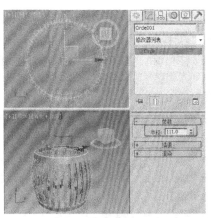

图 10-54

图 10-55

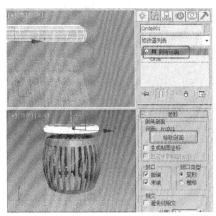

图 10-56

（12）单击"（创建）>〇（几何体）>标准基本体>球体"按钮，在"前"视图中创建球体，在"参数"卷展栏中设置"半径"为 5、"半球"为 0.4，如图 10-57 所示。

（13）选择创建的半球，切换到 品（层次）命令面板，单击打开"仅影响轴"按钮，在场景中调整轴的位置，如图 10-58 所示。

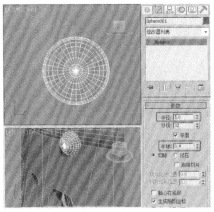

图 10-57

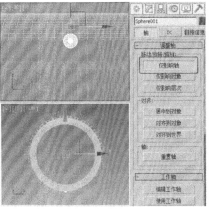

图 10-58

（14）关闭仅影响轴按钮，激活"顶"视图，在菜单栏中选择"工具>阵列"命令，在弹出的对话框中设置"总计>旋转"的 Z 为 360，在"阵列维度"中设置 1D 为 30，如图 10-59 所示。

（15）阵列模型后，完成鼓凳的制作，如图 10-60 所示。

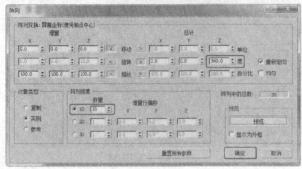

图 10-59

图 10-60

课堂练习——制作吊扇

📖 练习知识要点

本例将介绍使用编辑多边形调整底座的形状，并介绍使用挤出修改器制作扇叶，结合使用各种几何体来搭建吊扇的模型制作，如图 10-61 所示。

📖 效果所在位置

原始场景文件可以参考光盘文件/场景/第 10 章/吊扇.max。

设置完成的渲染场景可以参考光盘文件>场景>第 10 章>吊扇 ok.max。

图 10-61

课后习题——洗衣机

📖 习题知识要点

本例介绍使用 ProBoolean 工具制作洗衣机箱体，使用挤出修改器制作按钮槽，并使用几何体配凑出其他的构建，完成洗衣机的制作如图 10-62 所示。

📖 效果所在位置

原始场景文件可以参考光盘文件/场景/第 10 章/室洗衣机.max。

设置完成的渲染场景可以参考光盘文件>场景>第 01 章>洗衣机 ok.max。

图 10-62

第 11 章 卫浴器具的制作

本章介绍卫浴器具的制作，并通过案例的制作来帮助学生学习和巩固各种修改的应用。

课堂学习目标	/ 水龙头的制作
	/ 马桶的制作
	/ 卷纸器的制作
	/ 卫浴挂件和洗手盆的制作

11.1 实例 4——水龙头

案例学习目标

使用可编辑多边形、锥化、壳修改器，并使用 ProBoolean 工具。

案例知识要点

本例介绍使用可编辑多边形、锥化和壳修改器制作水龙头模型，并介绍使用 ProBoolean 工具制作出水口，完成的水龙头效果如图 11-1 所示。

图 11-1

效果所在位置

场景文件可以参考光盘文件/场景/第 11 章/水龙头.max。
设置完成的渲染场景可以参考光盘文件>场景>第 11 章>水龙头 ok.max。

（1）单击" （创建）> （几何体）>扩展基本体>扩展圆柱体"按钮，在"顶"视图中创建切角圆柱体，在"参数"卷展栏中设置"半径"为 60、"高度"为 450、"圆角"为 3，设置"高度分段"为 3、"圆角分段"为 3、"边数"为 40，如图 11-2 所示。

（2）切换到 （修改）命令面板，为模型施加"编辑多边形"修改器，将选择集定义为"顶点"，在场景中调整顶点，如图 11-3 所示。

（3）将选择集定义为"边"，选择如图 11-4 所示的边，在"编辑边"卷展栏中单击"挤出"后的单击 （设置）按钮，在弹出的助手小盒中设置挤出的高度为-5、宽度为 6。

（4）单击"切角"后的 （设置）按钮，在弹出的助手小盒中设置切角的数量为 4.8、分段为 3，如图 11-5 所示。

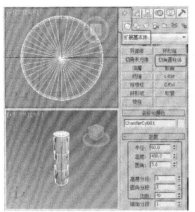

图 11-2

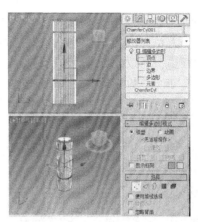

图 11-3

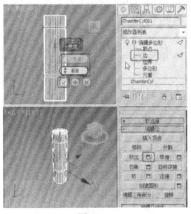

图 11-4

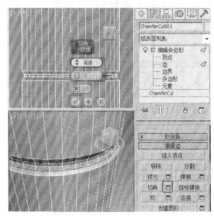

图 11-5

（5）单击"　（创建）>　（几何体）>扩展基本体>扩展圆柱体"按钮，在"前"视图中创建切角圆柱体，在"参数"卷展栏中设置"半径"为12、"高度"为120、"圆角"为3，设置"高度分段"为1、"圆角分段"为3、"边数"为40，如图11-6所示。

（6）切换到　（修改）命令面板，为模型施加"锥化"修改器，在"参数"卷展栏中设置"数量"为0.6、"曲线"为0，如图11-7所示。

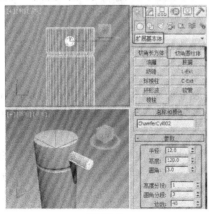

图 11-6

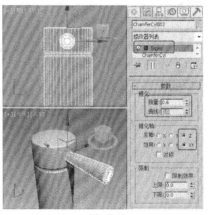

图 11-7

（7）继续在场景中创建"切角圆柱体"，在"参数"卷展栏中设置"半径"为58、"高度"为350、"圆角"为6、"高度分段"为2、"圆角分段"为3、"边数"为40，如图11-8所示。

（8）切换到 命令面板，为模型施加"编辑多边形"修改器，将选择集定义为"顶点"，在场景中调整"顶点"的位置，将选择集"边"，在场景中选择边，在"编辑边"卷展栏中单击"挤出"后的 按钮，在弹出的助手小盒中设置挤出的高度为-5，挤出的宽度为6，如图11-9所示。

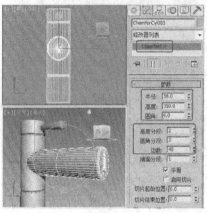
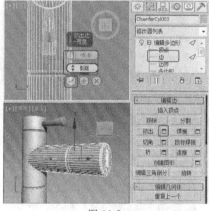

图 11-8　　　　　　　　　　　　　　　　图 11-9

（9）单击"切角"后的 按钮，在弹出的助手小盒中设置切角数量为5、分段为3，如图11-10所示。

（10）在场景中创建合适大小的长方体，调整模型的角度和位置，如图11-11所示。

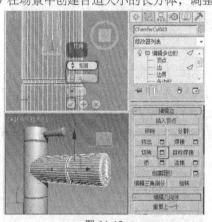
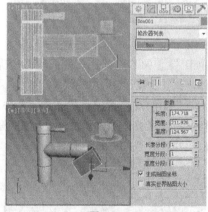

图 11-10　　　　　　　　　　　　　　　　图 11-11

（11）在场景中选择切角圆柱体03，单击" ![]（创建）> ![]（几何体）>复合对象>ProBoolean"工具，在"拾取布尔对象"卷展栏中单击"开始拾取"按钮，在场景中拾取长方体，如图11-12所示。

（12）选择布尔后的模型，切换到 ![]（修改）命令面板，为模型施加"编辑多边形"修改器，将选择集定义为"多边形"，在场景中选择如图11-13所示的多边形，按Delete键，删除多边形。

（13）关闭选择集，为模型施加"壳"修改器，在"参数"卷展栏中设置"内部量"为5，如图11-14所示。

（14）单击"■（创建）>○（几何体）>标准基本体>管状体"按钮，在"顶"视图中创建管状体，在"参数"卷展栏中设置"半径 1"为 47、"半径 2"为 40、"高度"为 60，设置"边数"为 30，如图 11-15 所示。

（15）在场景中调整各个模型的位置和角度，完成水龙头的制作，如图 11-16 所示。

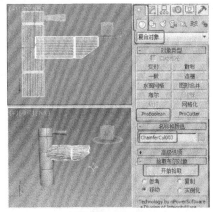

图 11-12　　　　　　　　　　　　　　图 11-13

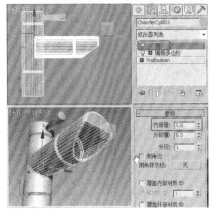
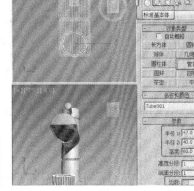
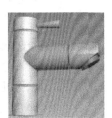

图 11-14　　　　　　　　　图 11-15　　　　　　　图 11-16

11.2　实例 5——马桶

📋 **案例学习目标**

使用编辑多边形结合使用几何体来制作马桶。

📋 **案例知识要点**

本例介绍创建切角长方体和长方体及半球，并为长方体施加编辑多边形，调整多边形的挤出，并设置边的切角、连接等制作出马桶的效果，如图 11-17 所示。

图 11-17

173

📝 **效果所在位置**

场景文件可以参考光盘文件/场景/第 11 章/马桶.max。

设置完成的渲染场景可以参考光盘文件>场景>第 11 章>马桶 ok.max。

（1）单击"💠（创建）>◯（几何体）>扩展基本体>扩展长方体"按钮，在"顶"视图中创建切角长方体，在"参数"卷展栏中设置"长度"为 200、"宽度"为 170、"高度"为 22、"圆角"为 3，如图 11-18 所示。

（2）单击"💠（创建）>◯（几何体）>标准基本体>长方体"按钮，在"顶"视图中创建长方体，在场景中调整模型的位置，切换到 🔧（修改）命令面板，在"参数"卷展栏中设置"长度"为 240、"宽度"为 170、"高度"为 25，如图 11-19 所示。

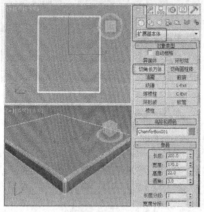
图 11-18

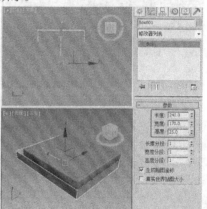
图 11-19

（3）为长方体施加"编辑多边形"修改器，将选择集定义为"边"，在"顶"视图中左右的两条边，单击"编辑边"卷展栏中"连接"后的 ◻（设置）按钮，在弹出的助手小盒中设置连接边为 1、连接滑块为 68，如图 11-20 所示。

（4）将选择集定义为"多边形"，在"编辑多边形"卷展栏中单击"挤出"后的 ◻（设置）按钮，在弹出的助手小盒中设置挤出高度为 22，如图 11-21 所示。

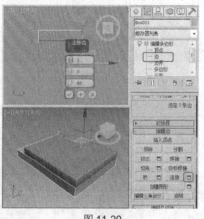
图 11-20

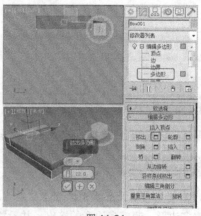
图 11-21

（5）在场景中选择长方体底部的多边形，在"编辑多边形"卷展栏中单击"插入"后的 ◻（设置）按钮，在弹出的助手小盒中设置插入数量为 20，如图 11-22 所示。

（6）单击"倒角"后的■（设置）按钮，在弹出的助手小盒中设置倒角高度为 120、倒角轮廓为 -24，如图 11-23 所示。

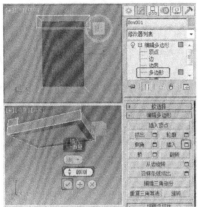

图 11-22　　　　　　　　　　　　　　　　　图 11-23

（7）在场景中选择左两侧的边，单击"编辑边"卷展栏中的"连接"后的■（设置）按钮，在弹出的助手小盒中设置连接边为 2、收缩为-21、滑块为-79，如图 11-24 所示。

（8）选择连接处的边，单击"连接"后的■（设置）按钮，在弹出的助手小盒中设置连接边为 2、收缩为-26、滑块为-109，如图 11-25 所示。

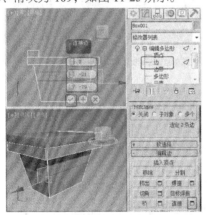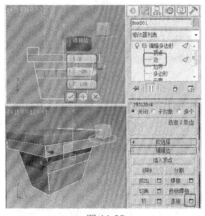

图 11-24　　　　　　　　　　　　　　　　　图 11-25

（9）将选择集定义为"多边形"，在场景中选择连接出的多边形，在"编辑多边形"卷展栏中的"挤出"后的■（设置）按钮，在弹出的助手小盒中设置高度为-22，如图 11-26 所示。

（10）将选择集定义为"边"，在场景中选择边，在"编辑边"卷展栏中单击"切角"后的■（设置）按钮，在弹出的助手小盒中设置切角为 2、分段为 2，如图 11-27 所示。

（11）将选择集定义为"多边形"，在场景中选择切角出的多边形，在"多边形：平滑组"卷展栏中单击其中一个平滑按钮，如图 11-28 所示，为模型设置一个统一的平滑组后设置出模型的平滑效果。

（12）单击"　　"（创建）>　（几何体）>标准基本体>球体"按钮，在"前"视图中创建球体，在"参数"卷展栏中设置"半径"为 6.06，设置"半球"为 0.5，如图 11-29 所示。

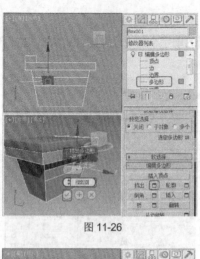
图 11-26

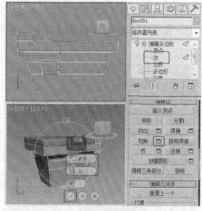
图 11-27

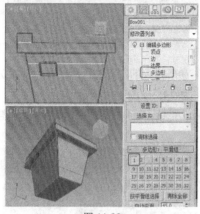
图 11-28

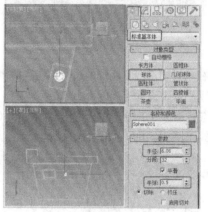
图 11-29

（13）在场景中缩放半球，如图 11-30 所示。

（14）单击"■（创建）>○（几何体）>扩展基本体>切角圆柱体"按钮，在"左"视图中创建切角圆柱体，在"参数"卷展栏中设置"半径"为50、"高度"为25、"圆角"为2，设置"高度分段"为1、"圆角分段"为3、"边数"为50，如图 11-31 所示。

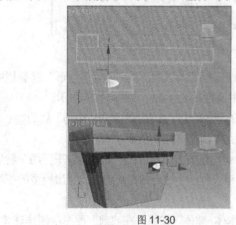
图 11-30

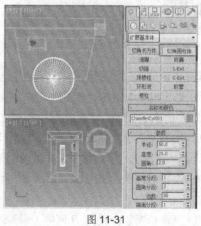
图 11-31

（15）在场景中缩放切角圆柱体，在场景中选择编辑后的长方体，单击"■■（创建）>○（几何体）>复合对象>ProBoolean"工具，在"拾取布尔对象"卷展栏中单击"开始拾取"按钮，在场景中拾取切角圆柱体，在"参数"卷展栏中选择"并集"，如图 11-32 所示。

（16）完成的马桶效果，如图 11-33 所示。

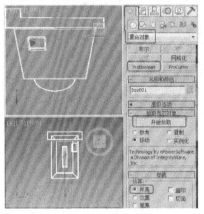

图 11-32

图 11-33

11.3　实例 6——卷纸器

📝 **案例学习目标**

使用编辑样条线、挤出、和可渲染样条线修改器制作模型。

📝 **案例知识要点**

本例介绍创建弧图形，为图形设置轮廓，并设置图形的挤出厚度，创建并调整矩形的形状，并设置图形的可渲染，结合使用基本体模型组合出卷纸器模型的效果，如图 11-34 所示。

📝 **效果所在位置**

场景文件可以参考光盘文件/场景/第 11 章/卷纸器.max。

图 11-34

设置完成的渲染场景可以参考光盘文件>场景>第 11 章>卷纸器 ok.max。

（1）单击"■■（创建）>○（图形）>弧"按钮，在"参数"卷展栏中设置"半径"为116、"从"为 72、"到"为 177，如图 11-35 所示。

（2）切换到 ✎（修改）命令面板，为图形施加"编辑样条线"修改器，将选择集定义为"样条线"，在"几何体"卷展栏中单击"轮廓"按钮，在场景中调整图形的轮廓，如图 11-36 所示。

（3）关闭选择集，为图形施加"挤出"修改器，在"参数"卷展栏中设置"数量"为 300，如图 11-37 所示。

（4）单击"■■（创建）>○（图形）>矩形"按钮，在"左"视图中创建矩形，在"参数"卷展栏中设置"长度"为 100、"宽度"为 299，如图 11-38 所示。

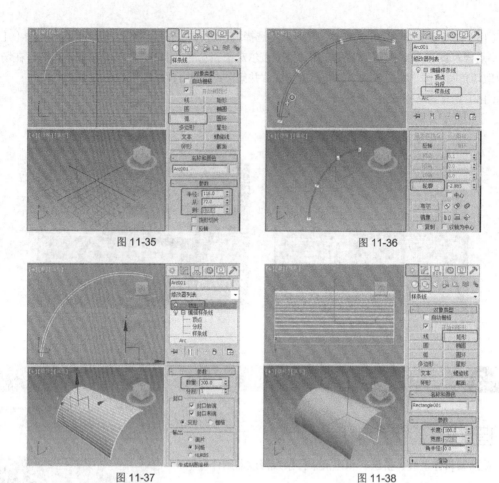

图 11-35

图 11-36

图 11-37

图 11-38

（5）为矩形施加"编辑样条线"修改器，将选择集定义为"顶点"，在"几何体"卷展栏中单击"优化"按钮，在"左"视图中添加优化顶点，如图 11-39 所示。

（6）在场景中将选择集定义为"分段"，在场景中选择分段，并将分段删除，如图 11-40 所示。

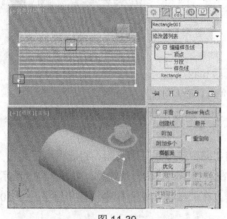

图 11-39

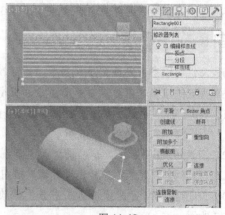

图 11-40

（7）在场景中为图形施加"可渲染样条线"修改器，在"参数"卷展栏中勾选"在渲染中启用"

和"在视口中启用"选项,设置"厚度"为 15,如图 11-41 所示。

(8)单击" (创建)> (几何体)>管状体"按钮,在"前"视图中创建管状体,在"参数"卷展栏中设置"半径 1"为 72.8、"半径 2"为 24.61、"高度"为 288,设置"边数"为 30,如图 11-42 所示。

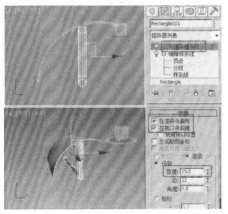

图 11-41 图 11-42

(9)按 Ctrl+V 键,幅值管状体,在"参数"卷展栏中修改"半径 1"为 24.6、"半径 2"为 22、"高度"为 288,如图 11-43 所示。

(10)单击" (创建)> (几何体)>扩展基本体>切角长方体"按钮,在"左"视图中创建切角长繁体,在"参数"卷展栏中设置"长度"为 24、"宽度"为 120、"高度"为 22、"圆角"为 2,设置"圆角分段"为 2,如图 11-44 所示。

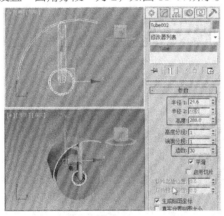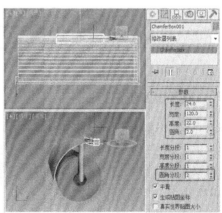

图 11-43 图 11-44

课堂练习——制作卫浴挂件

练习知识要点

本例中主要使用样条线，对其进行车削和可渲染的设置，并结合使用扫描和各种几何体，来组合完成卫浴挂件的制作，效果如图 11-45 所示。

效果所在位置

原始场景文件可以参考光盘文件/场景/第 11 章/卫浴挂件.max。

设置完成的渲染场景可以参考光盘文件>场景>第 11 章>卫浴挂架 ok.max。

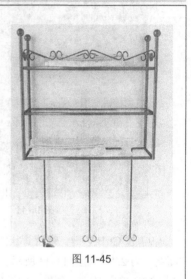

图 11-45

课后习题——制作洗手盆

习题知识要点

本例介绍一个简单的玻璃洗手盆的制作，其中主要调整图形的形状，并为图形施加车削修改器，制作出洗手盆的制作，如图 11-46 所示。

效果所在位置

原始场景文件可以参考光盘文件/场景/第 11 章/洗手盆.max。

设置完成的渲染场景可以参考光盘文件>场景>第 11 章>洗手盆 ok.max。

图 11-46

第 12 章　室内装饰物的制作

本例介绍室内装饰物的制作。装饰物是生活中不可缺少的一种生活情调，可以搭配出各种浪漫和美丽的效果。本章就介绍几种室内装饰物的制作。

课堂学习目标	/ 郁金香的制作
	/ 礼品盒的制作
	/ 祥云摆件的制作
	/ 便利签和杯子架的制作

12.1 实例 7——郁金香

案例学习目标

使用编辑多边形、涡轮平滑、弯曲、壳和 FFD 变形修改器制作郁金香。

案例知识要点

本例介绍创建平面，为平面施加编辑多边形，通过调整顶点，来制作出花瓣的大致形状，使用涡轮平滑设置出花瓣的平滑效果，对花瓣进行复制，并对齐设置弯曲和 FFD 变形制作出花朵效果，使用同样的方法制作出叶子，使用编辑多边形制作出花蕊，使用可渲染的样条线来制作茎，组合模型完成郁金香的制作，如图 12-1 所示。

图 12-1

效果所在位置

场景文件可以参考光盘文件/场景/第 12 章/郁金香.max。

设置完成的渲染场景可以参考光盘文件>场景>第 12 章>郁金香 ok.max。

（1）单击"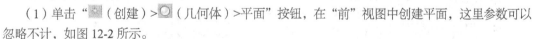（创建）>◯（几何体）>平面"按钮，在"前"视图中创建平面，这里参数可以忽略不计，如图 12-2 所示。

（2）切换到（修改）命令面板，为模型施加"编辑多边形"修改器，将选择集定义为"顶点"，在场景中调整顶点，如图 12-3 所示。

（3）为模型施加"涡轮平滑"修改器，在"涡轮平滑"卷展栏中设置"迭代次数"为 2，如图 12-4 所示。

（4）在"前"视图中使用移动工具，按住 Shift 键，移动复制花瓣模型，如图 12-5 所示。

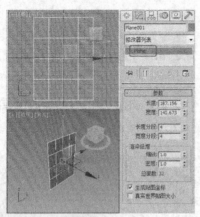

图 12-2

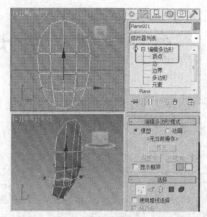

图 12-3

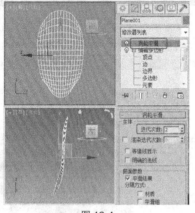

图 12-4

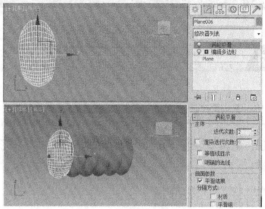

图 12-5

（5）选择复制出的花瓣模型，为模型施加"弯曲"修改器，在"参数"卷展栏中设置"角度"
为 459、"方向"为-67.5，选择"弯曲轴"为 X，如图 12-6 所示。

（6）继续为模型施加 FF4×4×4 修改器，将选择集定义为"控制点"，在场景中缩放控制点，
如图 12-7 所示。

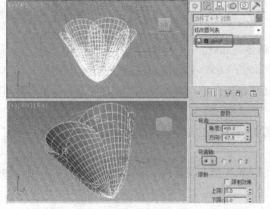

图 12-6

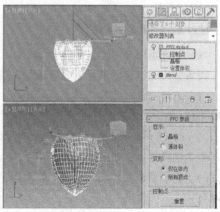

图 12-7

（7）单击"▦（创建）>◯（几何体）>扩展基本体>切角圆柱体"按钮，在"顶"视图中创建切角圆柱体，在"参数"卷展栏总设置"半径"为 16、"高度"为 210、"圆角"为 10、"高度分段"为 9、"圆角分段"为 3、"边数"为 25，如图 12-8 所示。

（8）切换到▦（修改）命令面板，为模型施加"编辑多边形"修改器，将选择集定义为"边"，在场景中结合使用"循环"工具，选择如图 12-9 所示的边。

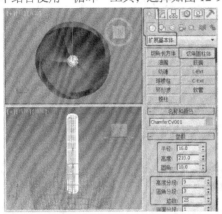 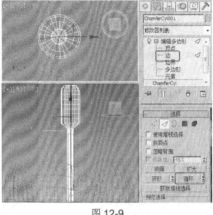

图 12-8　　　　　　　　　　　图 12-9

（9）减选边，在"软选择"卷展栏中勾选"使用软选择"选项，设置"衰减"为 3，在场景中向上调整边，如图 12-10 所示。

（10）关闭选择集，为模型施加"涡轮平滑"修改器，然后，为其施加"弯曲"修改器，在"参数"卷展栏中设置"角度"为 19.5、"方向"为 0，如图 12-11 所示。

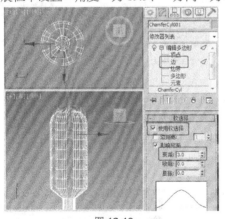 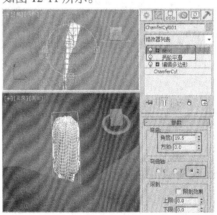

图 12-10　　　　　　　　　　　图 12-11

（11）单击"▦（创建）>◯（图形）>线"按钮，在"前"视图中创建可渲染的样条线，在"渲染"卷展栏中勾选"在渲染中启用"和"在视口中启用"选项，设置"厚度"为 20，如图 12-12 所示。

（12）参考花瓣的制作方法，制作出叶子的基本形状，如图 12-13 所示。

（13）关闭选择集，为叶子模型施加"壳"修改器，在"参数"卷展栏中设置"外部量"为 1，如图 12-14 所示。

（14）为叶子模型施加"涡轮平滑"修改器，如图 12-15 所示。

（15）在场景中对模型进行复制，完成的郁金香效果，如图 12-16 所示。

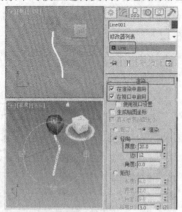

图 12-12

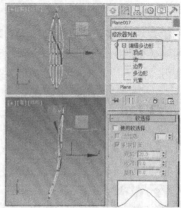

图 12-13

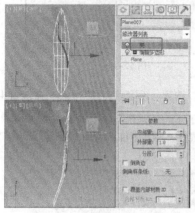

图 12-14

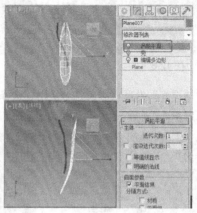

图 12-15

图 12-16

12.2 实例 8——礼品盒

案例学习目标

使用切角长方体和图形结合使用锥化、挤出、弯曲、对称、倒角等修改器制作礼品盒模型。

案例知识要点

在场景中创建切角长方体，结合使用锥化修改器，制作礼品盒盒子；使用图形结合使用挤出和倒角来制作蝴蝶结；使用切角长方体，结合使用弯曲和编辑多边形调整模型的变形，制作出蝴蝶结坠；使用截面工具，结合使用倒角修改器，创建捆绑箱体的绳，完成礼品盒，如图 12-17 所示。

图 12-17

场景文件可以参考光盘文件/场景/第 12 章礼品盒.max。

设置完成的渲染场景可以参考光盘文件>场景>第 12 章>礼品盒 ok.max。

（1）单击"■（创建）>■（几何体）>扩展基本体>扩展长方体"按钮，在"顶"视图中创建切角长方体，在"参数"卷展栏中设置"长度"为 200、"宽度"为 200、"高度"为 200、"圆角"为 3，设置"长度分段"为 1、"宽度"为 1、"高度分段"为 6、"圆角分段"为 3，如图 12-18 所示。

（2）切换到■（修改）命令面板为模型施加"锥化"修改器，在"参数"卷展栏中设置"数量"为 0.24、"曲线"为-0.44，选择"锥化轴"的"主轴"为 X、"效果"为 XY，如图 12-19 所示。

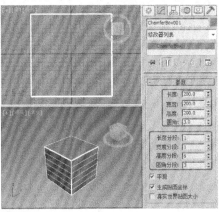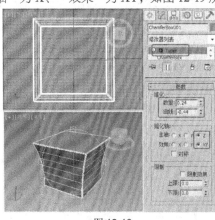

图 12-18　　　　　　　　　　　　　　　图 12-19

（3）单击"■（创建）>■（图形）>线"按钮，在"前"视图中创建图形，如图 12-20 所示。

（4）切换到■（修改）命令面板，将选择集定义为"样条线"，在"几何体"卷展栏中激活使用"轮廓"按钮，在场景中设置轮廓，如图 12-21 所示。

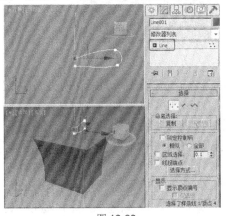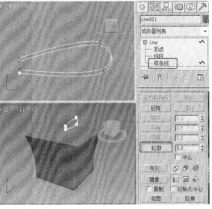

图 12-20　　　　　　　　　　　　　　　图 12-21

（5）将选择集定义为"顶点"，在场景中调整图形的形状，如图 12-22 所示。

（6）为图形施加"挤出"修改器，在"参数"卷展栏中设置"数量"为 29、"分段"为 5，如图 12-23 所示。

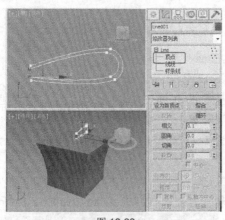

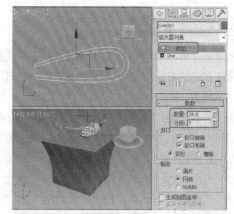

图 12-22 图 12-23

（7）在场景中为模型施加"编辑多边形"修改器，将选择集定义为"边"，在场景中选择两侧的边，在"编辑边"卷展栏中单击"切角"后的▢（设置）按钮，在弹出的助手小盒中设置切角量为 0.7、分段为 2，如图 12-24 所示。

（8）关闭选择集，为模型施加"对称"修改器，在"参数"卷展栏中选择"镜像轴"为 X，将选择集定义为"镜像"，在场景中移动镜像轴，如图 12-25 所示。

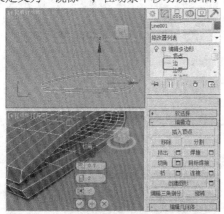

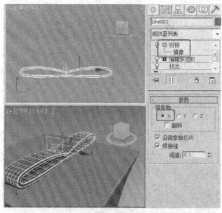

图 12-24 图 12-25

（9）单击"▣（创建）>▣（图形）>矩形"按钮，在"左"视图中创建矩形，在"参数"卷展栏中设置"长度"为 15、"宽度"为 33、"角半径"为 3，如图 12-26 所示。

（10）切换到▣（修改）命令面板，为矩形施加"编辑样条线"修改器，将选择集定义为"样条线"，在"几何体"卷展栏中单击激活"轮廓"按钮，在场景中设置出矩形的轮廓，如图 12-27 所示。

（11）关闭选择集，为图形施加"倒角"修改器，在"倒角值"卷展栏中设置"级别 1"的"高度"为 1、"轮廓"为 1；勾选"级别 2"选项，设置"高度"为 30；勾选"级别 3"选项，设置"高度"为 1、"轮廓"为-1，如图 12-28 所示。

（12）单击"▣（创建）>▣（几何体）>扩展基本体>切角长方体"按钮，在"顶"视图中创建切角长方体，在"参数"卷展栏中设置"长度"为 118、"宽度"为 20、"高度"为 4、"圆角"为 1.2，设置"长度分段"为 11、"宽度分段"为 2、"高度分段"为 1、"圆角分段"为 3，如图 12-29

所示。

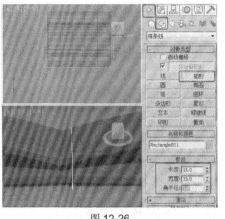

图 12-26

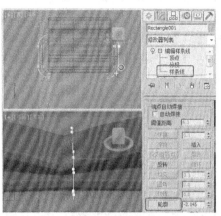

图 12-27

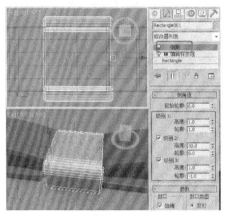

图 12-28

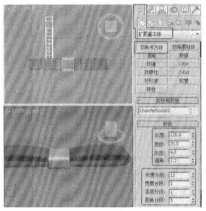

图 12-29

（13）切换到 命令面板，为模型施加"编辑多边形"修改器，将选择集定义为"顶点"，在场景中调整模型，如图 12-30 所示。

（14）关闭选择集，在为模型施加"弯曲"修改器，在"参数"卷展栏中设置"角度"为 47、"方向"为-2，如图 12-31 所示。

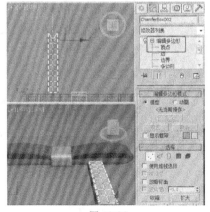

图 12-30

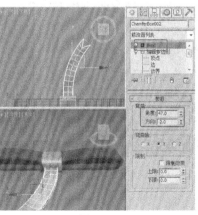

图 12-31

（15）镜像复制模型，如图 12-32 所示。

（16）将作为箱体的切角长方体以外的模型隐藏，单击"   （创建）>   （图形）>截面"按钮，在"前"视图中拖动创建出截面，在场景中调整截面到切角长方体的位置，在"截面参数"卷展栏中单击"创建图形"按钮，在弹出的对话框中使用默认的名称，单击"确定"按钮，如图 12-33 所示。

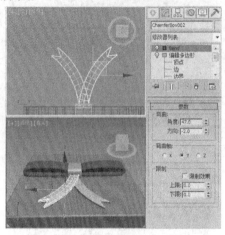
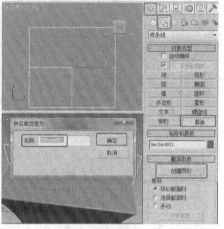

图 12-32   图 12-33

（17）在场景中将截面图标删除，选择创建出的截面图形，将选择集定义为"样条线"，在"几何体"卷展栏中激活"轮廓"按钮，在场景中设置图形的轮廓，如图 12-34 所示。

（18）关闭选择集，为图形施加"倒角"修改器，在"倒角值"卷展栏中设置"级别 1"的"高度"为 1、"轮廓"为 1；勾选"级别 2"选项，设置"高度"为 30；勾选"级别 3"选项，设置"高度"为 1、"轮廓"为-1，如图 12-35 所示。

（19）旋转复制模型，如图 12-36 所示。

（20）显示所有模型，调整模型的位置和角度，这样礼品盒就制作完成了，如图 12-37 所示。

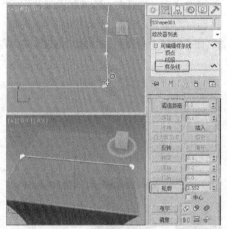
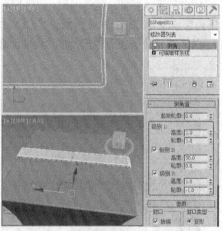

图 12-34   图 12-35

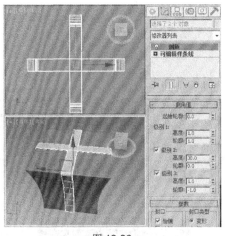

图 12-36 図 12-37

图 12-38

12.3　实例 9——祥云摆件

📓 **案例学习目标**

本例介绍绘制图像，并为图形设置挤出和编辑多边形修改器完成祥云摆件。

📓 **案例知识要点**

本例介绍使用图像作为背景，根据图像绘制祥云图形，调整图形的形状后，为图形设置挤出效果，然后通过编辑多边形的边的切角设置出轮廓的平滑效果，完成的祥云摆件效果，如图 12-38 所示。

📓 **效果所在位置**

场景文件可以参考光盘文件/场景/第 12 章/祥云摆件.max。

设置完成的渲染场景可以参考光盘文件>场景>第 12 章>祥云摆件 ok.max

（1）用计算机打开光盘文件/贴图文件，从中找到"祥云.jpg"图像，如图 12-39 所示。

（2）将其拖曳到一个空白的 3ds Max 的"前"视图中，在弹出的"位图视口放置"对话框中勾选"视口背景"和"环境背景"选项，单击"确定"按钮，如图 12-40 所示。

（3）单击" （创建）> （图形）>线"按钮，在"前"视图中根据图像绘制图形，这里需要注意的是在调整图像的时候不要有尖锐的角，如图 12-41 所示。

（4）为图形施加"挤出"修改器，在"参数"卷展栏中设置"数量"为 18，如图 12-42 所示。

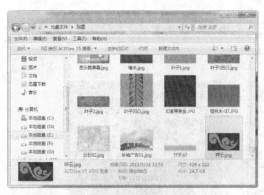

图 12-39　　　　　　　　　　　　　　　　　图 12-40

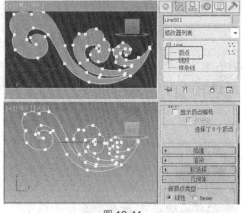　　　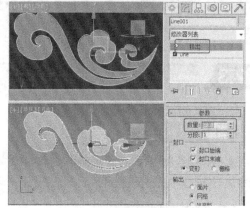

图 12-41　　　　　　　　　　　　　　　　　图 12-42

（5）接着为模型施加"编辑多边形"修改器，在"编辑边"卷展栏中单击"切角"后的■（设置）按钮，在弹出的助手小盒中设置切角量为1、分段为2，如图12-43所示。

（6）将选择集定义为"多边形"，在场景中选择切角出的多边形，在"多边形：平滑组"卷展栏中单击一个平滑组按钮，设置一个统一的平滑组，如图12-44所示。

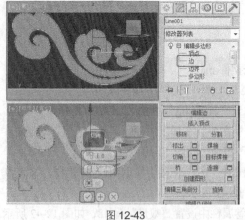　　　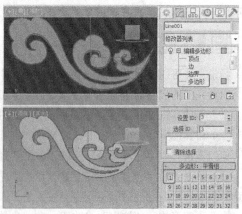

图 12-43　　　　　　　　　　　　　　　　　图 12-44

（7）单击" （创建）> （几何体）>扩展基本体>切角长方体"按钮，在"顶"视图中创建切角长方体在"参数"卷展栏中设置"长度"为 55、"宽度"为 180、"高度"为 10、"圆角"为 1，如图 12-45 所示。

（8）调整模型的位置，完成祥云摆件的模型的制作，如图 12-46 所示。

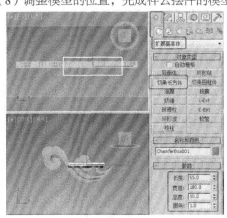

图 12-45

图 12-46

ℓ

课堂练习——制作便利签

练习知识要点

本例介绍创建并调整多边形的形状，并为其施加倒角剖面和 ProBoolean 来制作便签夹，创建可渲染的样条线制作支架，创建切角圆柱体，为其施加编辑多边形调整模型的形状，制作出便利签的底座，效果如图 12-47 所示。

效果所在位置

原始场景文件可以参考光盘文件/场景/第 12 章/便利签.max。
设置完成的渲染场景可以参考光盘文件>场景>第 12 章>便利签 ok.max。

图 12-47

课后习题——制作杯子架

习题知识要点

本例介绍创建"切角圆柱体"施加"锥化"修改器制作旋转柱模型，使用可渲染的样条线制作挂钩模型，使用圆角矩形施加"编辑样条线"和"倒角"修改器制作木质框架模型，如图 12-48 所示。

效果所在位置

原始场景文件可以参考光盘文件/场景/第 12 章/杯子架.max。

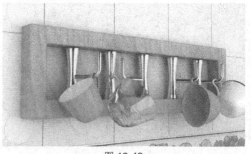

图 12-48

设置完成的渲染场景可以参考光盘文件>场景>第 12 章>杯子架 ok.max。

第 13 章　室内灯具的制作

本章主要介绍室内的各种灯具的制作。灯具、灯饰作为家庭家居装修装饰中的最后一个步骤，是最能体现装修业主装饰品位和装饰档次的重要装饰材料之一。它的应用非常广泛，大到酒店、宾馆、饭店、会议室；小到客厅、餐厅、卫生间，各类的灯具可以说无处不在。

课堂学习目标	/ 欧式吊灯的制作
	/ 落地灯的制作
	/ 锥式壁灯的制作
	/ 中式吊灯和床头灯的制作

13.1 实例 10——欧式吊灯

📒 案例学习目标

学习使用车削、编辑多边形修改器和阵列工具，结合使用各种图形和几何体制作欧式吊灯。

📒 案例知识要点

本例介绍使用"线、球体、可渲染的样条线、可渲染的圆、可渲染的矩形、切角圆柱体、球体、阵列"工具，结合使用"车削、编辑多边形"修改器制作欧式吊灯模型们如图 13-1 所示。

📒 效果所在位置

场景文件可以参考光盘文件/场景/第 13 章/欧式吊灯.max。

图 13-1

设置完成的渲染场景可以参考光盘文件>场景>第 13 章>欧式吊灯 ok.max。

（1）单击" ▓ （创建）> ◙ （图形）>线"按钮，在"前"视图中创建如图 13-2 所示的线。

（2）将线的选择集定义为"样条线"，在"几何体"卷展栏中单击"轮廓"按钮，在"前"视图中为样条线设置轮廓，如图 13-3 所示。

（3）将选择集定义为"顶点"，在"前"视图中调整顶底的顶点，如图 13-4 所示。

（4）为图形施加"车削"修改器，在"参数"卷展栏中设置"分段"为 32，选项"方向"为 Y、"对齐"为最小，将"车削"的选择集定义为"轴"，调整轴的位置，如图 13-5 所示。

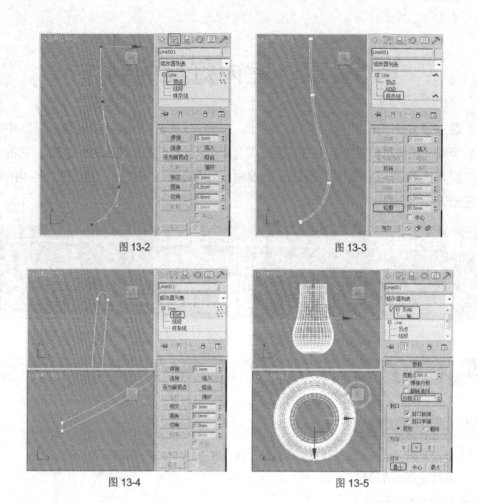

图 13-2

图 13-3

图 13-4

图 13-5

（5）单击"（创建）>（几何体）>球体"按钮，在"顶"视图中创建半球，在"参数"卷展栏中设置合适的参数，激活（角度捕捉切换）按钮，使用（选择并旋转）工具调整半球的角度，调整模型至合适的位置，如图 13-6 所示。

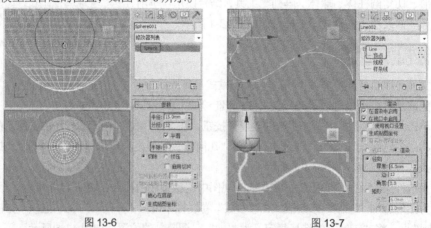

图 13-6

图 13-7

（6）单击"（创建）>（图形）>线"按钮，在"前"视图中创建如图 13-7 所示的可渲染的样条线，设置合适的参数，调整模型至合适的位置。

（7）继续在"前"视图中创建可渲染的样条线，调整模型至合适的位置，如图 13-8 所示。

（8）使用　（选择并均匀缩放）工具在"顶"视图中沿 Y 轴缩放模型，如图 13-9 所示。

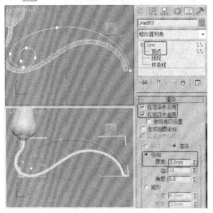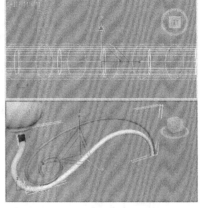

图 13-8　　　　　　　　　　　　　　　　　图 13-9

（9）单击"　（创建）>　（几何体）>球体"按钮，在"顶"视图中创建半球，在"参数"卷展栏中设置合适的参数，使用　（选择并旋转）工具调整半球的角度，调整模型至合适的位置，如图 13-10 所示。

（10）选择如图 13-11 所示模型并将它们成组，切换到　（层次）命令面板，在"调整轴"卷展栏中单击"仅影响轴"按钮，在"顶"视图中调整轴点至合适的位置，关闭"仅影响轴"。

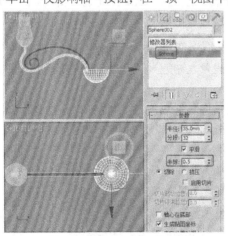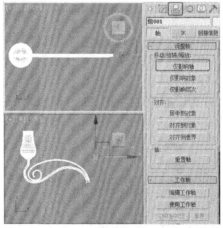

图 13-10　　　　　　　　　　　　　　　　图 13-11

（11）在菜单栏中选择"工具>阵列"命令，在弹出的"阵列"对话框中选择以 Z 轴为阵列中心旋转 360 度复制模型，设置阵列维度的"数量"为 8，单击"确定"按钮，如图 13-12 所示。

（12）单击"　（创建）>　（图形）>线"按钮，在"前"视图中创建如图 13-13 所示的图形。

（13）为图形施加"车削"修改器，在"参数"卷展栏中设置"分段"为 32，选项"方向"为 Y、"对齐"为最小，调整模型至合适的位置，如图 13-14 所示。

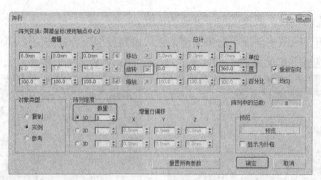

图 13-12

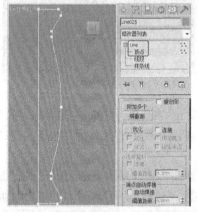

图 13-13

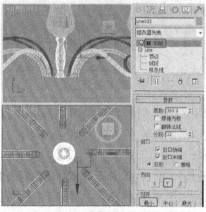

图 13-14

（14）单击"■（创建）>○（几何体）>扩展基本体>切角圆柱体"按钮，在"顶"视图中创建切角圆柱体，在"参数"卷展栏中设置合适的参数，设置"高度分段"为 2，调整模型至合适的位置，如图 13-15 所示。

（15）为切角圆柱体施加"编辑多边形"修改器，将选择集定义为"顶点"，在"前"视图中选择如图 13-16 所示的顶点，使用■（选择并均匀缩放）工具在"顶"视图中等比例缩放顶点。

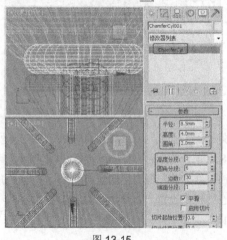

图 13-15

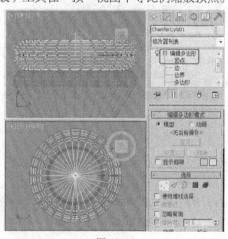

图 13-16

（16）在"顶"视图中创建球体，在"参数"卷展栏中设置合适的参数，调整模型至合适的位置，如图 13-17 所示。

（17）使用 工具在"顶"视图中缩放模型，在"前"视图中复制切角圆柱体 001 模型，调整复制出的模型至合适的位置，如图 13-18 所示。

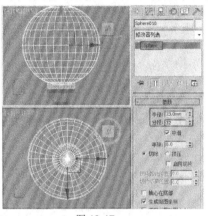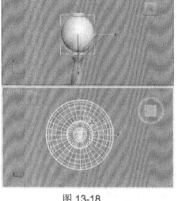

图 13-17　　　　　　　　　　　　　图 13-18

（18）单击" （创建）> （图形）>线"按钮，在"前"视图中创建如图 13-19 所示的图形。

（19）为图形施加"车削"修改器，在"参数"卷展栏中设置"分段"为 32，选项"方向"为 Y、"对齐"为最小，调整模型至合适的位置，如图 13-20 所示。

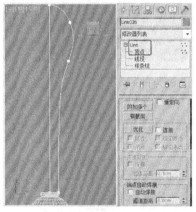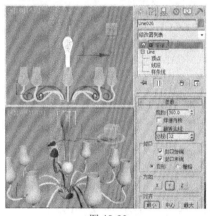

图 13-19　　　　　　　　　　　　　图 13-20

（20）单击" （创建）> （几何体）>球体"按钮，在"顶"视图中创建半球，在"参数"卷展栏中设置合适的参数，调整模型至合适的位置，如图 13-21 所示。

（21）单击" （创建）> （图形）>圆"按钮，在"前"视图中创建可渲染的圆，设置合适的参数，调整模型至合适的参数，如图 13-22 所示。

（22）单击" （创建）> （图形）>矩形"按钮，在"前"视图中创建可渲染的圆角矩形，在"参数"卷展栏设置合适的参数，调整模型至合适的位置，如图 13-23 所示。

（23）复制可渲染的圆角矩形，调整复制出模型的角度和位置，如图 13-24 所示。

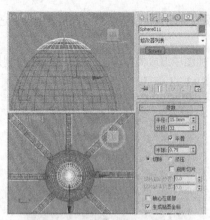

图 13-21

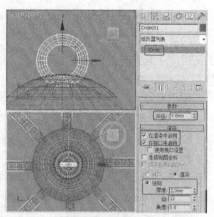

图 13-22

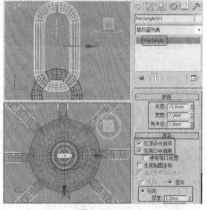

图 13-23

图 13-24

（24）单击" （创建）> （图形）>线"按钮，在"前"视图中创建如图 13-25 所示的图形。

（25）为图形施加"车削"修改器，在"参数"卷展栏中选择"方向"为 Y、"对齐"为最小，调整模型至合适的位置，如图 13-26 所示。

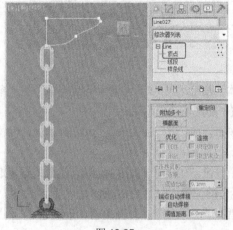

图 13-25

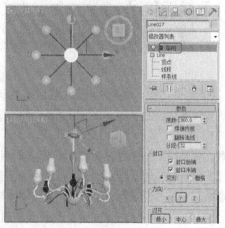

图 13-26

13.2 实例 11——落地灯

📓 **案例学习目标**

使用放样工具、截面工具、VR 毛皮工具等。

📓 **案例知识要点**

本例介绍使用使用放样工具制作落地灯的灯罩和灯罩上的装饰，使用编辑多边形，调整灯罩的效果，使用截面工具创建灯罩的界面图形，使用 VR 毛皮制作灯罩下的流苏，如图 13-27 所示。

📓 **效果所在位置**

场景文件可以参考光盘文件/场景/第 13 章>落地灯.max。

设置完成的渲染场景可以参考光盘文件>场景>第 13 章>落地灯 ok.max。

图 13-27

（1）单击"（创建）>（图形）>星形"按钮，在"顶"视图中创建爱你星形，在"参数"卷展栏中设置"半径 1"为 85、"半径 2"为 70、"点"为 8、"扭曲"为 0、"圆角半径 1"为 0、"圆角半径 2"为 20，如图 13-28 所示。

（2）切换到（修改）命令面板为图形施加"编辑样条线"修改器，将选择集定义为"样条线"，在"几何体"卷展栏中设置"轮廓"为 2，按 Enter 键设置出轮廓效果，如图 13-29 所示。

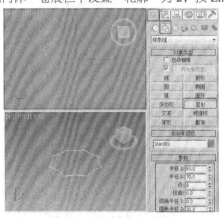

图 13-28

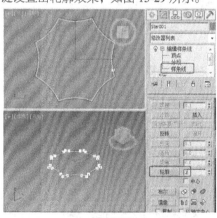

图 13-29

（3）单击"（创建）>（图形）>线"按钮，在"前"视图中创建图形，如图 13-30 所示。

（4）在场景中选择星形，单击"（创建）>（几何体）>复合对象>放样"按钮，在"创建方法"卷展栏中单击"获取路径"按钮，在场景中拾取作为路径的线，如图 13-31 所示。

（5）切换到（修改）命令面板，在"变形"卷展栏中单击"缩放"按钮，在弹出的对话框中调整变形曲线，制作出灯罩效果，如图 13-32 所示。

（6）为图形施加"编辑多边形"修改器，将选择集定义为"顶点"，在场景中选择如图 13-33

所示的顶点。

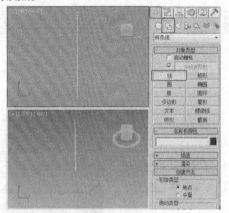

图 13-30

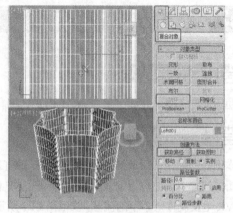

图 13-31

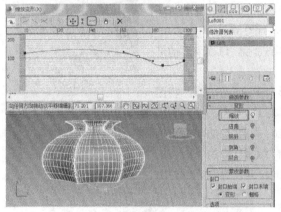

图 13-32

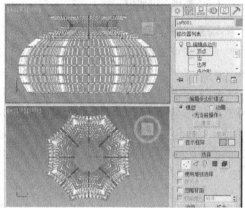

图 13-33

（7）在"软选择"卷展栏中勾选"使用软选择"选项，设置"衰减"为 40，如图 13-34 所示。

（8）在场景中向上移动顶点，如图 13-35 所示。

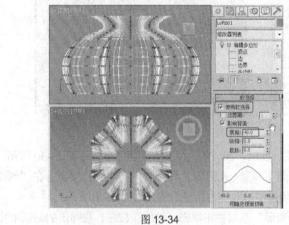

图 13-34

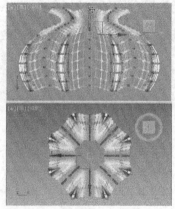

图 13-35

（9）单击" （创建）> （图形）>线"按钮，在"左"视图中创建线，在视图中调整图形的形状，如图 13-36 所示。

（10）单击"　　（创建）>　（图形）>截面"按钮，在"左"视图中创建截面，并在场景中调整截面图标的位置和角度，如图 13-37 所示。

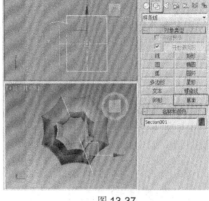

图 13-36　　　　　　　　　　　　　　　　　图 13-37

（11）切换到　（修改）命令面板，在"截面参数"卷展栏中单击"创建图形"按钮，在弹出的对话框中使用默认的名称，单击"确定"按钮，如图 13-38 所示。

（12）在场景中选择创建的界面图形，将选择集定义为"线段"，在场景中将内侧多余的线段删除，如图 13-39 所示。

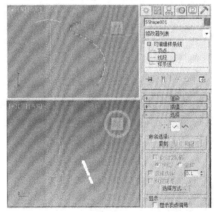

图 13-38　　　　　　　　　　　　　　　　　图 13-39

（13）单击"　　（创建）>　（图形）>圆"按钮，设置圆的"半径"为 1.55，在场景中复制圆，如图 13-40 所示。

（14）在场景中选择其中一个圆，为其施加"编辑样条线"修改器，在"几何体"卷展栏中单击"附加"按钮，在场景中附加另外的三个圆，如图 13-41 所示。

（15）使用"布尔"工具，在场景中布尔图形，如图 13-42 所示。

（16）关闭选择集，在场景中选择绘制的灯罩顶部的图形，单击"　　（创建）>　（几何体）>复合对象>放样"按钮，在"创建方法"卷展栏中单击"获取图形"按钮，在场景中拾取作为布尔后的圆图形，如图 13-43 所示。

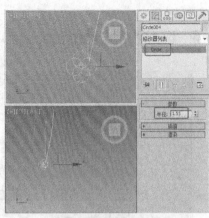

图 13-40

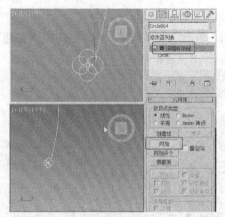

图 13-41

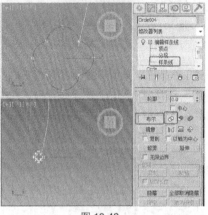

图 13-42

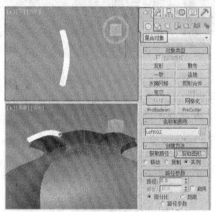

图 13-43

（17）在场景中选择放样出的灯罩顶部装饰模型，在"蒙皮参数"卷展栏中设置"路径步数"为50，单击"变形"卷展栏中的"扭曲"按钮，在弹出的对话框中调整扭曲的曲线，如图 13-44 所示。

（18）使用同样的方法制作出侧面的装饰物，并使用同样的方法设置模型的扭曲效果，如图 13-45 所示。

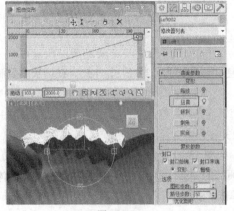

图 13-44

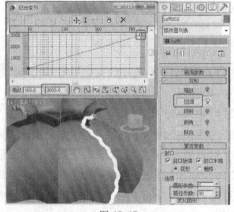

图 13-45

（19）在场景中选择顶部和侧面的装饰模型，在菜单栏中选择"组>成组"命令，在弹出的对话框中使用默认的名称，单击"确定"按钮，如图 13-46 所示。

（20）在场景中选择装饰模型的组，切换到 ▣（层次）命令面板，在"调整轴"卷展栏中单击"仅影响轴"按钮，在工具栏中单击 ▣（对齐）工具，在场景中拾取放样出的灯罩，在"对齐当前选择"对话框中选择"对齐位置"为"X、Y、Z 位置"，并选择"中心"选项，单击"确定"按钮，调整轴后，关闭"仅影响轴"，如图 13-47 所示。

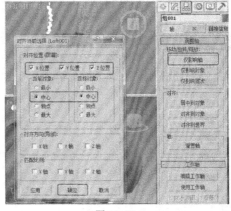

图 13-46　　　　　　　　　　　　　　图 13-47

（21）在场景中选择装饰模型的组，激活"顶"视图，在菜单栏中选择"工具>阵列"命令，在弹出的对话框中设置阵列参数，如图 13-48 所示。

（22）阵列出的模型，如图 13-49 所示。

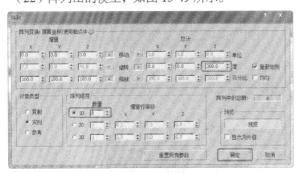
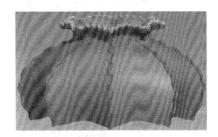

图 13-48　　　　　　　　　　　　　　图 13-49

（23）在场景中选择灯罩模型，为模型施加"编辑多边形"修改器，将选择集定义为"多边形"，在场景中选择底部的多边形，在"编辑几何体"卷展栏中单击"分离"后的 ▣（设置）按钮，在弹出的助手小盒中使用默认的分离名称，单击"确定"按钮，如图 13-50 所示。

（24）在场景中选择分离出的多边形，单击" ▣（创建）> ▣（几何体）>VRay>VR 毛皮"按钮，在场景中为多边形创建了毛皮效果，如图 13-51 所示。

（25）切换到 ▣（修改）命令面板，在"参数"卷展栏中设置"长度"为 30、"厚度"为 0.2，在"分配"组中设置"每区域"为 2，如图 13-52 所示。

（26）单击" ▣（创建）> ▣（几何体）>标准基本体>球体"按钮，在"顶"视图中创建球体，在"参数"卷展栏中设置"半径"为 13，如图 13-53 所示。

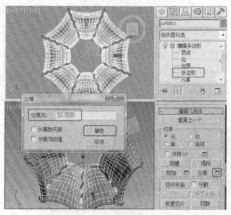

图 13-50

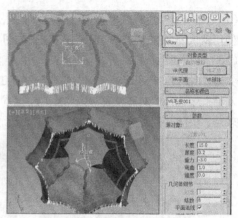

图 13-51

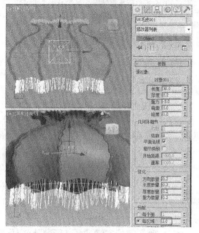

图 13-52

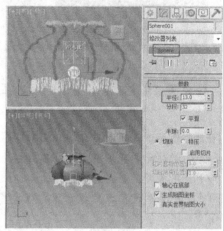

图 13-53

（27）在场景中对模型进行复制，调整最底端的球体，在"参数"卷展栏中设置"半径"为100，设置"半球"为0.5，如图 13-54 所示。

（28）缩放底端的模型，完成落地灯的制作，如图 13-55 所示。

图 13-54

图 13-55

13.3 实例 12——锥式壁灯

📒 **案例学习目标**

本例介绍使用 FFD 变形、涡轮平滑、车削等修改器制作模型。

📒 **案例知识要点**

本例介绍使用管状体施加 FFD4×4×4、涡轮平滑修改器制作灯罩模型，使用线创建图形施加车削修改器制作灯罩座模型，使用可渲染的样条线制作支架模型，使用切角长方体制作墙座模型，完成的模型效果如图 13-56 所示。

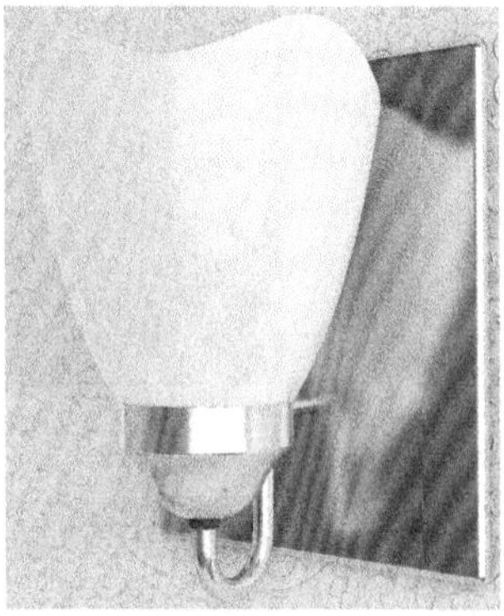

📒 **效果所在位置**

场景文件可以参考光盘文件/场景/第 13 章/锥式壁灯.max。

图 13-56

设置完成的渲染场景可以参考光盘文件>场景>第 13 章>锥式壁灯 ok.max。

（1）单击"🔆（创建）>◯（几何体）>管状体"按钮，在"顶"视图中创建管状体，在"参数"卷展栏中设置"半径 1"为 155、"半径 2"为 150、"高度"为 260、"高度分段"为 5、"边数"为 32，如图 13-57 所示。

（2）为模型施加"FFD4×4×4"修改器，将选择集定义为"控制点"，在场景中选择如图 13-58 所示的控制点。

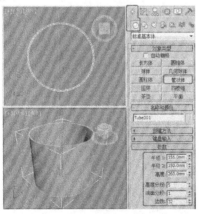

图 13-57

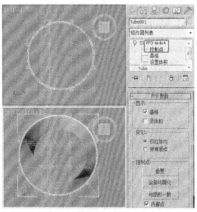

图 13-58

（3）在"前"视图中沿 Y 轴向上调整控制点的位置，如图 13-59 所示。

（4）在"前"视图中选择控制点，在"顶"视图中缩放控制点，如图 13-60 所示。

（5）为模型施加"涡轮平滑"修改器，在"涡轮平滑"卷展栏中设置"迭代次数"为 2，如图 13-61 所示。

（6）单击"🔆（创建）>◯（几何体）>扩展基本体>切角长方体"按钮，在"前"视图中创建切角长方体，在"参数"卷展栏中设置"长度"为 480、"宽度"为 380、"高度"为 20、"圆角"

为 10、"圆角分段"为 5，调整模型至合适的位置，如图 13-62 所示。

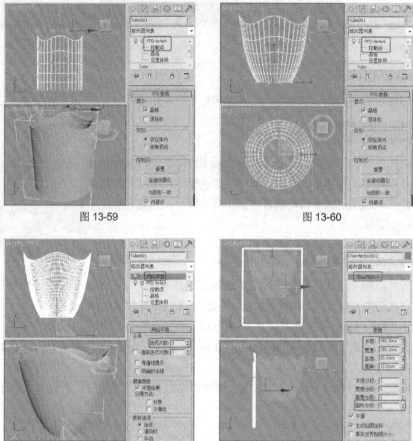

图 13-59	图 13-60
图 13-61	图 13-62

（7）单击"（创建）>（图形）>线"按钮，在"左"视图中创建如图 13-63 所示的图形。

（8）为图形施加"车削"修改器，在"参数"卷展栏中选择"方向"为 Y、"对齐"为最小，设置"分段"为 32，调整模型至合适的位置，如图 13-64 所示。

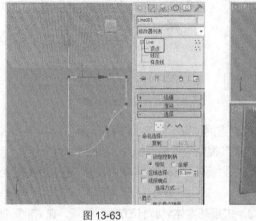
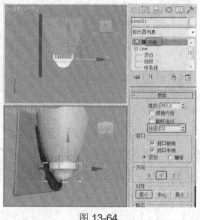

图 13-63	图 13-64

（9）在"左"视图中创建如图 13-65 所示的可渲染的样条线，在"渲染"卷展栏中勾选"在渲染中启用"、"在视口中启用"选项，设置径向的"厚度"为 20，调整模型至合适的位置。

（10）单击"（创建）>〇（几何体）>扩展基本体>切角圆柱体"按钮，在"顶"视图中创建切角圆柱体，在"参数"卷展栏中设置"半径"为 13、"高度"为 8、"圆角"为 2、"圆角分段"为 5，调整模型至合适的位置，如图 13-66 所示。

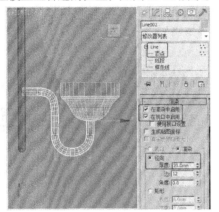

图 13-65

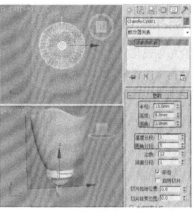

图 13-66

课堂练习——制作中式吊灯

练习知识要点

本例介绍创建几何体和图形，并为图形设置挤出和倒角修改器来组合完成中式吊灯的制作，如图 13-67 所示。

效果所在位置

原始场景文件可以参考光盘文件/场景/第 13 章/中式吊灯.max。

设置完成的渲染场景可以参考光盘文件>场景>第 13 章>中式吊灯 ok.max。

图 13-67

课后习题——制作床头灯

习题知识要点

本例中制作的床头灯模型主要用了切角长方体、矩形、挤出等命令和修改器完成的床头灯效果，如图 13-68 所示。

效果所在位置

原始场景文件可以参考光盘文件/场景/第 13 章/床头灯.max。
设置完成的渲染场景可以参考光盘文件>场景>第 13 章>床头灯 ok.max。

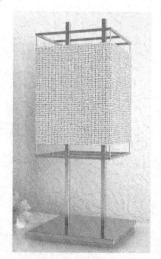

图 13-68

第 14 章　家用电器的制作

本章主要介绍家用电视的制作，其中主要介绍液晶电视、音响、电话机的制作。家用电器在家庭中随处可见，也是在装修效果图中必备的家具装饰。

课堂学习目标	/ 液晶电视的制作
	/ 音响的制作
	/ 电话机的制作
	/ 显示器和冰箱的制作

14.1　实例 13——液晶电视

案例学习目标

使用编辑多边形、编辑样条线、倒角制作液晶电视。

案例知识要点

本例介绍使用编辑多边形制作液晶电视的背面，介绍切角长方体制作两侧的音响，使用矩形，并为其施加编辑多边形设置器轮廓，设置图形的挤出，创建图形并设置倒角制作显示器下端的装饰，如图 14-1 所示。

图 14-1

效果所在位置

场景文件可以参考光盘文件/场景/第 14 章/液晶电视.max。

设置完成的渲染场景可以参考光盘文件>场景>第 14 章>液晶电视 ok.max。

（1）单击" （创建）>○（几何体）>扩展基本体>切角长方体"按钮，在"前"视图中创建切角长方体，在"参数"卷展栏中设置"长度"为 80、"宽度"为 150、"高度"为 6、"圆角"为 0.7，设置"长度分段"、"宽度分段"、"高度分段"、"圆角分段"为 1，取消"平滑"选项的勾选，如图 14-2 所示的线。

（2）切换到 （修改）命令面板为图形施加"编辑多边形"修改器，将选择集定义为"顶点"，在场景中缩放顶点，如图 14-3 所示。

（3）单击" （创建）>○（几何体）>扩展基本体>切角长方体"按钮，在"前"视图中创建切角长方体，在"参数"卷展栏中设置"长度"为 85、"宽度"为 15、"高度"为 3.5、"圆角"为 1，设置 "圆角分段"为 3，如图 14-4 所示。

（4）在场景中复制切角长方体模型，如图 14-5 所示。

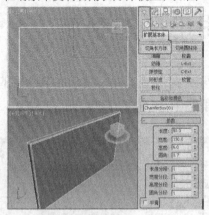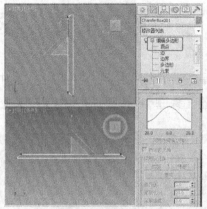

图 14-2　　　　　　　　　　　　　　　图 14-3

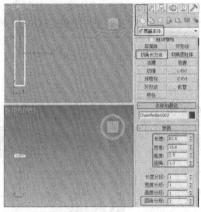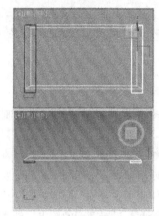

图 14-4　　　　　　　　　　　　　　　图 14-5

（5）单击"（创建）>（图形）>矩形"按钮，在"前"视图中创建矩形，在"参数"卷展栏中设置"长度"为 83、"宽度"为 119，如图 14-6 所示。

（6）切换到（修改）命令面板为图形施加"编辑样条线"修改器，将选择集定义为"样条线"，在"几何体"中激活"轮廓"按钮，在场景中设置轮廓，如图 14-7 所示。

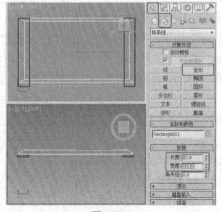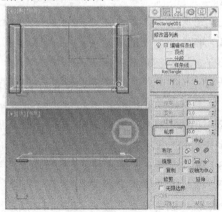

图 14-6　　　　　　　　　　　　　　　图 14-7

（7）关闭选择集，为图形施加"倒角"修改器，在"倒角值"卷展栏中设置"级别 1"的"高度"为 0.5、"轮廓"为 0.5；勾选"级别 2"选项，设置"高度"为 2.5；勾选"级别 3"选项，设置"高度"为 0.5、"轮廓"为-0.5，如图 14-8 所示。

（8）单击"　（创建）>　（图形）>矩形"按钮，在"前"视图中创建矩形，在"参数"卷展栏中设置"长度"为 77、"宽度"为 113，如图 14-9 所示。

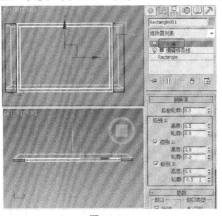

图 14-8	图 14-9

（9）切换到　（修改）命令面板为图形施加"编辑样条线"修改器，将选择集定义为"样条线"，在"几何体"中激活"轮廓"按钮，在场景中设置轮廓，如图 14-10 所示。

（10）关闭选择集，为图形施加"挤出"修改器，在"参数"卷展栏中设置"数量"为 3，如图 14-11 所示。

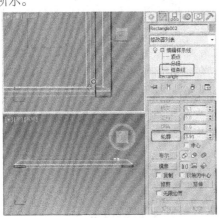
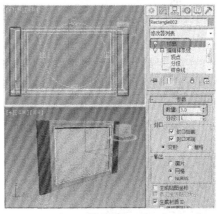

图 14-10	图 14-11

（11）单击"　（创建）>　（几何体）>标准基本体>长方体"按钮，在"前"视图中创建长方体，在"参数"卷展栏中设置"长度"为 75、"宽度"为 110、"高度"为 3，如图 14-12 所示。

（12）单击"　（创建）>　（图形）>线"按钮，在"左"视图中创建如图 14-13 所示的样条线。

（13）切换到　（修改）命令面板，将选择集为"样条线"，在"几何体"卷展栏中单击"轮廓"按钮，在场景中调整图形的轮廓，如图 14-14 所示。

（14）将选择集定义为"顶点"按钮，在"几何体"卷展栏中单击"优化"按钮，优化顶点，如图 14-15 所示，优化顶点后关闭"优化"按钮，在场景中调整图形的形状。

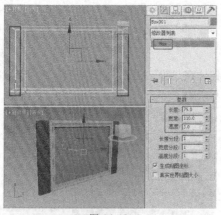

图 14-12

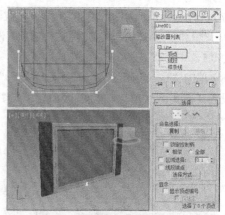

图 14-13

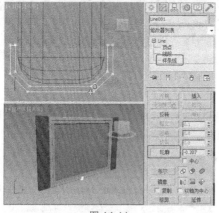

图 14-14

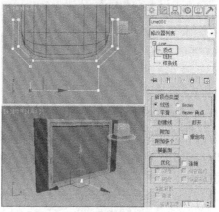

图 14-15

（15）关闭选择集，为图形施加"倒角"修改器，在"倒角值"卷展栏中设置"高度"为 0.2、"轮廓"为 0.2；勾选"级别 2"选项，设置"高度"为 50；勾选"级别 3"选项，设置"高度"为 0.2、"轮廓"为-0.2，如图 14-16 所示。

（16）为模型施加"编辑多边形"修改器，将选择集定义为"顶点"，在场景中调整顶点，如图 14-17 所示。

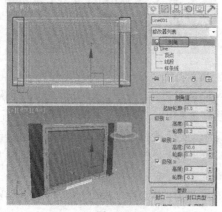

图 14-16

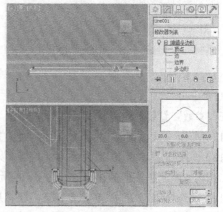

图 14-17

（17）单击"![](）（创建）>![](）（几何体）>扩展基本体>切角长方体"按钮，在"前"视图中创建切角圆柱体，在"参数"卷展栏中设置"半径"为 0.9、"高度"为 1、"圆角"为 0.5，设置 "高度分段"为 1、"圆角分段"为 3、"边数"为 15、"端面"为 1，如图 14-18 所示。

（18）组合调整各个模型的位置，如图 14-19 所示。

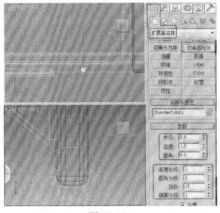

图 14-18

图 14-19

14.2　实例 14——音响

案例学习目标

使用 FFD 变形、编辑多边形、涡轮平滑、挤出修改器，并介绍使用布尔工具。

案例知识要点

本例介绍使用 FFD 变形修改器调整模型的形状，使用布尔工具制作出音响的孔，使用编辑多边形和涡轮平滑制作音响口的平滑，如图 14-20 所示。

效果所在位置

场景文件可以参考光盘文件/场景/第 14 章>音响.max。

图 14-20

设置完成的渲染场景可以参考光盘文件>场景>第 14 章>音响 ok.max。

（1）单击"![](）（创建）>![](）（几何体）>扩展基本体>切角长方体"按钮，在"前"视图中创建切角长方体，在"参数"卷展栏中设置"长度"为 60、"宽度"为 25、"高度"为 45、"圆角"为 0.3，设置"圆角分段"为 3，如图 14-21 所示。

（2）按 Ctrl+V 键，复制模型，切换到![](（修改）命令面板在"参数"卷展栏中修改模型的参数，设置"长度"为 60、"宽度"为 25、"高度"为 3、"圆角"为 0.3，设置"长度分段"为 8、"宽度"分段为 1、"高度分段"为 1、"圆角分段"为 3，如图 14-22 所示。

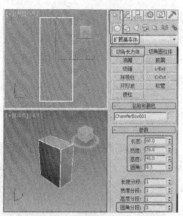
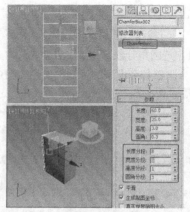

图 14-21   图 14-22

（3）为模型施加"FFD（长方体）"变形修改器，在"FFD 参数"卷展栏中单击"设置点数"按钮，在弹出的对话框中设置"长度"为 4、"宽度"为 4、"高度"为 2，如图 14-23 所示。

（4）将选择集定义为"控制点"，在"左"视图中调整控制点，调整模型的形状，如图 14-24 所示。

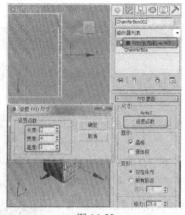
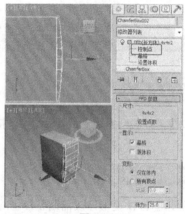

图 14-23   图 14-24

（5）为模型施加"编辑多边形"修改器，在"编辑几何体"卷展栏中单击"附加"按钮，在场景中将另一个切角长方体附加到一起，如图 14-25 所示。

（6）单击" （创建）> （几何体）>标准基本体>圆柱体"按钮，在"前"视图中创建圆柱体，在"参数"卷展栏中设置"半径"为 4.5、"高度"为 10、"边数"为 30，如图 14-26 所示。

（7）在场景中调整模型的位置和角度，如图 14-27 所示。

（8）在场景中选择附加到一起的模型，单击" （创建）> （几何体）>符合对象>布尔"按钮，在"拾取布尔"卷展栏中单击"拾取操作对象 B"按钮，在场景中拾取圆柱体，如图 14-28 所示。

（9）单击" （创建）> （几何体）>扩展基本体>切角圆柱体"按钮，在"前"视图中创建切角圆柱体，在"参数"卷展栏中设置"半径"为 5.5、"高度"为 10、"圆角"为 1.5、"高度分段"为 1、"圆角分段"为 4、"边数"为 30、"端面分段"为 1，如图 14-29 所示。

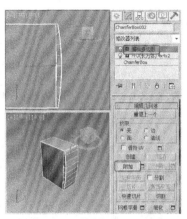

图 14-25

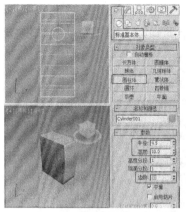

图 14-26

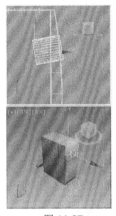

图 14-27

图 14-28

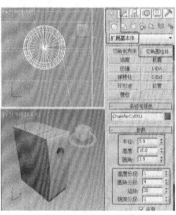

图 14-29

（10）切换到 （修改）命令面板，为模型施加"编辑多边形"修改器，将选择集定义为"多边形"，在"选择"卷展栏中勾选"忽略背面"选项，在"前"视图中选择如图 14-30 所示的多边形。

（11）在"编辑多边形"卷展栏中单击"挤出"后的 （设置）按钮，在弹出的助手小盒中设置高度为-8，如图 14-31 所示。

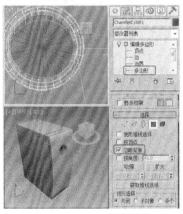

图 14-30

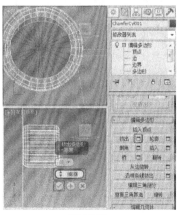

图 14-31

（12）将选择集定义为"顶点"，在场景中缩放顶点，如图 14-32 所示。

（13）关闭选择集，为模型施加"涡轮平滑"修改器，使用默认的参数，如图 14-33 所示。

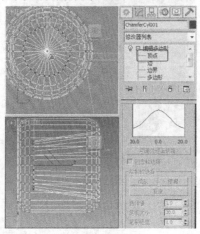 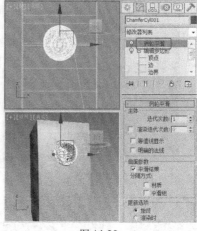

图 14-32   图 14-33

（14）单击"（创建）>（图形）>矩形"按钮，在"左"视图中创建矩形，在"参数"卷展栏中设置"长度"为 5、"宽度"为 33，如图 14-34 所示。

（15）切换到（修改）命令面板，为其施加"编辑样条线"修改器，将选择集定义为"顶点"，调整图形的形状，关闭选择集为其施加"挤出"修改器，在"参数"卷展栏中设置"数量"为 18，如图 14-35 所示。

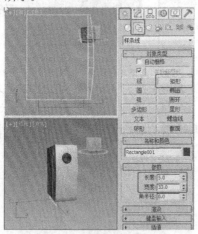 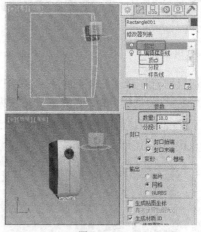

图 14-34   图 14-35

（16）单击"（创建）>（图形）>矩形"按钮，在"顶"视图中创建矩形，在"参数"卷展栏中设置"长度"为 43、"宽度"为 23，如图 14-36 所示。

（17）切换到（修改）命令面板，为其施加"倒角"修改器，在"倒角值"卷展栏中设置"级别 1"的"高度"为 0.2、"轮廓"为 0.2；勾选"级别 2"选项，设置"高度"为 0.8；勾选"级别 3"选项，设置"高度"为 0.2、"轮廓"为-0.2，如图 14-37 所示，这样音响模型就制作完成。

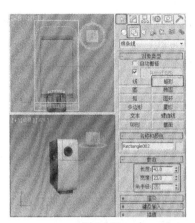

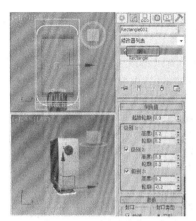

图 14-36　　　　　　　　　　　　　　图 14-37

14.3　实例 15——座机

📖 **案例学习目标**

使用编辑多边形、挤出、路径变形（USM）、涡轮平滑、壳。

📖 **案例知识要点**

在场景中创建切角长方体，并通过编辑多边形调整模型的形状和底座效果，复制话筒的多边形使用可编辑多边形制作话筒，使用同样的方法复制多边形制作按钮，创建螺旋线并为其施加路径变形（WAM）修改器，制作话筒的螺旋线，创建其他文本和模型组合成为座机，如图 14-38 所示。

图 14-38

📖 **效果所在位置**

场景文件可以参考光盘文件/场景/第 14 章/座机.max。

设置完成的渲染场景可以参考光盘文件>场景>第 14 章>座机 ok.max。

（1）单击"　（创建）>○（几何体）>扩展基本体>切角长方体"按钮，在"顶"视图中创建切角长方体，在"参数"卷展栏中设置"长度"为 230、"宽度"为 210、"高度"为 30、"圆角"

为 2，设置"长度分段"为 10、"宽度分段"为 10、"高度分段"为 5、"圆角分段"为 2，如图 14-39 所示。

（2）切换到 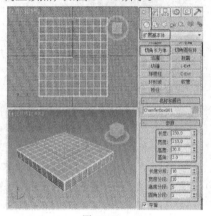（修改）命令面板，为模型施加"编辑多边形"修改器，将选择集定义为"顶点"，在场景中调整顶点，如图 14-40 所示。

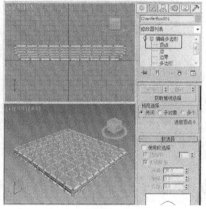

图 14-39　　　　　　　　　　　　　　　图 14-40

（3）在"软选择"卷展栏中勾选"使用软选择"选项，勾选"使用软选择"选项，设置"衰减"为 82.6，在"顶"视图中选择顶点，如图 14-41 所示。

（4）在"顶"视图中调整顶点的位置，如图 14-42 所示。

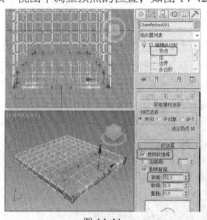
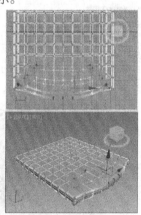

图 14-41　　　　　　　　　　　　　　　图 14-42

（5）将选择集定义为"多边形"，在"顶"视图中选择如图 14-43 所示的多边形，在"编辑多边形"卷展栏中单击"挤出"后的 ▣（设置）按钮，在弹出的助手小盒中设置高度为-1.5。

（6）选择如图 14-44 所示的多边形，在"编辑多边形"卷展栏中单击"插入"后的 ▣（设置）按钮，在弹出的助手小盒中设置数量为 2。

（7）单击"挤出"后的 ▣（设置）按钮，在弹出的助手小盒中设置高度为-10，如图 14-45 所示。

（8）在场景中按 Ctrl+V 键，在弹出的对话框中选择"克隆到对象"选项，单击"确定"按钮，如图 14-46 所示。

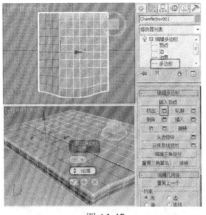

图 14-43

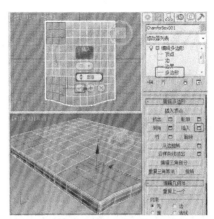

图 14-44

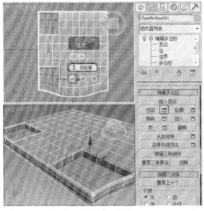

图 14-45

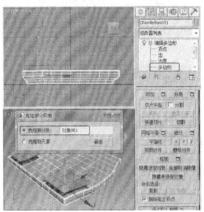

图 14-46

（9）在场景中选择如图 14-47 所示的多边形，单击"挤出"后的 ▣（设置）按钮，在弹出的助手小盒中设置数量为-1。

（10）在场景中选择复制出的多边形对象，将选择集定义为"多边形"，在场景中选择复制出的多边形，在"编辑多边形"卷展栏中单击"挤出"后的 ▣（设置）按钮，在弹出的助手小盒中设置数量为 22，如图 14-48 所示。

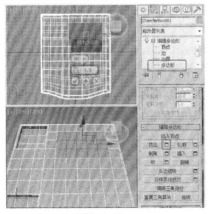

图 14-47

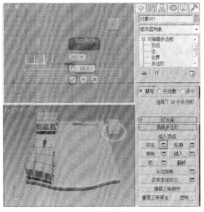

图 14-48

219

（11）继续设置多边形的"挤出"，设置挤出高度为 18，如图 14-49 所示。

（12）在场景中选择相对的上端的多边形，在"编辑多边形"卷展栏中单击"桥"按钮，如图 14-50 所示。

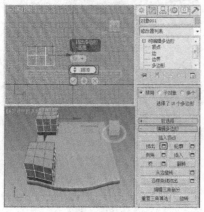

图 14-49

图 14-50

（13）在场景中旋转到底端，在"编辑几何体"卷展栏中单击"创建"按钮，创建底端的封口，如图 14-51 所示。

（14）将选择集定义为"边"，在场景中选择底端的边，在"编辑边"卷展栏中单击"切角"后的▣（设置）按钮，在弹出的助手小盒中设置切角数量为 4.222，设置分段为 2，如图 14-52 所示。

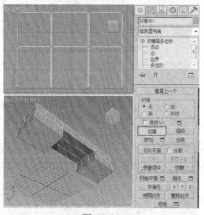

图 14-51

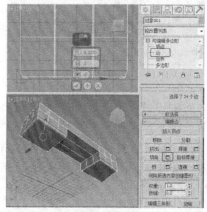

图 14-52

（15）为模型施加"涡轮平滑"修改器，在"涡轮平滑"卷展栏中设置"迭代次数"为 2，如图 14-53 所示。

（16）使用同样的方法为底座施加"涡轮平滑"修改器，如图 14-54 所示。

（17）将选择集定义为"边"，在场景中选择如图 14-55 所示的边。

（18）在"编辑边"卷展栏中单击"挤出"后的▣（设置）按钮，在弹出的助手小盒中设置挤出高度为-1、宽度为 0.5，如图 14-56 所示。

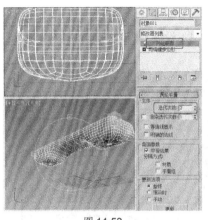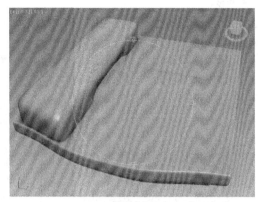

图 14-53　　　　　　　　　　　　　　图 14-54

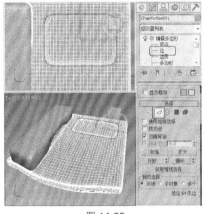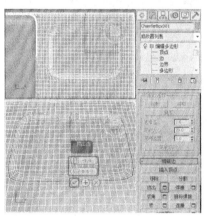

图 14-55　　　　　　　　　　　　　　图 14-56

（19）将选择集定义"多边形"，在"顶"视图中选择如图 14-57 所示的多边形。

（20）在"编辑多边形"卷展栏中单击"挤出"后的 ▣（设置）按钮，在弹出的助手小盒中设置挤出高度为-5，如图 14-58 所示。

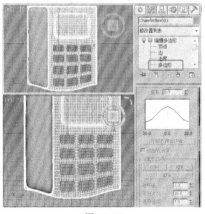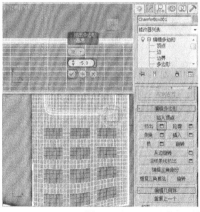

图 14-57　　　　　　　　　　　　　　图 14-58

（21）按 Ctrl+V 键，复制选择的多边形，如图 14-59 所示，将选择集定义为"多边形"，选择复

221

制出的多边形。

（22）在"编辑多边形"卷展栏中单击"挤出"后的▢（设置）按钮，在弹出的助手小盒中设置挤出高度为 7，如图 14-60 所示。

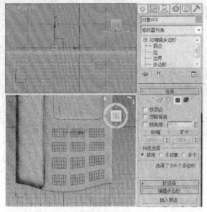

图 14-59　　　　　　　　　图 14-60

（23）将选择集定义为"边"，在场景中选择如图 14-61 所示的边。

（24）在"编辑边"卷展栏中单击"切角"后的▢（设置）按钮，在弹出的助手小盒中设置切角量为 2、分段为 3，如图 14-62 所示。

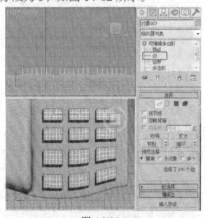
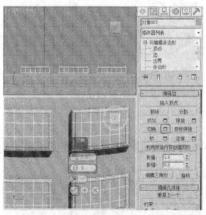

图 14-61　　　　　　　　　图 14-62

（25）关闭选择集，为模型施加"壳"修改器，在"参数"卷展栏中设置"内部量"为 1、"外部量"为 0，如图 14-63 所示。

（26）为底座和按钮模型施加"涡轮平滑"，如图 14-64 所示。

（27）单击" （创建）> （图形）>椭圆"按钮，在"顶"视图中创建椭圆，在"参数"卷展栏中设置"长度"为 5、"宽度"为 10，如图 14-65 所示。

（28）为模型施加"编辑多边形"修改器，将选择集定义为"多边形"，在场景中选择椭圆多边形，在"编辑多边形"卷展栏中单击"挤出"后的▢（设置）按钮，在弹出的助手小盒中设置数量为 1，如图 14-66 所示。

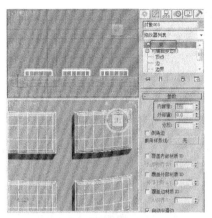

图 14-63

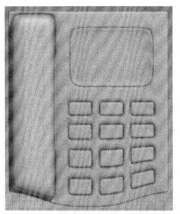

图 14-64

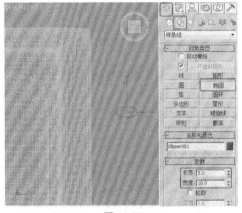

图 14-65

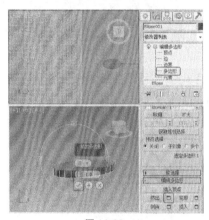

图 14-66

（29）将选择集定义为"边"，在场景中选择顶部的边，在"编辑边"卷展栏中单击"切角"后的 □（设置）按钮，在弹出的助手小盒中设置切角数量为 0.3、分段为 3，如图 14-67 所示。

（30）在场景中旋转复制模型，并对模型进行复制，如图 14-68 所示。

图 14-67

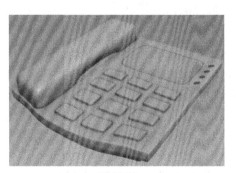

图 14-68

（31）单击" （创建）> （图形）>线"按钮，在场景中创建并调整线的形状，如图 14-69 所示。

223

（32）单击">>螺旋线"按钮，在"前"视图中创建螺旋线，在"参数"卷展栏中设置"半径 1"为 3、"半径 2"为 3、"高度"为 400、"圈数"为 60；在"渲染"卷展栏中勾选"在渲染中启用"和"在视口中启用"选项，设置"厚度"为 3，如图 14-70 所示。

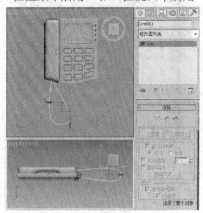

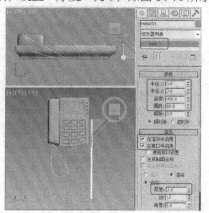

图 14-69   图 14-70

（33）在场景中选择螺旋线，切换到 命令面板，为螺旋线施加"编辑多边形"修改器，如图 14-71 所示。

（34）为螺旋线施加"路径变形（WSM）"修改器，在"参数"卷展栏中单击"拾取路径"按钮，在场景中拾取创建的线，并单击"转到路径"按钮，如图 14-72 所示。

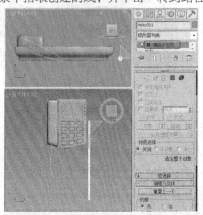

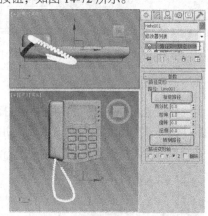

图 14-71   图 14-72

（35）在"参数"卷展栏中设置合适的"百分比"和"拉伸"参数，如图 14-73 所示。

（36）单击">>文本"按钮，在场景中单击创建文本，在"参数"卷展栏中选择合适的字体，设置"大小"为 20，在"文本"中输入数字 1，如图 14-74 所示。

（37）为文本施加"挤出"修改器，在"参数"卷展栏中设置"数量"为 1，在场景中调整模型的形状，如图 14-75 所示。

（38）在场景中复制修改文本，如图 14-76 所示完成座机的制作。

图 14-73

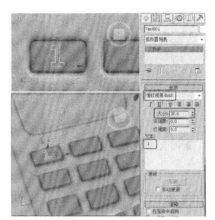

图 14-74

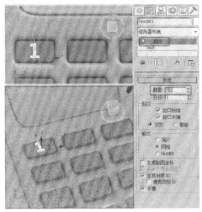

图 14-75

图 14-76

课堂练习——制作显示器

练习知识要点

本例介绍使用切角长方体，并设置编辑多边形的挤出，制作出屏幕的凹槽，创建图形并为图形设置倒角，然后设置模型的挤出，制作出显示器的支架，如图 14-77 所示。

效果所在位置

原始场景文件可以参考光盘文件/场景/第 14 章/显示器.max。

设置完成的渲染场景可以参考光盘文件>场景>第 14 章>显示器 ok.max。

图 14-77

课后习题——制作冰箱

习题知识要点

创建矩形，为图形设置挤出，并调整模型的顶点，设置多边形的连接，来制作冰箱门，结合使用一些几何体来完成冰箱模型的制作，如图 14-78 所示。

效果所在位置

原始场景文件可以参考光盘文件/场景/第 14 章/冰箱.max。

设置完成的渲染场景可以参考光盘文件>场景>第 14 章>冰箱 ok.max。

图 14-78

第 15 章　室内效果图的制作

本章将介绍室内效果图的制作，主要介绍室内框架和室内材质、灯光的设置，并介绍如何使用 VRay 渲染器对室内场景进行渲染。

课堂学习目标	/ 设置室内材质
	/ 设置室内的场景布光
	/ 设置室内渲染

15.1　实例 16——客厅

案例分析

客厅一般是在家庭生活中最重要的一个空间，它是会客和团聚的空间，所以客厅的设计是最为重要的一个家居设计环节，也是最为看重的一个效果。

案例设计

本例将介绍如何搭建室内框架，并为制作的室内空间导入家具、设置材质、创建灯光、设置渲染等，可以学习到一般室内空间的制作流程，客厅最终效果如图 15-1 所示。

图 15-1

效果所在位置

场景文件可以参考光盘文件/场景/第 15 章/客厅.max。

设置完成的渲染场景可以参考光盘文件>场景>第 15 章>客厅.max。

15.1.1　制作客厅框架

（1）单击"（创建）　>（几何体）　>长方体"按钮，在"顶"视图中创建长方体，在"参数"卷展栏中设置"长度"为 4362、"宽度"为 3600、"高度"为 2620，如图 15-2 所示。

（2）切换到　（修改）命令面板，为模型施加"编辑多边形"修改器，将选择集定义为"边"，在"前"视图中选择左右两侧的边，在"编辑边"卷展栏中单击"连接"后的　（设置）按钮，在弹出的窗口助手小盒中设置连接分段为 1、连接边滑块为 55，如图 15-3 所示。

（3）继续选择分段后的边和底端的边，设置其连接，连接边分段为 2，连接边收缩为 32，如图 15-4 所示。

（4）继续设置如图 15-5 所示的连接边。

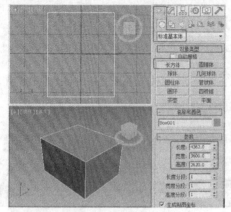

图 15-2

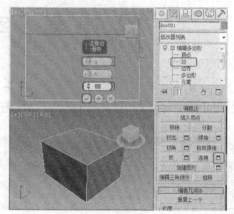

图 15-3

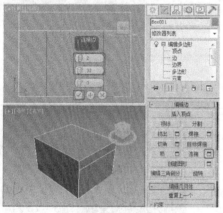

图 15-4

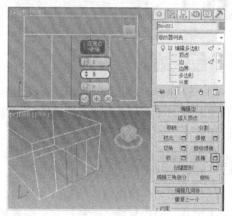

图 15-5

（5）将选择集定义为"多边形"，在场景中选择如图 15-6 所示的多边形，在"编辑多边形"卷展栏中单击"挤出"后的 □（设置）按钮，在弹出的助手小盒中设置挤出的高度为 160。

（6）单击"插入"后的 □（设置）按钮，在弹出的助手小盒中设置插入数量为 35，设置插入类型为按多边形，如图 15-7 所示。

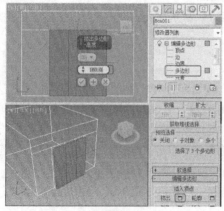

图 15-6

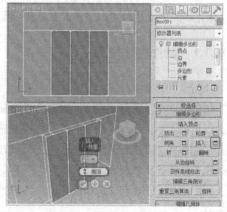

图 15-7

（7）设置多边形的"挤出"，设置高度为 50，如图 15-8 所示。

（8）设置多边形的"插入"，插入数量为 35，如图 15-9 所示。

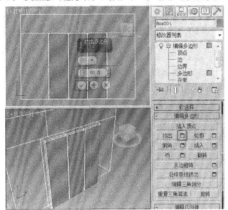
图 15-8

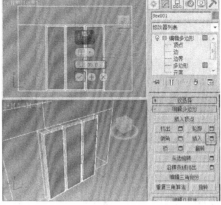
图 15-9

（9）继续设置多边形的"挤出"，挤出高度为 60，如图 15-10 所示。

（10）按 Delete 键将当前的多边形删除，如图 15-11 所示。

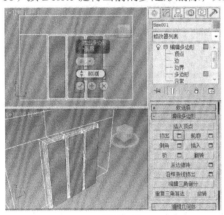
图 15-10

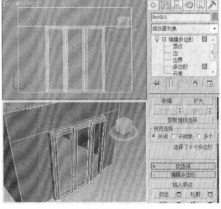
图 15-11

（11）将选择集定义为"边"，在"顶"视图中选择左右两侧的边，在"编辑边"卷展栏中单击"连接"按钮，在弹出的助手小盒中设置连接分段为 2、连接收缩为-93、连接滑块为-3600，如图 15-12 所示。

（12）将选择集定义为"多边形"，在"顶"视图中选择链接出的多边形，在"编辑多边形"卷展栏中单击"挤出"后 的 (设置)按钮，在弹出的助手小盒中设置高度为-150，如图 15-13 所示。

（13）在"透视"图中旋转模型的角度，并删除窗户正对的多边形，如图 15-14 所示。

（14）在场景中选择作为地面的多边形，在"多边形：材质 ID"卷展栏中设置"设置 ID"为 1，如图 15-15 所示。

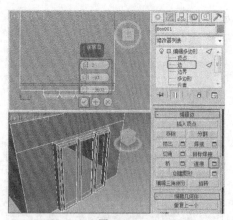

图 15-12

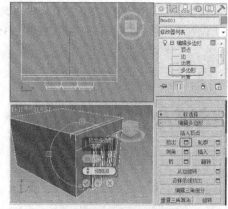

图 15-13

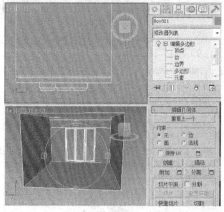

图 15-14

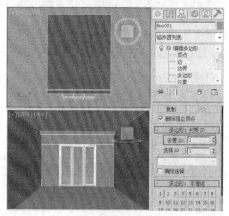

图 15-15

（15）在场景中选择如图 15-16 所示的多边形，在"多边形：材质 ID"卷展栏中设置"设置 ID"为 2。

（16）在场景中选择如图 15-17 所示的多边形，在"多边形：材质 ID"卷展栏中设置"设置 ID"为 3。

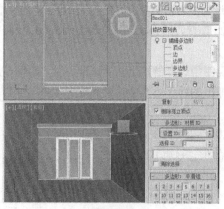

图 15-16

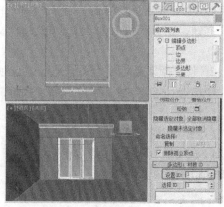

图 15-17

15.1.2　设置客厅框架材质

（1）在场景中选择如图 15-18 所示的多边形，在"多边形：材质 ID"卷展栏中设置"设置 ID"为 4。

（2）在工具栏中单击 ![材质编辑器按钮]（材质编辑器）按钮，打开材质编辑器，单击 Standard 按钮，在弹出的"材质/贴图浏览器"中选择"多维/子对象"材质，在"多维/子对象基本参数"卷展栏中单击"设置数量"为 4，如图 15-19 所示。

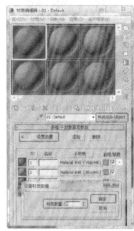

图 15-18	图 15-19

（3）将四个材质指定为 VRayMtl 材质，单击进入（1）号材质设置面板，在"基本参数"卷展栏中设置"反射光泽度"为 0.98、勾选"菲涅耳反射"选项，如图 15-20 所示。

（4）在"贴图"卷展栏中单击"漫反射"后的 None 按钮，在弹出的"材质/贴图浏览器"中选择"位图"贴图，贴图位于随书附带光盘>贴图>as2_wood_19.jpg 文件。

设置"反射"数量为 50，为其指定位图 as2_wood_19_specular.jpg。

设置"反射光泽度"为 20，为其指定位图 as2_wood_19_specular.jpg。

为"凹凸"指定位图 as2_wood_19_bump.jpg，如图 15-21 所示。

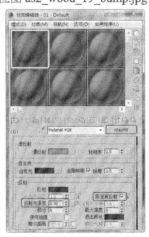
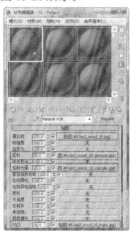

图 15-20	图 15-21

（5）进入（2）号材质设置面板，在"贴图"卷展栏中为"漫反射"指定位图，贴图位于随书附带光盘>贴图>灯罩-Z0012.jpg 文件，如图 15-22 所示。

（6）进入（3）号材质设置面板，在"基本参数"卷展栏中设置"漫反射"的红、绿、蓝为 243、223、192，如图 15-23 所示。

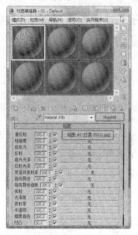

图 15-22

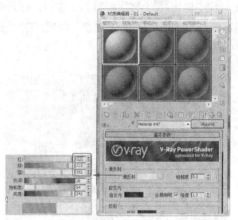

图 15-23

（7）进入（4）号材质设置面板，在"基本参数"卷展栏中设置"漫反射"的红、绿、蓝为 248、248、248，如图 15-24 所示。

（8）设置完成子材质后，单击 🔧（转到父对象）按钮，回到主材质面板，在场景中选择室内框架模型，单击 🔧（将材质指定给选定对象）按钮，指定材质，如图 15-25 所示。

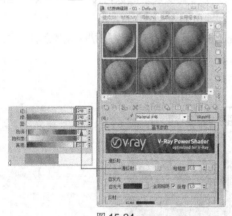

图 15-24

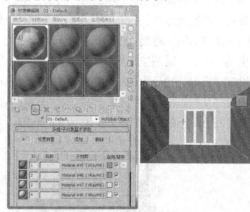

图 15-25

（9）指定材质后，进入多维/子对象材质的（1）号材质设置面板，单击 ▨（在视口中显示明暗处理材质）按钮，显示贴图，如图 15-26 所示。

（10）可以看到贴图不符和模型，进入"漫反射"的贴图层级，在"坐标"卷展栏中设置"角度"为 90，如图 15-27 所示。

（11）继续设置"瓷砖"的 UV 为 2、3，查看场景中的贴图效果，如图 15-28 所示。

（12）使用同样的防线显示墙纸，并设置其"瓷砖"的 UV 为 5、4，如图 15-29 所示。

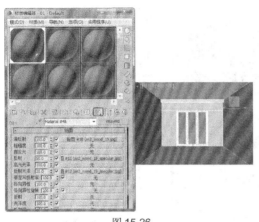

图 15-26

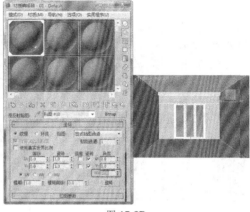

图 15-27

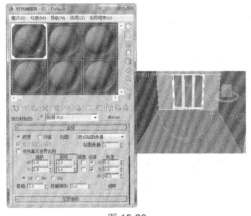

图 15-28

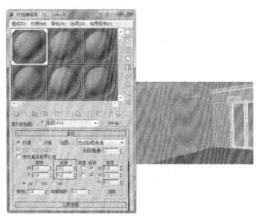

图 15-29

15.1.3　导入家具

将材质指定给场景中窗户外的长方体模型。

（1）单击"（创建） ![] > （几何体） ![] > 长方体"按钮，在"前"视图中窗户的位置创建长方体，在"参数"卷展栏中设置合适的参数即可，如图 15-30 所示。

（2）打开材质编辑，选择一个新的材质样本球，将材质转换为"VR 灯光材质"材质，在"参数"卷展栏中设置"颜色"的倍增为 3，单击"无"按钮，在弹出的"材质/贴图浏览器"中选择"位图"贴图，贴图位于随书附带光盘 > 贴图 > naturewe8.JPG 文件，如图 15-31 所示。

（3）接下来为场景合并家具模型，在单击标题菜单 ![] 按钮，在弹出的菜单中选择"导入 > 合并"命令，如图 15-32 所示。

（4）在弹出的"合并文件"对话框中选择随书附带光盘场景>第 15 章>客厅家具.max 文件，单击"打开"按钮，如图 15-33 所示。

（5）在弹出的"合并"对话框中选择需要合并的位置，单击"确定"按钮，如图 15-34 所示。

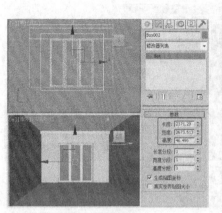

图 15-30   图 15-31   图 15-32

图 15-33   图 15-34

（6）在弹出的"重复材质名称"对话框中勾选"应用与所有重复情况"选项，单击"自动重命名合并材质"按钮，如图 15-35 所示。

（7）模型合并到场景中后，调整其合适的位置和大小及角度，如图 15-36 所示。

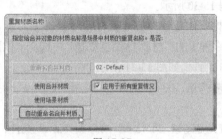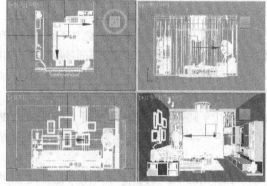

图 15-35   图 15-36

15.1.4 设置测试渲染

（1）单击" （创建）> （摄影机）>目标"按钮，在"顶"视图中单击拖动创建摄影机，在其他视图中调整摄影机的位置，切换到 （修改）命令面板，将"镜头"设置为 28，激活"透视"图，按 C 键，将其转换为摄影机视图，如图 15-37 所示。

图 15-37

（2）接下来设置场景的测试渲染，在工具栏中单击 （渲染设置）按钮，打开"渲染设置"面板，选择"V-Ray"选项卡，在"V-Ray：：全局开光"卷展栏中选择"默认灯光"为"关"。

在"V-Ray：：图像采样器"卷展栏中选择"图像采样器"类型为"固定"，取消"抗锯齿过滤器"的"开"的勾选，如图 15-38 所示。

（3）选择"间接照明"选项卡，在"V-Ray：：间接照明"卷展栏中勾选"开"选项，选择"首次反弹"的"全局照明引擎"为"发光图"；选择"二次反弹"的"全局照明引擎"为"灯光缓存"。

在"V-Ray：：发光图"卷展栏中选择"当前预置"为"非常低"，如图 15-39 所示。

图 15-38

图 15-39

（4）在"V-Ray：：灯光缓存"卷展栏中设置"细分"为 100，勾选"存储直接光"和"显示计算相位"选项，如图 15-40 所示。

（5）测试渲染场景得到如图 15-41 所示的效果，由于场景中的设置了自发光的材质，所以影响到了场景的明暗。这里需要注意的是，导入的家具中也有自发光的材质，模拟的灯片效果。

235

图 15-40 图 15-41

15.1.5 创建灯光

（1）单击"⬚（创建）>⬚（灯光）>VRay>VR 灯光"按钮，在"前"视图中创建 VR 灯光，默认的灯光类型为平面，在"参数"卷展栏中设置"倍增器"为 8，设置灯光的"颜色"为浅蓝色，如图 15-42 所示。

提示　这里需要注意的是一般我们创建 VR 灯光时都会在"选项"组中勾选"不可见"选项，在后面的介绍中必须都要将灯光的不可见勾选。

（2）在场景中调整灯光的位置到窗户处，如图 15-43 所示。

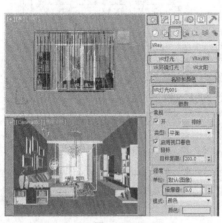

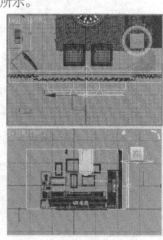

图 15-42 图 15-43

（3）渲染场景得到如图 15-44 所示的效果。

（4）在"顶"视图中吊灯的位置创建 VR 灯光，调整灯光的位置，设置灯光的"倍增器"为 6，设置灯光的红、绿、蓝为 255、219、172，在"选项"组中勾选"不可见"选项，如图 15-45 所示。

图 15-44

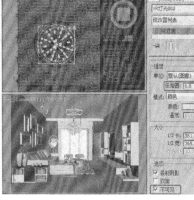

图 15-45

（5）继续创建 VR 灯光，在"参数"卷展栏中选择"类型"为"球体"，在场景中创建 VR 球体灯光，设置"倍增器"为 3，设置灯光"颜色"的红、绿、蓝为 255、234、172，如图 15-46 所示。

（6）渲染场景得到如图 15-47 所示的效果。

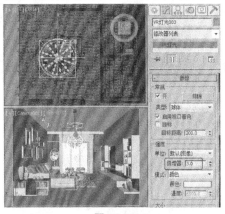

图 15-46

图 15-47

（7）单击"■（创建）>■（灯光）>光度学>目标灯光"按钮，在"前"视图中射灯的位置创建目标灯光，如图 15-48 所示。

（8）在场景中调整目标灯光的位置，切换到 ■（修改）命令面板，在"常规参数"卷展栏中勾选"阴影"组中的"启用"选项，选择阴影类型为"VRay 阴影"，选择"灯光分布（类型）"为"光度学 Web"。

在"分布（光度学 Web）"卷展栏中单击"选择光度学文件"灰色按钮，在弹出的对话框中选择光度学文件贴图>5.ies 文件，单击"打开"按钮，这里"选择光度学文件"按钮就会变为光度学文件名称 5 按钮。

在"强度/颜色/衰减"卷展栏中设置"过滤颜色"的红、绿、蓝为 255、226、180，设置"强度"为 7000，如图 15-49 所示。

（9）在场景中复制光度学文件，如图 15-50 所示。

（10）渲染场景得到如图 15-51 所示的效果。

图 15-48

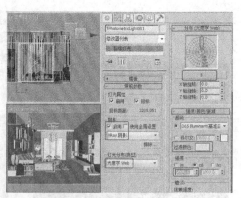
图 15-49

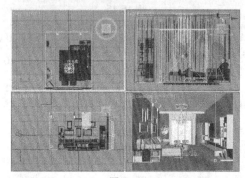
图 15-50

图 15-51

（11）在场景中创建 VR 灯光，设置灯光类型为"球体"，设置"倍增器"为 120，设置灯光的"颜色"红、绿、蓝为 255、192、124，如图 15-52 所示。

（12）在场景中创建 VR 灯光，类型设置为"平面"，设置合适的长款，并设置灯光的"颜色"红、绿、蓝为 255、230、190，如图 15-53 所示。

图 15-52

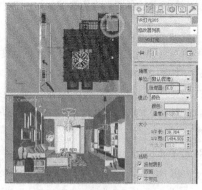
图 15-53

15.1.6　设置最终渲染

（1）打开"渲染设置"面板，选择"V-Ray"选项卡，展开"V-Ray：：颜色贴图"卷展栏，设置"类型"为"HSV 指数"，设置"暗色倍增"为 1.2、"两色倍增"为 1.5，如图 15-54 所示。

（2）渲染场景得到如图 15-55 所示的效果。

图 15-54

图 15-55

（3）接下来设置场景的最终渲染设置。在"渲染设置"面板中展开"V-Ray：；图像采样器"卷展栏中设置"图像采样器"的"类型"为"自适应细分"，勾选"抗锯齿过滤器"中的"开"选项，并选择类型为"Catmull-Rom"，如图 15-56 所示。

（4）选择"间接照明"选项卡，在"V-Ray：：发光图"卷展栏中选择"当前预置"为"中"，设置"半球细分"为 80、"插值采样"为 30，如图 15-57 所示。

图 15-56

图 15-57

（5）在"V-Ray：：灯光缓存"卷展栏中设置"细分"为 1000，如图 15-58 所示。

（6）设置一个合适的最终渲染尺寸，如图 15-59 所示。

图 15-58

图 15-59

（7）在场景中为模型分别指定不同的颜色，如图 15-60 所示。

（8）在"渲染设置"面板中选择"Render Elements"选项卡，单击"添加"按钮，添加"VrayWireColor"，如图 15-61 所示。

图 15-60   图 15-61

（9）渲染的线框颜色为如图 15-62 所示的效果，将渲染的客厅效果好渲染的线框颜色效果进行存储，存储为 tif 文件，这里客厅的 3ds Max 部分就制作完成。

图 15-62

15.2　实例 17——卧室

🗒 **案例分析**

卧室是人们休息的主要处所，卧室布置的好坏直接影响到人们的生活、工作和学习。

🗒 **案例设计**

本例介绍一个新婚的婚房设计，主要色调也是红色为主，本例介绍制作卧室的室内框架并为设计的框架导入家具，对卧室效果进行渲染即可完成婚房卧室，如图 15-63 所示。

图 15-63

📝 **效果所在位置**

设置完成的渲染场景可以参考光盘文件>场景>第 15 章>卧室.max。

15.2.1　制作卧室框架

（1）单击"（创建）💠>（几何体）⭕>长方体"按钮，在"顶"视图中创建长方体，在"参数"卷展栏中设置"长度"为 3580、"宽度"为 4800、"高度"为 2800，如图 15-64 所示。

（2）切换到 🔧（修改）命令面板，为模型施加"编辑多边形"修改器，将选择集定义为"边"，在"左"视图中选择左右两侧的边，在"编辑边"卷展栏中单击"连接"后的 ▣（设置）按钮，在弹出的窗口助手小盒中设置连接分段为 2、连接边的收缩为 56、连接边滑块为-6，如图 15-65 所示。

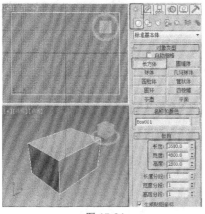
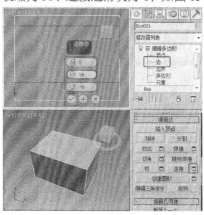

图 15-64　　　　　　　　　　　　图 15-65

（3）选择拆分出的两条分段，单击"连接"后的 ▣（设置）按钮，在弹出的窗口助手小盒中设置连接分段为 2、连接边的收缩为 57、连接边滑块为 0，如图 15-66 所示。

（4）将选择集定义为"多边形"，在场景中选择如图 15-67 所示的多边形，在"编辑多边形"卷展栏中单击"挤出"后的 ▣（设置）按钮，在弹出的窗口助手小盒中设置挤出高度为 180。

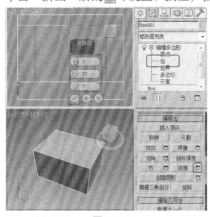
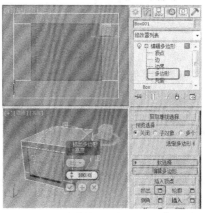

图 15-66　　　　　　　　　　　　图 15-67

（5）将处于选择状态的多边形删除，如图 15-68 所示。

（6）在场景中选择顶部的多边形，在"编辑多边形"卷展栏中单击"插入"后的 ▣ （设置）按钮，在弹出的窗口助手小盒中设置插入数量为 480，如图 15-69 所示。

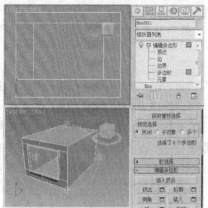

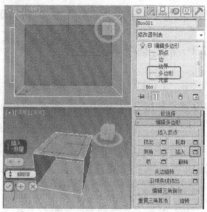

图 15-68   图 15-69

（7）单击"挤出"后的 ▣ （设置）按钮，在弹出的窗口助手小盒中设置挤出高度为 120，如图 15-70 所示。

（8）单击" ▦ （创建）> ⬡ （图形）>矩形"按钮，在"前"视图中创建矩形，在"参数"卷展栏中设置"长度"为 1792，设置"宽度"为 4800，如图 15-71 所示。

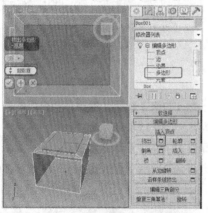
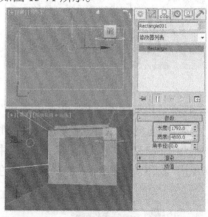

图 15-70   图 15-71

（9）单击" ▦ （创建）> ⬡ （图形）>圆"按钮，在"前"视图中创建大小不一的圆，如图 15-72 所示。

（10）在场景中选择矩形，切换到 ▨ （修改）命令面板，为矩形施加"编辑样条线"修改器，在"几何体"卷展栏中单击"附加多个"按钮，在弹出的对话框中附加创建的所有圆，如图 15-73 所示。

（11）将选择集定义为"样条线"，在"几何体"卷展栏中单击"修剪"按钮，在场景中修剪图形，如图 15-74 所示。

（12）将选择集定义为"顶点"，按 Ctrl+A 键，全选顶点，在"几何体"卷展栏中单击"焊接"按钮，焊接顶点，如图 15-75 所示。

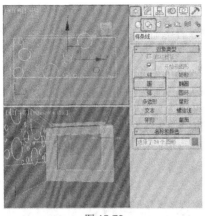
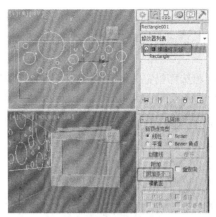

图 15-72　　　　　　　　　　　　　图 15-73

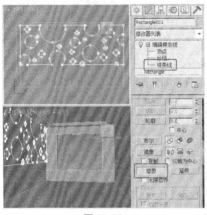
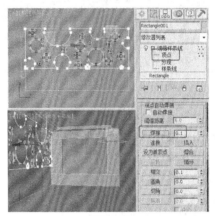

图 15-74　　　　　　　　　　　　　图 15-75

（13）关闭选择集，为图形施加"挤出"修改器，在"参数"卷展栏中设置"数量"为-30，如图 15-76 所示。

（14）单击"（创建）　>（几何体）　>长方体"按钮，在"前"视图中创建长方体，在"参数"卷展栏中设置"长度"为 1002.742、"宽度"为 4800、"高度"为-30，如图 15-77 所示。

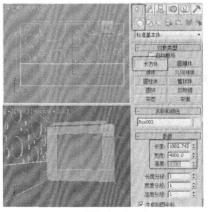

图 15-76　　　　　　　　　　　　　图 15-77

（15）在场景中选择作为框架的长方体，将选择集定义为"边"，在"几何体"卷展栏中打开"切片平面"按钮，勾选"分割"选项，在场景中调整切片平面，并打击"切片"按钮，如图 15-78 所示。

（16）将选择集定义为"多边形"，在场景中选择多边形，如图 15-79 所示。

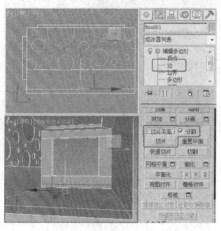 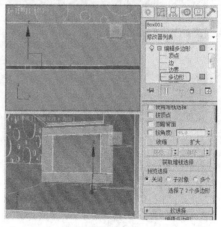

图 15-78   图 15-79

（17）在"编辑多边形"卷展栏中单击"挤出"后的 ▣（设置）按钮，在弹出的窗口助手小盒中设置挤出高度为-25，选择挤出类型为本地法线，如图 15-80 所示。

（18）在场景中选择如图 15-81 所示的多边形，在"多边形：材质 ID"卷展栏中的"设置 ID"为 1。

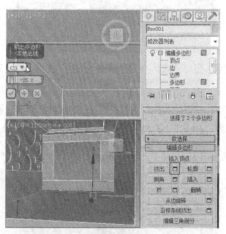 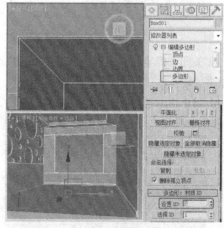

图 15-80   图 15-81

（19）在场景中选择如图 15-82 所示的多边形，在"多边形：材质 ID"卷展栏中的"设置 ID"为 2。

（20）在场景中选择如图 15-83 所示的多边形，在"多边形：材质 ID"卷展栏中的"设置 ID"为 3。

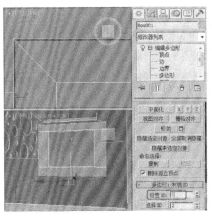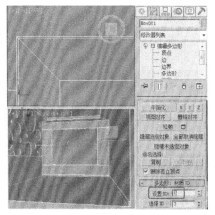

图 15-82　　　　　　　　　　　　　　图 15-83

15.2.2　设置卧室框架材质

（1）在场景中选择如图 15-84 所示的多边形，在"多边形：材质 ID"卷展栏中的"设置 ID"为 4。

（2）在工具栏中单击 （材质编辑器）按钮，打开材质编辑器，单击 Standard 按钮，在弹出的"材质/贴图浏览器"中选择"多维/子对象"材质，在"多维/子对象基本参数"卷展栏中单击"设置数量"为 4，将四个材质指定为 VRayMtl 材质，如图 15-85 所示。

（3）单击进入（1）号材质设置面板，在"基本参数"卷展栏中设置"反射"的红绿蓝为 8、8、8，设置"反射光泽度"为 0.85，如图 15-86 所示。

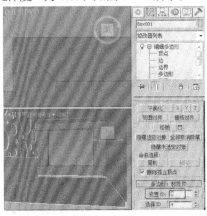

图 15-84　　　　　　　　　　　　　　图 15-85

（4）在"贴图"卷展栏中单击"漫反射"后的 None 按钮，在弹出的"材质/贴图浏览器"中选择"位图"贴图，贴图位于随书附带光盘>贴图>as2_wood_19.jpg 文件。

为"凹凸"指定位图定位图 as2_wood_19_bump.jpg，如图 15-87 所示。

（5）单击 （转到父对象）按钮，回到主材质面板，鼠标右击（1）号材质后的灰色按钮，在弹出的快捷菜单中选择"复制"，鼠标右击（2）号材质后的灰色按钮，在弹出的快捷菜单中选择"粘贴（复制）"命令，如图 15-88 所示。

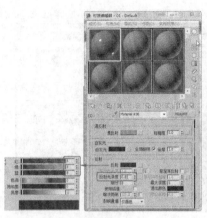

图 15-86   图 15-87   图 15-88

（6）进入（2）号材质设置面板，并进入漫反射贴图层级，在"位图参数"卷展栏中勾选"应用"选项，单击"查看图像"按钮，裁剪图像，如图 15-89 所示。

（7）使用同样的方法裁剪凹凸贴图，如图 15-90 所示。

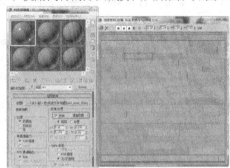
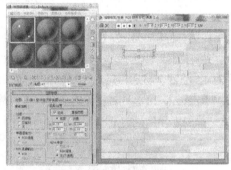

图 15-89   图 15-90

（8）进入（3）好材质设置面板，在"基本参数"卷展栏中设置"漫反射"的红绿蓝为 152、0、0，设置"反射"的红绿蓝为 15、15、15，如图 15-91 所示。

（9）进入（4）号材质设置面板，在"基本参数"卷展栏中设置"漫反射"的红绿蓝为 250、250、250，设置"反射"的红绿蓝为 2、2、2，如图 15-92 所示。在场景中选择室内框架，单击 📦（将材质指定给选定对象）按钮，指定材质。

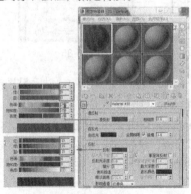
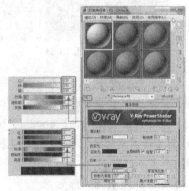

图 15-91   图 15-92

（10）在场景中选择室内框架模型，为其施加"UVW 贴图"修改器，在"参数"卷展栏中勾选"长方体"，设置"长度"、"宽度"和"高度"均为 2000，如图 15-93 所示。

（11）在场景中选择侧面的装饰墙，在材质编辑器中选择一个新的材质样本球，将材质转换为 VRayMtl 材质，在"基本参数"卷展栏中设置"漫反射"的红绿蓝为 250、250、250，设置"反射"的红绿蓝为 30、30、30，设置"反射光泽度"为 0.9，如图 15-94 所示，将材质指定给场景中的装饰墙体。

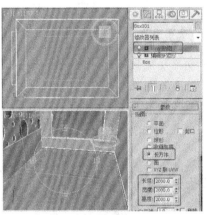

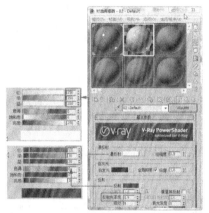

图 15-93　　　　　　　　　　　图 15-94

（12）参考白色铝塑材质的设置，设置一个黑色的铝塑材质，如图 15-95 所示，将材质指定给场景中装饰墙下端的长方体。

（13）指定材质后的场景，如图 15-96 所示。

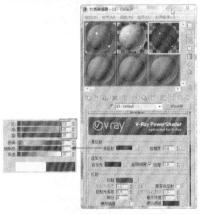

图 15-95　　　　　　　　　　　图 15-96

15.2.3　导入家具

（1）下面将为场景导入随书附带光盘中的场景>第 15 章>卧室家具.max 文件，在弹出的对话框中的选择需要导入的家具名称，单击"确定"按钮，如图 15-97 所示。

（2）在弹出如图 15-98 所示的对话框时，勾选"应用于所有重复情况"选项，单击"自动重命名合并材质"按钮。

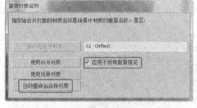

图 15-97   图 15-98

（3）在场景中调整合并的家具的位置和角度以及大小，如图 15-99 所示。

（4）在场景中创建摄影机，设置"镜头"为 28，调整合适的角度，将"透视"图转换为摄影机视图，如图 15-100 所示。

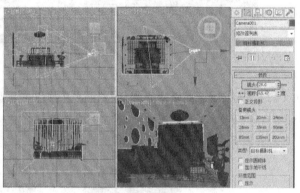

图 15-99   图 15-100

（5）在场景中窗户的位置创建长方体，作为背景的发光背景，如图 15-101 所示。

（6）打开材质编辑，选择一个新的材质样本球，将材质转换为"VR 灯光材质"材质，在"参数"卷展栏中设置"颜色"的倍增为 2，单击"无"按钮，在弹出的"材质/贴图浏览器"中选择"位图"贴图，贴图位于随书附带光盘>贴图>naturewe8.JPG 文件，如图 15-102 所示。

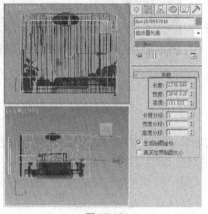

图 15-101   图 15-102

15.2.4　创建灯光

（1）参考制作的客厅效果图中的测试渲染设置，设置该场景的测试渲染，渲染场景得到如图 15-103 所示的效果。

（2）接下来为场景创建灯光，单击"■■（创建）>■■（灯光）>VRay>VR 灯光"按钮，在"左"视图中创建 VR 平面灯光，设置灯光的"倍增器"为 5，设置灯光的"颜色"红绿蓝为 227、242、255，如图 15-104 所示。

图 15-103

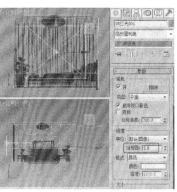

图 15-104

（3）渲染场景得到如图 15-105 所示的效果。

（4）单击"■■（创建）>■■（灯光）>VRay>VR 太阳"按钮，在"顶"视图中创建 VR 太阳，在其他视口中调整灯光的照射角度，在"VRay 太阳参数"卷展栏中设置"强度倍增"围殴 0.05、"大小倍增"为 5，如图 15-106 所示。

图 15-105

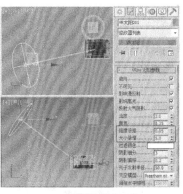

图 15-106

（5）在"VRay 太阳参数"卷展栏中单击"排除"按钮，在弹出的对话框中排除作为背景板的长方体，如图 15-107 所示。

（6）渲染场景得到如图 15-108 所示的效果。

（7）在场景中对窗户位置的 VR 平面灯光进行复制，并调整其长宽，设置灯光的"倍增器"为 1.5，设置灯光的"颜色"红绿蓝为 255、248、227，需要注意的是两盏 VR 灯光均勾选了"不可见"选项，如图 15-109 所示。

（8）渲染场景得到如图 15-110 所示的效果。

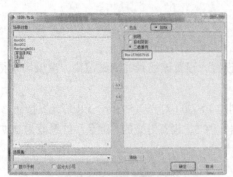

图 15-107

图 15-108

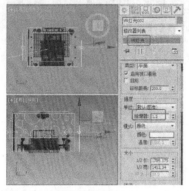

图 15-109

图 15-110

15.2.5　设置最终渲染

（1）接下来设置场景在最终渲染，在"渲染设置"面板中展开"V-Ray：：图像采样器"卷展栏中设置"图像采样器"的"类型"为"自适应细分"，勾选"抗锯齿过滤器"中的"开"选项，并选择类型为"Catmull-Rom"，如图 15-111 所示。

（2）选择"间接照明"选项卡，在"V-Ray：：发光图"卷展栏中选择"当前预置"为"中"，设置"半球细分"为 80、"插值采样"为 30，如图 15-112 所示。

图 15-111

图 15-112

（3）在"V-Ray：：灯光缓存"卷展栏中设置"细分"为 1000，勾选"存储直接光"和"显示计算相位"选项，如图 15-113 所示。

（4）设置最终渲染尺寸，如图 15-114 所示对场景进行渲染输出。

图 15-113 图 15-114

课堂练习——制作花房

📖 练习知识要点

本例通过导入图纸根据图纸来绘制花房，其中将使用到各种图形，并结合使用编辑多边形、扫描、挤出、壳等修改器来完成花房模型的制作，并为场景创建 VR 太阳和 VR 平面灯光完成照明效果，设置合适的渲染参数，对场景进行渲染即可，效果如图 15-115 所示。

📖 效果所在位置

完成的花房场景文件可以参考光盘文件/场景/第 15 章/花房 max。

图 15-115

课后习题——制作健身房

📖 习题知识要点

本例介绍创建图形，并结合使用放样、挤出、编辑多边形修改器来制作出健身房的框架模型，并为场景创建灯光，设置渲染，完成的效果如图 15-116 所示。

📖 效果所在位置

完成的健身房场景文件可以参考光盘文件/场景/第 15 章/健身房.max。

图 15-116

第 16 章　室外效果图的制作

本章介绍室外效果图的综合制作，其中将主要介绍别墅和亭子的制作。

课堂学习目标	/ 别墅的制作
	/ 六角亭子的制作
	/ 居民楼的制作
	/ 单体商务楼的制作

16.1　实例 18——别墅的制作

案例学习目标

使用编辑多边形、挤出、编辑样条线制作别墅。

案例知识要点

本例主要介绍创建图形，并为图形施加挤出修改器，设置合适的厚度，并使用编辑多边形修改器来制作的基本轮廓，结合使用其他的可渲染样条线和几何体来完成别墅的制作，如图 16-1 所示。

效果所在位置

完成的场景文件可以参考光盘文件/场景/第 16 章/别墅 ok.max。

16.1.1　别墅框架

下面介绍别墅的框架的制作。

（1）单击 "　 （创建）> 　 （图形）>矩形" 按钮，在 "前" 视图中创建矩形，在"参数"卷展栏中设置合适的参数，如图 16-2 所示。

图 16-1

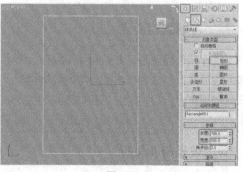

图 16-2

（2）为其施加"编辑样条线"修改器，将选择集定义为"顶点"，在场景中调整顶点的位置，如图 16-3 所示。

（3）为其施加"挤出"修改器，在"参数"卷展栏中设置合适的"数量"，在场景中调整其合适的位置，如图 16-4 所示。

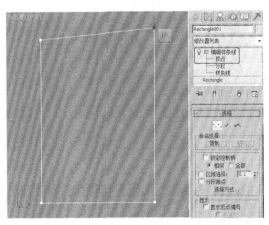 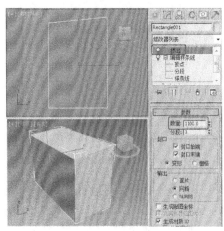

图 16-3　　　　　　　　　　　　　　　图 16-4

（4）将选择集定义为"边"，在场景中选择如图 16-5 所示的边。

（5）在"编辑边"卷展栏中单击"连接"后的▣（设置）按钮，在弹出的小盒中设置合适的参数，如图 16-6 所示。

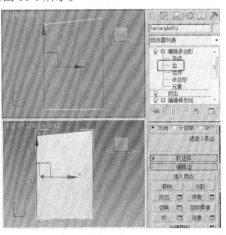 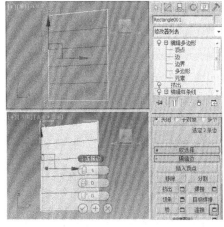

图 16-5　　　　　　　　　　　　　　　图 16-6

（6）将选择集定义为"顶点"，在场景中调整顶点的位置，如图 16-7 所示。

（7）将选择集定义为"边"，继续在场景中选择边，在"编辑边"卷展栏中单击"连接"后的▣（设置）按钮，在弹出的小盒中设置合适的参数，如图 16-8 所示。

（8）将选择集定义为"多边形"，在场景中选择多边形，在"编辑多边形"卷展栏中单击"挤出"后的▣（设置）按钮，在弹出的小盒中设置合适的参数，如图 16-9 所示。

（9）挤出模型后将多边形删除，如图 16-10 所示。

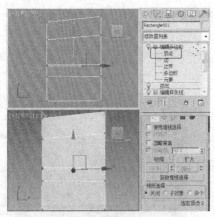

图 16-7

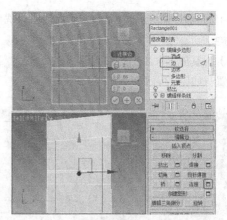

图 16-8

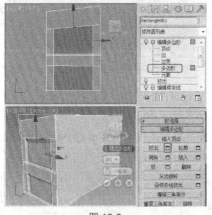

图 16-9

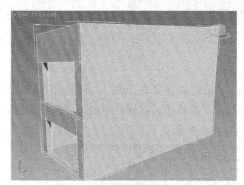

图 16-10

（10）继续在场景中选择多边形，在"编辑多边形"卷展栏中单击"挤出"后的 ▢（设置）按钮，在弹出的小盒中设置合适的参数，如图 16-11 所示。

（11）将选择集定义为"边"，在场景中选择如图 16-12 所示的边。

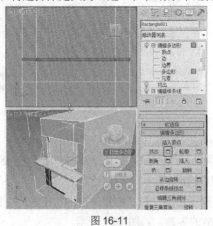

图 16-11

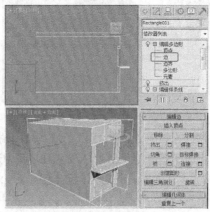

图 16-12

（12）在"编辑边"卷展栏中单击"连接"后的 ▢（设置）按钮，在弹出的小盒中设置合适的参数，如图 16-13 所示。

（13）将选择集定义为"顶点"，在场景中调整顶点的位置，如图 16-14 所示。

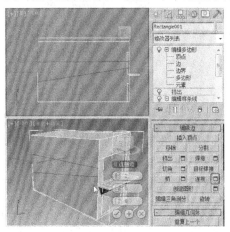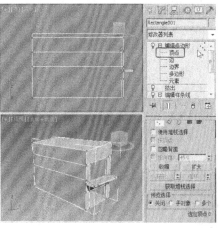

图 16-13   图 16-14

（14）将选择集定义为"边"，继续在场景中选择边，在"编辑边"卷展栏中单击"连接"后的■（设置）按钮，在弹出的小盒中设置合适的参数，如图 16-15 所示。

（15）将选择集定义为"多边形"，在场景中选择多边形，在"编辑多边形"卷展栏中单击"挤出"后的■（设置）按钮，在弹出的小盒中设置合适的参数，如图 16-16 所示。

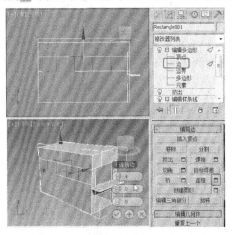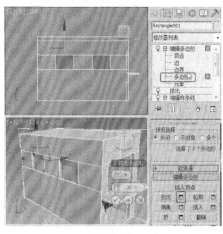

图 16-15   图 16-16

（16）将选择集定义为"边"，继续在场景中选择边，在"编辑边"卷展栏中单击"连接"后的■（设置）按钮，在弹出的小盒中设置合适的参数，如图 16-17 所示。

（17）将选择集定义为"顶点"，在场景中调整顶点的位置，如图 16-18 所示。

（18）将选择集定义为"边"，继续在场景中选择边，在"编辑边"卷展栏中单击"连接"后的■（设置）按钮，在弹出的小盒中设置合适的参数，如图 16-19 所示。

（19）将选择集定义为"多边形"，在场景中选择多边形，在"编辑多边形"卷展栏中单击"挤出"后的■（设置）按钮，在弹出的小盒中设置合适的参数，如图 16-20 所示。

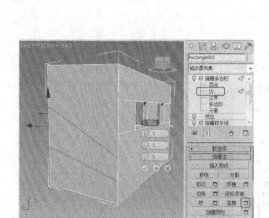

图 16-17

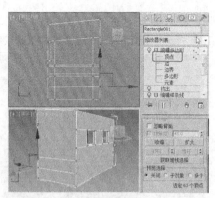

图 16-18

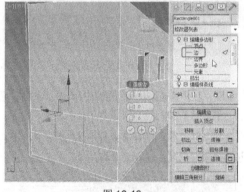

图 16-19

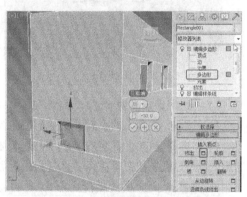

图 16-20

（20）在"前"视图中创建可渲染的样条线，在"参数"卷展栏中设置合适的参数，调整其合适的位置，如图 16-21 所示。

（21）继续在"前"视图中创建可渲染的样条线，在"参数"卷展栏中设置合适的参数，对其复制并调整其合适的位置，如图 16-22 所示。

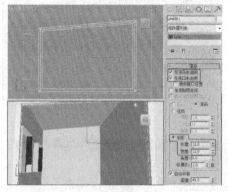

图 16-21

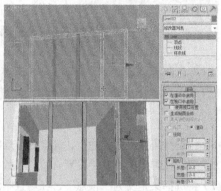

图 16-22

（22）继续在"前"视图中创建可渲染的样条线，在"参数"卷展栏中设置合适的参数，并调整其合适的位置，如图 16-23 所示。

（23）在"前""视图中创建平面，在"参数"卷展栏中设置合适的参数，并调整其合适的位置，如图 16-24 所示。

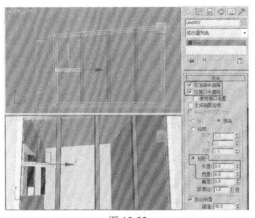

图 16-23

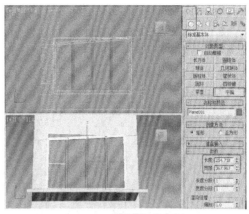

图 16-24

（24）继续创建平面模型，并调整其合适的位置，如图 16-25 所示。

（25）使用同样的方法继续创建可渲染的样条线和平面模型，调整其合适的位置，如图 16-26 所示。

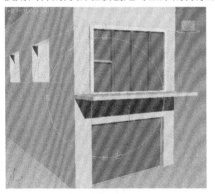

图 16-25

图 16-26

（26）在"顶"视图中创建长方体，在"参数"卷展栏中设置合适的参数，并调整其合适的角度和位置，如图 16-27 所示。

（27）继续在场景中创建长方体模型，"参数"卷展栏中设置合适的参数，并对其复制调整其合适的位置，如图 16-28 所示。

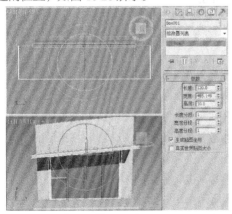

图 16-27

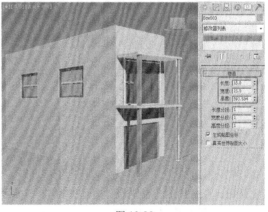

图 16-28

（28）在"前"视图中创建矩形，为其施加"编辑样条线"修改器，将选择集定义为"顶点"，在场景中调整顶点的位置，如图 16-29 所示。

（29）使用和前面模型同样的方法设置模型的挤出，并设置边的连接，将选择集定义为"顶点"，在场景中调整顶点的位置，如图 16-30 所示。

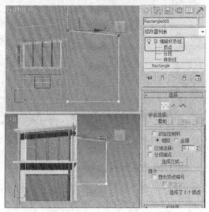 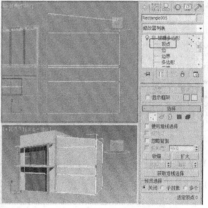

图 16-29　　　　　　　　　　　　　　　　图 16-30

（30）将选择集定义为"边"，在场景中选择边，在"编辑边"卷展栏中单击"连接"后的 ▣（设置）按钮，在弹出的小盒中设置合适的参数，如图 16-31 所示。

（31）继续在场景中选择边，在"编辑边"卷展栏中单击"连接"后的 ▣（设置）按钮，在弹出的小盒中设置合适的参数，如图 16-32 所示。

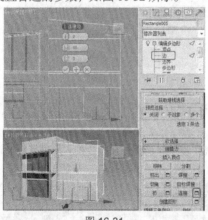 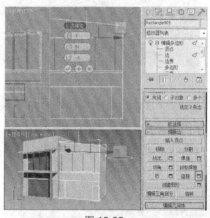

图 16-31　　　　　　　　　　　　　　　　图 16-32

（32）继续在场景中选择边，在"编辑边"卷展栏中单击"连接"后的 ▣（设置）按钮，在弹出的小盒中设置合适的参数，如图 16-33 所示。

（33）将选择集定义为"多边形"，在场景中选择多边形，在"编辑多边形"卷展栏中单击"挤出"后的 ▣（设置）按钮，在弹出的小盒中设置合适的参数，如图 16-34 所示，将挤出后的多边形删除。

（34）将选择集定义为"边"，在场景中选择边，在"编辑边"卷展栏中单击"连接"后的 ▣（设置）按钮，在弹出的小盒中设置合适的参数，如图 16-35 所示。

（35）将选择集定义为"多边形"，在场景中选择多边形，在"编辑多边形"卷展栏中单击"挤出"后的■（设置）按钮，在弹出的小盒中设置合适的参数，如图 16-36 所示，将挤出后的多边形删除。

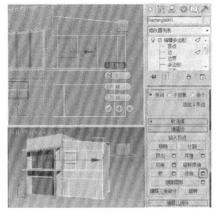
图 16-33

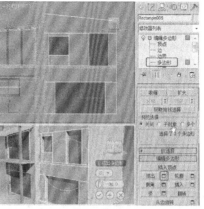
图 16-34

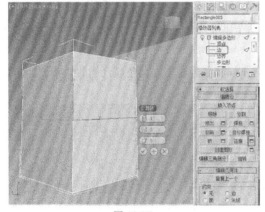
图 16-35

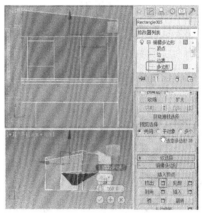
图 16-36

（36）将选择集定义为"边"，并设置边的连接，如图 16-37 所示。

（37）继续在场景中选择边，并设置边的连接，如图 16-38 所示。

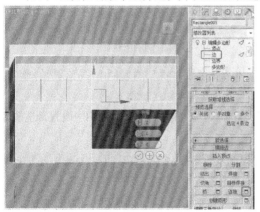
图 16-37

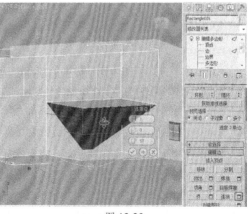
图 16-38

（38）继续在场景中选择边，并设置边的连接，如图 16-39 所示。

（39）将选择集定义为"多边形"，在场景中选择多边形，设置多边形的挤出，如图 16-40 所示，将挤出后的多边形删除。

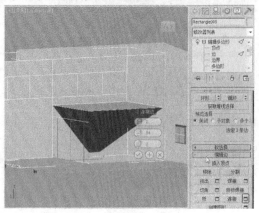
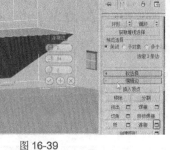

图 16-39   图 16-40

（40）使用和前面模型同样的方法继续创建可渲染的样条线和平面模型，调整其合适的位置，如图 16-41 所示。

（41）使用同样的方法继续创建可渲染的样条线和平面模型，调整其合适的位置，如图 16-42 所示。

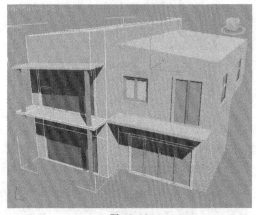
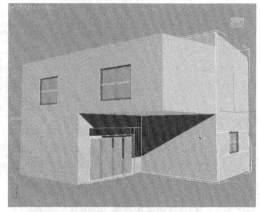

图 16-41   图 16-42

（42）在"顶"视图中两个模型的顶部创建长方体模型，在"参数"卷展栏中设置合适的参数，对其复制并调整其合适的位置，如图 16-43 所示。

（43）继续在"顶"视图中两个模型的顶部创建长方体模型，在"参数"卷展栏中设置合适的参数，并调整其合适的位置，如图 16-44 所示。

（44）在"顶"视图中创建平面，在"参数"卷展栏中设置合适的参数，调整其合适的位置，如图 16-45 所示。

（45）在"顶"视图中两个模型阳台窗户的位置分别创建样条线，并为其施加"挤出"修改器，设置合适的参数，如图 16-46 所示。

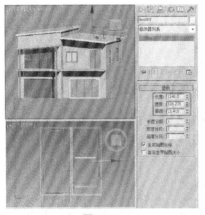

图 16-43

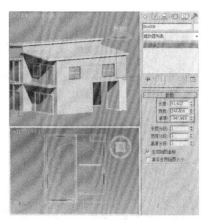

图 16-44

图 16-45

图 16-46

16.1.2　设置别墅材质

创建场景模型后下面将介绍如何设置场景模型的材质。

（1）在"透"视图中调整模型合适的角度，按 Ctrl+C 组合键创建摄影机，摄影机视图如图 16-47 所示。

（2）在场景中选择作为墙体的模型，打开"材质编辑器"窗口，选择新的材质样本球单击"Standard" 按钮，在弹出的对话框中为其指定 VRayMtl 材质，在"贴图"卷展栏中为"漫反射和凹凸"指定相 同的"位图"贴图，选择随书附带光盘中的"贴图>15Diff.jpg"文件，为"反射"指定"衰减"贴图， 如图 16-48 所示，将材质指定给选定对象。

（3）为场景中选择的模型施加"UVW 贴图"修改器，在"参数"卷展栏中选择"贴图"组中的 "长方体"选项，设置合适的"长度、宽度和高度"参数，如图 16-49 所示。

（4）在场景中选择作为顶支架的长方体，选择作为窗框的模型以及作为门的平面，打开"材质 编辑器"窗口，选择新的材质样本球单击"Standard"按钮，在弹出的对话框中为其指定 VRayMtl 材质，在"贴图"卷展栏中为"漫反射"指定 "位图"贴图，选择随书附带光盘中的"贴图>wood sofa.jpg"文件，如图 16-50 所示，将材质指定给选定对象。

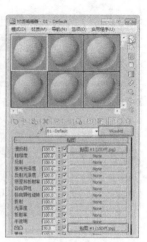

图 16-47　　　　　　　　　　　　　图 16-48

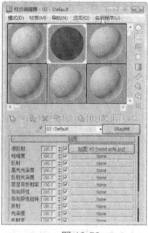

图 16-49　　　　　　　　　　　　　图 16-50

（5）在场景中选择作为窗户玻璃的模型，打开"材质编辑器"窗口，选择新的材质样本球单击"Standard"按钮，在弹出的对话框中为其指定 VRayMtl 材质，在"基本参数"卷展栏中设置"漫反射"组中"漫反射"的红、绿、蓝值均为 0，在"反射"组中设置"反射"的红、绿、蓝值均为 91，在"折射"组中设置"折射"的红、绿、蓝值均为 106，如图 16-51 所示，将材质指定给选定对象。

（6）在场景中选择作为顶的模型，打开"材质编辑器"窗口，选择新的材质样本球单击"Standard"按钮，在弹出的对话框中为其指定 VRayMtl 材质，在"贴图"卷展栏中为"漫反射"指定 "位图"贴图，选择随书附带光盘中的"贴图>ff.jpg"文件，如图 16-52 所示，将材质指定给选定对象。

（7）为场景中选择的模型施加"UVW 贴图"修改器，在"参数"卷展栏中选择"贴图"组中的"平面"选项，设置合适的"长度和宽度"参数，如图 16-53 所示。

（8）在场景中选择两个用样条线挤出的栅栏模型，打开"材质编辑器"窗口，选择新的材质样本球，在"贴图"卷展栏中为"漫反射颜色"指定 "位图"贴图，选择随书附带光盘中的"贴图>board.jpg"文件，为"不透明度"指定 "位图"贴图，选择随书附带光盘中的 "贴图>board_alpha.jpg"文件，如图 16-54 所示，将材质指定给选定对象。

262

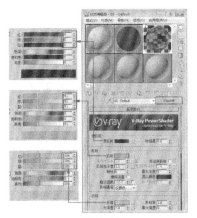
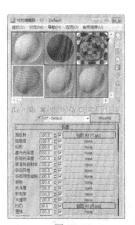

图 16-51　　　　　　　　　　　图 16-52

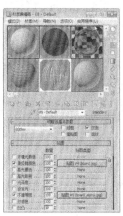

图 16-53　　　　　　　　　　　图 16-54

（9）为场景中选择的模型施加"UVW 贴图"修改器，在"参数"卷展栏中选择"贴图"组中的"长方体"选项，设置合适的"长度、宽度和高度"参数，如图 16-55 所示。

（10）在场景中选择平面模型，打开"材质编辑器"窗口，选择新的材质样本球，在"Blinn 基本参数"卷展栏中设置"环境光和漫反射"的红、绿、蓝值均为 42，如图 16-56 所示，将材质指定给选定对象。

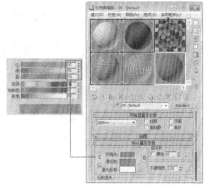

图 16-55　　　　　　　　　　　图 16-56

16.1.3　设置环境、灯光和渲染

（1）继续在场景中复制并调整模型，如图 16-57 所示。

（2）在"渲染设置"窗口的 V-Ray 选项卡中，在"V-Ray：：环境[无名]"卷展栏中，在"反射/折射环境覆盖"组中勾选"开"复选框，单击 None 按钮，为其指定 "位图"贴图，选择随书附带光盘中的"贴图>ZZ009 副本.jpg"文件，如图 16-58 所示。

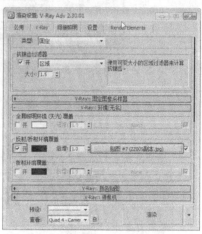

图 16-57　　　　　　　　　　　　　　　　图 16-58

（3）在场景中创建并调整 VR 太阳，在"VRay 太阳参数"卷展栏中设置"强度倍增"为 0.02、"大小倍增"为 1，如图 16-59 所示。

（4）按 8 键打开"环境和效果"面板，在"环境"选项卡中在背景组中为其指定"VR 天空"，如图 16-60 所示。

（5）打开渲染设置面板，选择"V-Ray"选项卡，在"V-Ray：：环境[无名]"卷展栏中勾选"反射/折射环境覆盖"中的"开"选项，为其指定"位图"贴图，贴图位于随书附带光盘中的贴图>ZZ009 副本.jpg"文件。

图 16-59　　　　　　　　　　　　　　　　图 16-60

（6）将指定的"位图"贴图拖曳到新的材质样本球上，使用"实例"的方式进行复制，在"位

图参数"卷展栏中勾选"应用"选项，单击"查看图像"按钮，在弹出的对话框中指定裁剪区域，如图 16-61 所示。

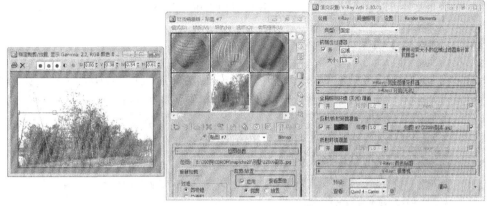

图 16-61

（7）渲染当前的场景效果如图 16-62 所示。

（8）切换到"Render Elements"选项卡，在"渲染元素"卷展栏中单击"添加"按钮，添加"VRay线框颜色"，单击"渲染"按钮，即可进行渲染，如图 16-63 所示。将渲染出的图像存储为.tga 文件格式。

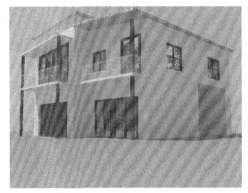

图 16-62

图 16-63

16.2　实例 19——六角亭子

📋 **案例学习目标**

使用各种常用的修改器、工具、材质、灯光以及导入素材等操作。

📋 **案例知识要点**

本例介绍利用各种常用的工具、命令和修改器制作出六角亭子模型，并介绍亭子地形、材质、灯光等的创建，结合使用 VR 渲染器渲染输出亭子模型，如图 14-64 所示。

📋 **效果所在位置**

完成的场景文件可以参考光盘文件/场景/第16章>圆形亭子.max。

16.2.1 制作亭子模型

（1）单击"⬚（创建）> ⬚（图形）>多边形"按钮，在"顶"视图中创建多边形，在"参数"卷展栏中设置"半径"为150、"边数"为6，作为板瓦模型，如图16-65所示。

图 16-64

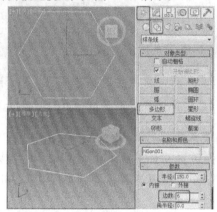

图 16-65

（2）切换到 ⬚（修改）命令面板，为图形施加"挤出"修改器，在"参数"卷展栏中设置"数量"为120、"分段"为12，取消"封口始端"和"封口末端"选项，如图16-66所示。

（3）为模型施加"锥化"修改器，在"参数"卷展栏中设置"数量"为-0.98、"曲线"为-1，在"锥化轴"组中选择"主轴"为Z、"效果"为XY，如图16-67所示。

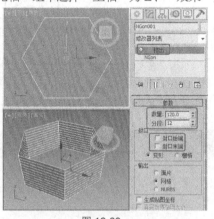

图 16-66

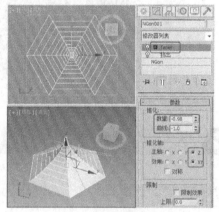

图 16-67

（4）为模型施加"编辑多边形"修改器，将选择集定义为"边"，在场景中选择如图16-68所示的边，在"编辑边"卷展栏中单击"创建图形"右侧的设置按钮，在弹出的对话框中使用默认的"线性"图形类型，单击"确定"按钮，将线作为角脊路径，如图16-68所示。

（5）在"前"视图中创建矩形作为角脊截面图形，并将图形转换为"可编辑样条线"，将选择集定义为"顶点"，使用"优化"按钮，优化顶点，并调整图形的形状，选择如图 16-69 所示的顶点，右击鼠标，在弹出的四元素菜单中选择"设为首顶点"选项。

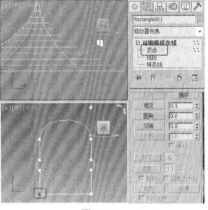

图 16-68	图 16-69

（6）在场景中选择角脊路径，为图形施加"扫描"修改器，在"截面类型"卷展栏中选择"使用自定义截面"选项，单击"拾取"按钮，拾取角脊的界面图形，在"扫描参数"卷展栏中选择"对齐轴"，如图 16-70 所示。

（7）选择角脊模型，切换到切换到 [层次] 命令面板，在"调整轴"卷展栏中单击"仅影响轴"按钮，在场景中调整轴的位置到顶模型的中心处，在场景中旋转复制角脊模型，如图 16-71 所示。

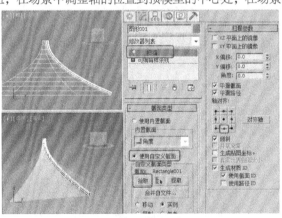
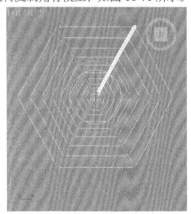

图 16-70	图 16-71

（8）在场景中创建并调整顶部装饰截面图形，如图 16-72 所示。

（9）为图形施加"车削"修改器，在"参数"卷展栏中设置"度数"为 360，勾选"焊接内核"选项，设置"分段"为 16，在"方向"组中选择 Y 按钮，选择合适的"对齐"方式，如图 16-73 所示。

（10）在场景中选择角几模型，为其施加"编辑多边形"修改器，选择如图 16-74 所示的顶点，并为其施加"FFD2×2×2"，将选择集定义为"控制点"，在场景中调整控制点，调整顶点的形状，在场景中创建一个平面，并为其设置一个椽子图像材质，并在场景中显示图像。

（11）根据图形绘制椽子图形，为图形设置合适"挤出"参数，为其施加"编辑网格"修改器将选择集定义为"顶点"，在场景中调整模型，的如图 16-75 所示。

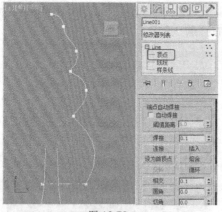

图 16-72

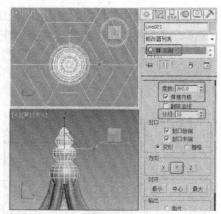

图 16-73

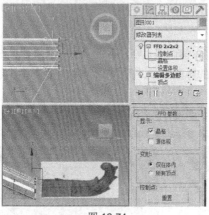

图 16-74

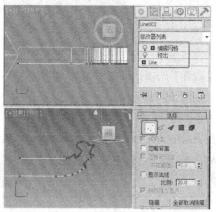

图 16-75

（12）在场景中旋转复制模型，如图 16-76 所示。

（13）在场景中只显示顶子模型，单击 " （创建）> （图形）>截面" 按钮，在 "左" 视图中创建截面，在 "截面参数" 卷展栏中单击 "创建图形" 按钮，如图 16-77 所示。

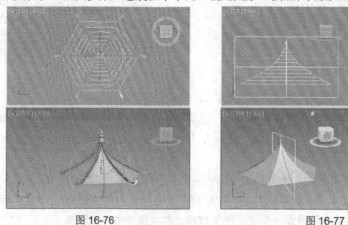

图 16-76

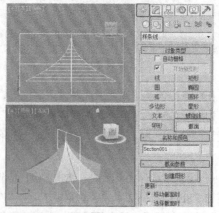

图 16-77

（14）旋转创建出的截面图形，将选择集定义为 "线段"，在场景删除多余的线段，如图 16-78

所示。

（15）删除多余的线段后，关闭选择集，在"渲染"卷展栏中勾选"在渲染中启用"和"在视口中启用"选项，设置"厚度"为 6，并在"前"视图中复制模型，如图 16-79 所示。

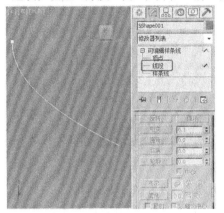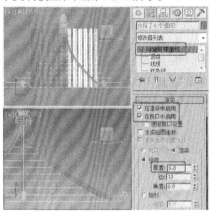

　　　　　　　图 16-78　　　　　　　　　　　　　　　　　　　图 16-79

（16）将复制出的其中一个筒瓦模型转换为"可编辑网格"，并将其他筒瓦模型"附加"在一起，为模型施加"切片平面"修改器，将选择集定义为"切片平面"，在场景中调整切片平面的位置和角度，在"切片参数"卷展栏中选择合适的"切片类型"，再次为模型施加"切片平面"修改器，将另一侧多余的部分切除，做出如图 16-80 所示的筒瓦效果。

（17）切换到切换到 🔲（层次）命令面板，在"调整轴"卷展栏中单击"仅影响轴"按钮，在场景中调整轴的位置到顶模型的中心处，关闭"仅影响轴"按钮，旋转复制筒瓦模型，如图 16-81 所示。

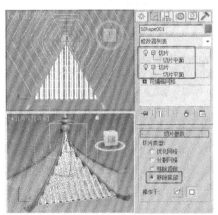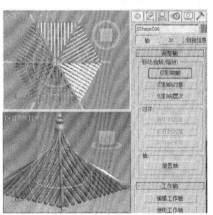

　　　　　　　图 16-80　　　　　　　　　　　　　　　　　　　图 16-81

（18）在"前"视图中创建滴水瓦的图形，并为其施加"挤出"修改器，在"参数"卷展栏中设置"数量"为 1，如图 16-82 所示。

（19）在场景中复制滴水瓦到每个筒瓦边缘之间；在场景中选择顶子模型，为其施加"壳"修改器，在"参数"卷展栏中设置"内部量"为 1.5、"外部量"外 0，接着为其施加"平滑"修改器，使用默认参数即可，如图 16-83 所示。

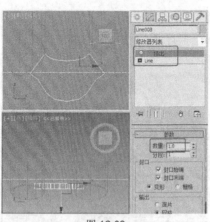

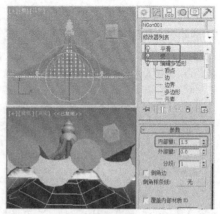

图 16-82   图 16-83

（20）仅在场景中显示顶模型，为其施加"编辑多边形"修改器，将选择集定义为"边"，在场景中选择底部一圈的边，在"编辑边"卷展栏中单击"创建图形"按钮，在弹出的对话框中使用名称为"图形 007"，单击"确定"按钮，如图 16-84 所示。

（21）将分离出的图形转换为"可编辑网格"，调整到底部视图观察模型，如果模型显示为黑色则为其施加"法线"修改器，在"参数"卷展栏中勾选"翻转法线"；反之则不使用"法线"修改器，如图 16-85 所示亭顶的封口。

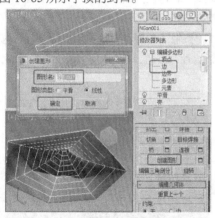

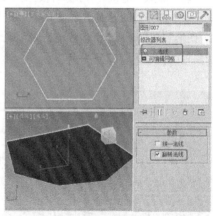

图 16-84   图 16-85

（22）在"前"视图中创建如图 16-86 所示的图形，为其施加"挤出"修改器，在"参数"卷展栏中设置"数量"为 4，制作出角梁模型。

（23）在场景中创建"多边形"图形，在"参数"卷展栏中设置"半径"为 115、"边数"为 6，在"渲染"卷展栏中勾选"在渲染中启用"和"在视口中启用"选项，设置"厚度"为 8，如图 16-87 所示。

（24）继续绘制如图 16-88 所示的图形为其施加合适的"挤出"参数，调整模型的轴心为顶的中心，对角梁模型进行复制。

（25）在"顶"视图中创建"切角长方体"，在"参数"卷展栏中设置"长度"为 20、"宽度"为 140、"高度"为 2.2、"圆角"为 0.5，设置"长度分段"为 1、"宽度分段"为 1、"高度分段"为 1、"圆角分段"为 3，如图 16-89 所示。

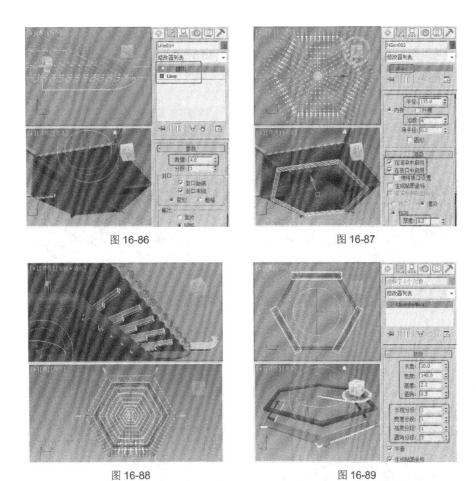

图 16-86

图 16-87

图 16-88

图 16-89

（26）在"前"视图中创建如图 16-90 所示的图形，调整图形的形状。为图形施加"挤出"修改器，设置挤出的"数量"为 5。

（27）在场景中创建长方体，在"参数"卷展栏中设置"长度、宽度、高度"均为 5，如图 16-91 所示，调整模型的位置，并对模型进行复制。

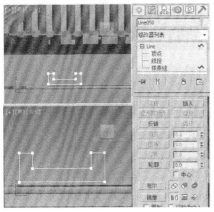

图 16-90

图 16-91

（28）继续在"左"视图中创建并调整图形，设置图形的"挤出>数量"为 4，在场景中调整模型的位置，并对长方体进行复制，如图 16-92 所示组合出斗拱模型。

（29）在场景中可以对模型斗拱成组，调整组的轴心位置位于顶的中心处，然后对斗拱模型进行复制，如图 16-93 所示。

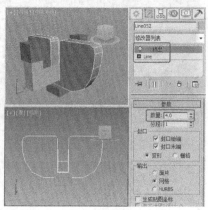

图 16-92   图 16-93

（30）在"前"视图中创建图形，并设置其"挤出"，设置合适的参数，制作出柱上角梁，对模型进行复制，如图 16-94 所示。

（31）在"顶"视图中创建圆柱体，在"参数"卷展栏中设置"半径"为 8、"高度"为 200，在场景中对柱子模型进行复制，如图 16-95 所示。

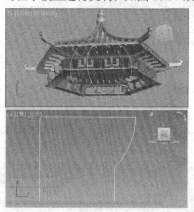
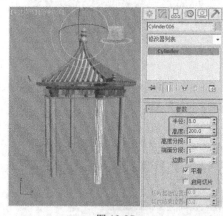

图 16-94   图 16-95

（32）在"前"视图中创建"长方体"模型，在"参数"卷展栏中设置"长度"为 20、"宽度"为 105、"高度"为 7，在场景中调整画梁模型的轴心位置，并对画梁模型进行复制，如图 16-96 所示。

（33）在场景中创建柱梁截面图形，为其施加"挤出"修改器，设置合适的参数，并为柱梁进行复制，如图 16-97 所示。

（34）创建可渲染的矩形，设置矩形的渲染类型为"矩形"，设置合适的参数，将图形转换为"可编辑多边形"，复制元素，调整顶点，如图 16-98 所示。

（35）在场景中柱子的下方创建"圆柱体"，在"参数"卷展栏中设置"半径"为 9、"高度"为 14、"高度分段"为 7，如图 16-99 所示。

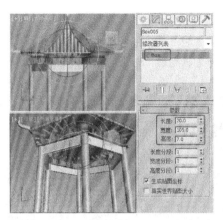

图 16-96

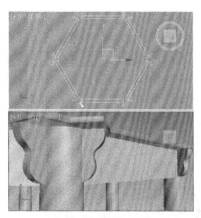

图 16-97

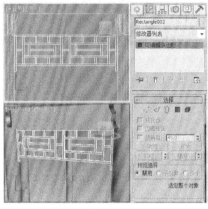

图 16-98

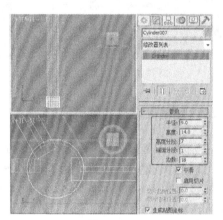

图 16-99

（36）在场景中为创建的分段圆柱体施加"FFD（圆柱体）"修改器，将选择集定义为"控制点"，在场景中缩放中间的控制点，如图 16-100 所示制作出柱子墩子模型。

（37）在场景中复制柱墩模型，在场景中创建圆柱体，设边数为六边，或者可以创建多边形为其设置厚度，作为亭子的地面，如图 16-101 所示。

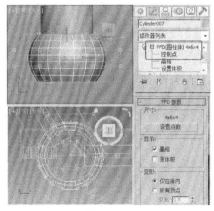

图 16-100

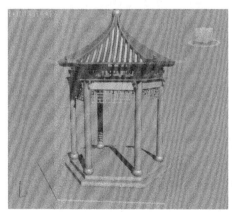

图 16-101

（38）在"前"视图中创建长方体，在"参数"卷展栏中设置"长度"为4、"宽度"为105、"高度"为15.89，如图16-102所示。

（39）在场景中创建如图16-103所示的图形，并为其施加"挤出"设置合适的参数，然后对场景中作为石凳的模型进行复制。

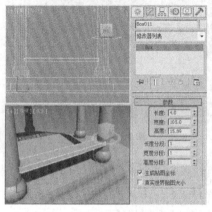

图 16-102

图 16-103

16.2.2　创建摄影机并测试渲染

接下来为场景创建摄影机，并介绍如何设置测试渲染。

（1）在场景中创建 VR 物理摄影机，在场景中调整摄影机的位置和角度，选择"透视"图按 C 键，将其转换为摄影机视图，在"基本参数"卷展栏中设置"焦距"为30，单击"猜测纵向"按钮校正摄影机，取消"曝光"和"光晕"选项，如图16-104所示。

（2）打开渲染设置面板，在"公用"选项卡中设置"公用参数"卷展栏中的"输出大小"为600*700，如图16-105所示。

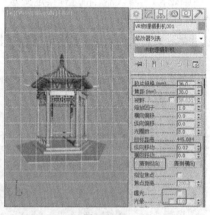

图 16-104

图 16-105

（3）选择"VRay"选项卡，在"V-Ray：：全局开关"卷展栏中设置"最大深度"为2、"二次光线偏移"为0.001。

在"V-Ray：：图像采样器"卷展栏中选择"图像采样器"类型为"固定"，取消"抗锯齿过滤器"中的"开"的勾选,如图 16-106 所示。

(4)在"V-Ray：：环境"卷展栏中勾选"全局照明环境"组中的"开",如图 16-107 所示。

图 16-106　　　　　　　　　　　图 16-107

(5)选择"间接照明"选项卡,在"V-Ray：：间接照明"卷展栏中勾选"开"选项。

在"V-Ray：：发光图"卷展栏中选择"当前预置"为"非常低",并再次选择"自定义",设置"最小比率"为-5、"最大比率"为-4,设置"半球细分"为 20、"插值采样"为 20,如图 16-108 所示。

(6)选择"设置"选项卡,在"V-Ray：：系统"卷展栏中设置"最大树形深度"为 90、"动态内存限制"为 8000、"默认几何体"为"动态",选择"区域排序"为"上-下",取消"VRay 日志"组中的"显示窗口"的勾选,如图 16-109 所示。

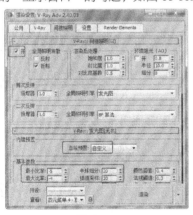
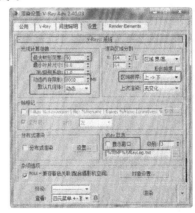

图 16-108　　　　　　　　　　　图 16-109

16.2.3　设置亭子材质

下面设置亭子的材质。

(1)打开材质编辑器,选择一个新的材质样本球,将材质命名为"角脊主体",在"Blinn 基本参数"卷展栏中设置"高光级别"为 21、"光泽度"为 15,如图 16-110 所示。

（2）在"贴图"卷展栏中为"漫反射"指定"位图"贴图，贴图位于随书附带光盘 Map>002.jpg。
设置"凹凸"数量为 20，为其指定"位图"贴图，贴图位于随书附带光盘 Map>002-2.jpg，如
图 16-111 所示。

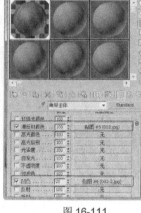

图 16-110　　　　　　　　　　　　图 16-111

（3）在场景中选择角脊，并为其施加"UVW 贴图"修改器，在"参数"卷展栏中设置合适的参
数，如图 16-112 所示。

（4）选择一个新的材质样本球，将材质转换为 VRayMtl 材质，在"基本参数"卷展栏中设置"发
射"组中"反射"色块的红绿蓝为 180、180、180，设置"高光光泽度"为 0.75、"反射光泽度"为
0.85，勾选"菲涅尔反射"选项，设置合适的"菲涅尔折射率"，如图 16-113 所示。

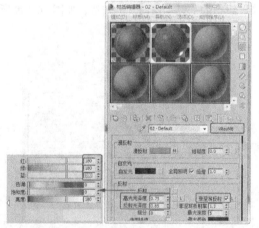

图 16-112　　　　　　　　　　　　图 16-113

（5）在"贴图"卷展栏中为"漫反射"指定"位图"贴图，贴图位于随书附带光盘
Map>archinterior9_05_floor.jpg 文件，在"坐标"卷展栏中设置"模糊"为 0.3，如图 16-114 所示。

（6）将材质指定给场景中的顶上装饰模型，为模型施加"UVW 贴图"修改器，在"参数"卷展
栏中选择"平面"类型，设置合适的参数，如图 16-115 所示。

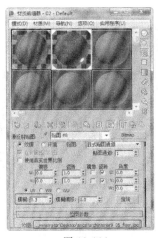

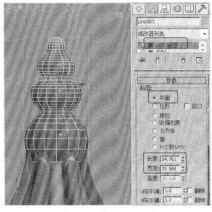

图 16-114　　　　　　　　　　　　　　　　图 16-115

（7）选择一个新的材质样本球，使用标准材质，在"Blinn 基本参数"卷展栏中设置"高光级别"为 17、"光泽度"为 10，如图 16-116 所示。

（8）在"贴图"卷展栏中为"漫反射"指定"位图"贴图，贴图位于随书附带光盘 Map>Tile_0092.jpg 文件；设置"凹凸"的数量为 20，并为其指定"位图"贴图，贴图位于随书附带光盘 Map>Tile_0092.jpg 文件，如图 16-117 所示。

进入漫反射贴图层级面板，在"位图参数"卷展栏中勾选"裁剪/放置"组中的"应用"选项，单击"查看图像"按钮，在弹出的对话框中裁剪图形，使用同样的方法裁剪"凹凸"的位图图像。

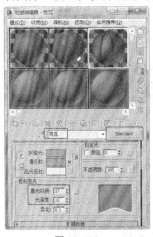

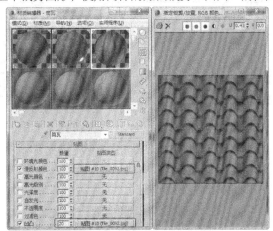

图 16-116　　　　　　　　　　　　　　　　图 16-117

（9）为筒瓦指定材质，并为其施加"UVW 贴图"修改器，在"参数"卷展栏中设置合适的参数，并将选择集定义为 Gizmo，在场景中调整 Gizmo，如图 16-118 所示。

（10）选择一个新的材质样本球，在"贴图"卷展栏中为"漫反射"指定"位图"贴图，贴图位于随书附带光盘 Map>Tile_0092-2.jpg 文件；将"漫反射"的"位图"贴图"实例"复制给"凹凸"，并设置"凹凸"的数量为 20，如图 16-119 所示。

进入漫反射贴图层级面板，在"位图参数"卷展栏中勾选"裁剪/放置"组中的"应用"选项，单击"查看图像"按钮，在弹出的对话框中裁剪图像。

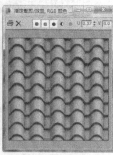

图 16-118　　　　　　　　　　　　　图 16-119

（11）将材质指定给场景中对应的板瓦模型，并为模型施加"贴图缩放器绑定"修改器，在"参数"卷展栏中设置合适的"比例"，勾选"包裹纹理"选项，如图 16-120 所示。

（12）在场景中选择滴水瓦，将其转换为"可编辑多边形"，将选择集定义为"多边形"，在场景中选择"多边形：材质 ID"卷展栏中设置"设置 ID"为 1，如图 16-121 所示。

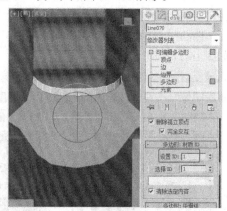

图 16-120　　　　　　　　　　　　　图 16-121

（13）按 Ctrl+I 键，反选多边形，设置其"设置 ID"为 2，如图 16-122 所示。

（14）选择一个新的材质样本球，将材质转换为"多维/子对象"材质，单击"设置数量"按，设置数量为 2，如图 16-123 所示。

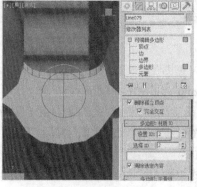

图 16-122　　　　　　　　　　　　　图 16-123

（15）单击进入 1 号材质设置面板，在"贴图"卷展栏中为"漫反射"指定"位图"贴图，贴图位于随书附带光盘 Map>dishuiwa.jpg 文件，如图 16-124 所示。

（16）单击进入 2 号材质设置面板，在"贴图"卷展栏中为"漫反射"指定"位图"贴图，贴图位于随书附带光盘 Map>dishuiwa.jpg 文件，进入贴图层级面板，在"位图参数"卷展栏中勾选"裁剪/放置"组中的"应用"选项，单击"查看图像"按钮，在弹出的对话框中裁剪图像，如图 16-125 所示。

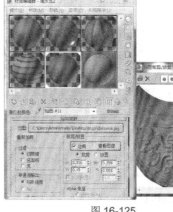

图 16-124　　　　　　　　图 16-125

（17）将材质指定给场景中的滴水瓦模型，并为模型施加"UVW 贴图"修改器，将选择集定义为"Gizmo"，在场景中调整 Gizmo，如图 16-126 所示。

（18）选择一个新的材质样本球，在"贴图"卷展栏中为"漫反射"指定"位图"贴图，贴图位于随书附带光盘 Map>002.jpg 文件，进入贴图层级面板，在"位图参数"卷展栏中勾选"裁剪/放置"组中的"应用"选项，单击"查看图像"按钮，在弹出的对话框中裁剪图像，如图 16-127 所示，将其指定给场景中的角脊尖模型。

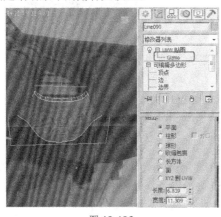
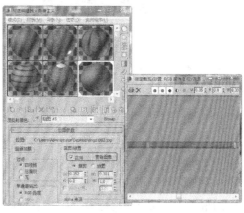

图 16-126　　　　　　　　图 16-127

（19）选择一个新的材质样本球，将其命名为椽子和角梁，在"Blinn 基本参数"卷展栏中设置"环境光"和"漫反射"的红绿蓝为 37、44、53，在"反射高光"组中设置"高光级别"为 22、"光泽度"为 10，如图 16-128 所示，将材质指定给场景中相应对的模型。

（20）选择一个新的材质样本球，将其命名为椽下梁，在"Blinn 基本参数"卷展栏中设置"环境光"和"漫反射"的红绿蓝为 111、24、24，在"反射高光"组中设置"高光级别"为 25、"光泽度"为 10，如图 16-129 所示，将材质指定给场景中相应对的模型。

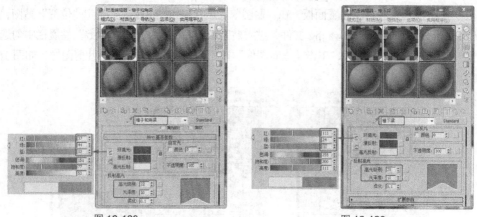

图 16-128   图 16-129

（21）选择一个新的材质样本球，在"Blinn 基本参数"卷展栏中设置"环境光"和"漫反射"的红绿蓝为 155、38、38，在"反射高光"组中设置"高光级别"为 11"光泽度"为 10，如图 16-130 所示，将材质指定给场景中相应对的模型。

（22）选择一个新的材质样本球，将其命名为装饰栅栏，在"Blinn 基本参数"卷展栏中设置"环境光"和"漫反射"的红绿蓝为 125、187、205，在"反射高光"组中设置"高光级别"为 10"光泽度"为 10，如图 16-131 所示，将材质指定给场景中相应对的模型。

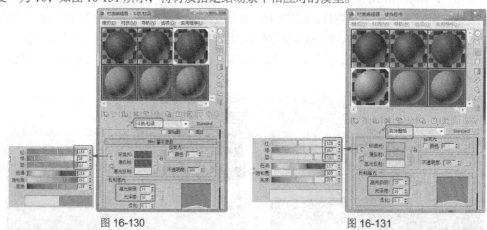

图 16-130   图 16-131

（23）在场景中选择画梁模型，为其施加"编辑多边形"修改器，将选择集定义为"多边形"，在场景中选择外侧的正面多边形，在"多边形：材质 ID"卷展栏中设置"设置 ID"为 1，如图 16-132 所示。按 Ctrl+I 键反选多边形设置"设置 ID"为 2。

（24）选择一个新的材质样本球，将其命名为画梁，将材质转换为"多维/子对象"材质，单击"设置数量"按钮，设置材质数量为 2；将橡下梁材质复制到 2 号材质上，如图 16-133 所示。

（25）孤立 6 个画梁模型，选择其中相对的 2 个模型，切换到 ▧（修改）命令面板，单击进入 1 号材质设置面板，单击 ▧（使唯一）按钮，在弹出的"使唯一"对话框中选择"否"，单击"确定"，使仅当前选中模型为实例，进入 1 号材质设置面板，为"漫反射"指定"位图"贴图，贴图位于随书附带光盘 Map>hualiang06.jpg 文件，将材质指定给模型，如图 16-134 所示。

| 图 16-132 | 图 16-133 | 图 16-134 |

（26）将画梁材质拖放到一个新的材质球上，将其命名为画梁 2，使用上面方法将另一组相对的模型使唯一，从新指定 1 号材质的"漫反射"贴图，贴图位于随书附带光盘 Map>hualiang08.jpg 文件，将材质指定给模型；选择剩下的 2 个对立模型，将画梁 2 材质拖至一个新的材质球，将其命名为画梁 3，从新指定 1 号材质的"漫反射"贴图，贴图位于随书附带光盘 Map>hualiang08a.jpg 文件，将材质指定给模型，如图 16-135 所示。

（27）指定材质后的画梁如图 16-136 所示。

（28）选择场景中的柱子模型，选择一个新的材质球，将其命名为柱子，将材质转换为 VRayMtl，设置"漫反射"的红绿蓝值分别为 155、38、38，设置"反射"的"高光光泽度"为 0.65、"反射光泽度"为 0.8，如图 16-137 所示。

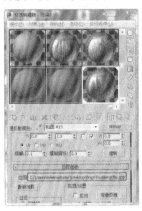

| 图 16-135 | 图 16-136 | 图 16-137 |

（29）为"反射"指定"衰减"贴图，进入"反射贴图"层级面板，选择"衰减类型"为 Fresnel，设置"折射率"为 1.2，将材质指定给模型，如图 16-138 所示。

（30）在场景中选择六边铺装，选择一个新的材质球，将其命名为铺装，将材质转换为 VRayMtl，设置"反射"颜色的"亮度"为 60，设置"高光光泽度"为 0.7"反射光泽度"为 0.85，勾选"菲涅尔反射"，解锁"菲涅尔"并设置数值为 1.2，如图 16-139 所示。

（31）为"漫反射"指定"位图"贴图，贴图位于随书附带光盘 Map>MA081-1.jpg 文件，为"凹凸"指定"位图"贴图，贴图位于随书附带光盘 Map>MA081-2.jpg 文件，将材质指定给模型，如图 16-140 所示。

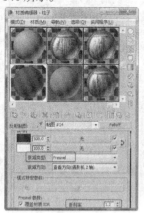
图 16-138

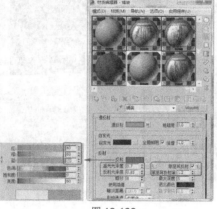
图 16-139

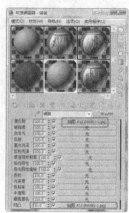
图 16-140

（32）为模型施加"UVW 贴图"修改器，在"参数"卷展栏中设置合适的参数，如图 16-141 所示。

（33）在场景中选择 2 个台阶模型和石条凳下的支柱模型，选择一个新的材质球，将其命名为石 01，在"Blinn 基本参数"卷展栏中设置"高光级别"为 5，在"贴图"卷展栏中为"漫反射"指定"位图"贴图，贴图位于随书附带光盘 Map>P0010205-2.jpg 文件，将贴图实例复制给"凹凸"，设置"凹凸"的数量为 20，将材质指定给模型，如图 16-142 所示。

（34）进入"漫反射颜色"贴图层级面板，在"坐标"卷展栏中设置"模糊"为 0.1，如图 16-143 所示。

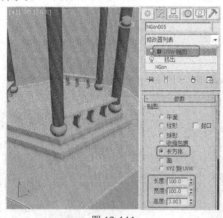
图 16-141

图 16-142

图 16-143

（35）选择 2 个台阶模型，为其施加"UVW 贴图"修改器，设置合适的参数，如图 16-144 所示。

（36）选择石条凳下的支柱模型，为其施加"UVW 贴图"修改器，设置合适的参数，如图 16-145 所示。

（37）在场景中选择石条凳模型和柱墩模型，选择一个新的材质球，将其命名为石 02，将材质转换为 VRayMtl，在"基本参数"卷展栏中设置"反射光泽度"为 0.8、"高光光泽度"为 0.75，如图 16-146 所示。

（38）为"漫反射"指定"位图"贴图，贴图位于随书附带光盘 Map>P0010214-2.jpg 文件，进入"漫反射贴图"层级面板，设置"模糊"为 0.1，如图 16-147 所示。

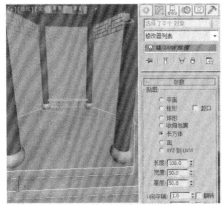

图 16-144

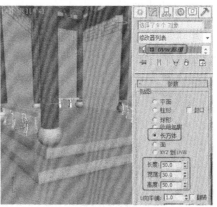

图 16-145

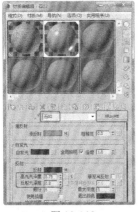

图 16-146

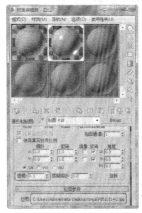

图 16-147

（39）为"反射"指定"衰减"贴图，进入"反射贴图"层级面板，选择"衰减类型"为 Fresnel，设置"折射率"为 1.4，将材质指定给模型，如图 16-148 所示。

（40）选择柱墩模型，为模型施加"UVW"贴图修改器，选择贴图类型为"球体"，设置合适的参数，如图 16-149 所示。

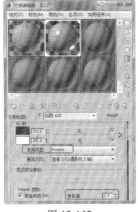

图 16-148

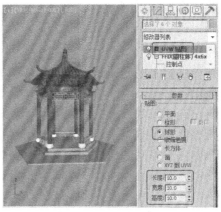

图 16-149

283

16.2.4　创建地形

（1）在场景中选择石条凳模型，为模型施加"UVW 贴图"修改器，选择贴图类型为"长方体"，设置合适的参数，如图 16-150 所示。

（2）在"顶"视图中创建大小合适的"平面"模型，如图 16-151 所示。

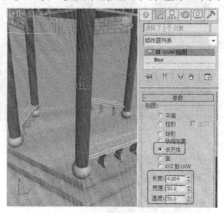

图 16-150　　　　　　　　　　　　　　　　图 16-151

（3）在"顶"视图中创建"长方体"，在"参数"卷展栏中设置"长度"为 2300、"宽度"为 15、"高度"为 80，如图 16-152 所示。

（4）复制长方体，修改其"长度"为 2300、"宽度"为 17、"高度"为 16，如图 16-153 所示。

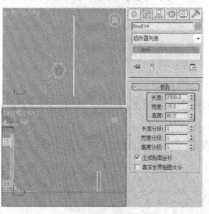
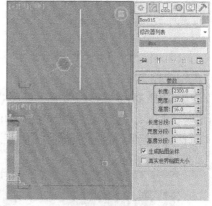

图 16-152　　　　　　　　　　　　　　　　图 16-153

（5）在"顶"视图中如图 16-154 所示的创建作为路的图形，并为其施加"挤出"修改器，设置合适的挤出"数量"。

（6）选择一个新的材质样本球，将其命名为"草地"，在"贴图"卷展栏中为"漫反射"指定"位图"贴图，贴图位于随书附带光盘 Map>草_0015.jpg 文件，如图 16-155 所示。

（7）将草地材质指定给场景中的平面模型，并为平面施加"UVW 贴图"修改器，在"参数"卷展栏中设置"长度"为 400、"宽度"为 500，如图 16-156 所示。

（8）选择一个新的材质样本球，将其命名为"铺路"，在"Blinn 基本参数"卷展栏中设置"反射高光"组中的"高光级别"为 19、"光泽度"为 15，如图 16-157 所示。

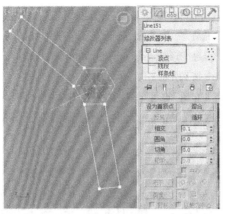
图 16-154

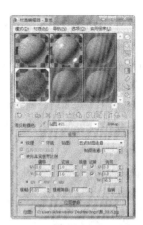
图 16-155

图 16-156

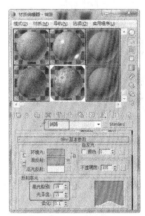
图 16-157

（9）在"贴图"卷展栏中为"漫反射"指定"位图"贴图，贴图位于随书附带光盘
Map>304938-060-embed.jpg 文件；设置"凹凸"的数量为-70，为其指定"位图"贴图，贴图位于随
书附带光盘 Map>304938-060-embed-2.jpg 文件，如图 16-158 所示。

（10）进入漫反射贴图层级面板，设置"模糊"的参数为 0.3，如图 16-159 所示。

（11）进入凹凸贴图层级面板，设置"模糊"为 7，如图 16-160 所示。

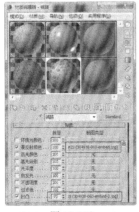
图 16-158

图 16-159

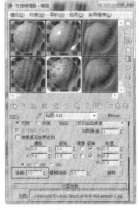
图 16-160

285

（12）将材质指定给场景中的路模型，为其施加"UVW 贴图"修改器，在"参数"卷展栏中选择"贴图"为"长方体"，设置"长度"为50、"宽度"为50、"高度"为3.003，如图16-161所示。

（13）选择一个新的材质样本球，将其命名为"矮墙下"，在"Blinn 基本参数"卷展栏中设置"高光级别"为25、"光泽度"为18，如图16-162所示。

（14）在"贴图"卷展栏中为"漫反射"指定"位图"贴图，贴图位于随书附带光盘 Map>ms_042.jpg 文件；设置"凹凸"的数量为40，为其指定"位图"贴图，贴图位于随书附带光盘 Map> ms_042.jpg 文件，如图16-163所示。

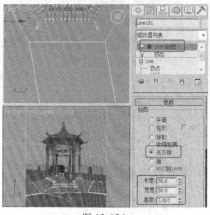  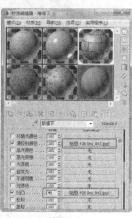

图 16-161　　　　　　　　图 16-162　　　　　　　　图 16-163

（15）进入漫反射贴图层级面板，在设置"模糊"为0.1，如图16-164所示。

（16）将材质指定给场景中的矮墙体作为底端墙体的长方体，如图16-165所示。

图 16-164　　　　　　　　　　　　图 16-165

16.2.5　导入植物素材

（1）将"石 01"材质指定给场景中矮墙体上方的长方体，为其施加"UVW 贴图"修改器，设置合适的参数，如图16-166所示。

（2）单击应用程序按钮，选择"导入>合并"命令，导入随书附带光盘中的"sences>六角亭>灌木.1>灌木.max"文件，在空白处单击鼠标，按 Ctrl+Z 键返回上一步选中导入的模型素材，此时为6个模型，按 Alt+Q 孤立当前选择，选择其中一个，在"编辑几何体"卷展栏中单击"附加列表"按钮，在弹出的"附加列表"中选中另 5 个模型，单击"附加"按钮，在弹出的"附加选项"对话框中保存默认选项，单击"确定"，将 6 个模型转换为 1 个多维/子材质模型，如图 16-167 所示。

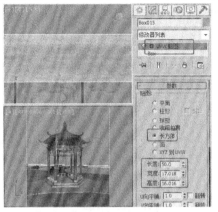

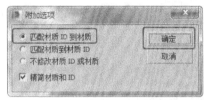

图 16-166　　　　　　　　　　　　　　　　图 16-167

（3）右击模型，在弹出的四元素菜单中选择"VRay 网格导出"命令，如图 16-168 所示，在弹出的"VRay 网格导出"对话框中单击"文件夹"后的"浏览"按钮指定 VRay 代理物体文件的输出路径，勾选"自动创建代理"，设置"预览面数"，预览面数为 VRay 代理物体在 3ds Max 中显示的面数。

（4）单击下空白处，再选择模型，即会显示为 VRay 代理物体格式，均匀缩放模型至合适大小，实例复制 2 个模型，以旋转、缩放、移动的方式摆放灌木 1，使其有高低、大小不同的效果，如图 16-169 所示。

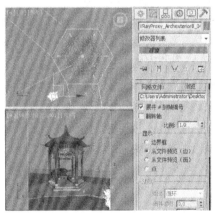

图 16-168　　　　　　　　　　　　　　　　图 16-169

（5）导入灌木 2 场景文件，该模型是已转为 VRay 代理物体的模型，切换到修改命令面板，单击"网格文件"后的"浏览"按钮，选择相应的 vrmesh.文件，文件位于随书附带光盘中的"sences>六角亭>灌木 02>灌木_A.vrmesh"文件，实例复制模型，并使用移动、旋转、缩放的方式调整物体的位置、方向、大小，如图 16-170 所示。

（6）导入小树文件，指定代理文件，调整模型的大小、方向、位置，如图 16-171 所示。

（7）导入树和绿篱场景文件，发现导入了 28 个 VRay 代理物体，需指定多个代理文件，按 Shift+T 键打开"资源追踪"面板，在面板中未指定 vrmesh.文件的在状态栏中显示文件丢失，选择丢失代理路径的名称，如果较多且连续的，可先选最上边丢失的，按住 Shift 键选择连续的最后一个，其他的按住 Ctrl 键加选，如图 16-172 所示。

（8）找到代理文件所在的文件夹，单击路径，路径显示为蓝色选中状态，按 Ctrl+C 键复制路径，如图 16-173 所示。

图 16-170   图 16-171

图 16-172   图 16-173

（9）单击"路径>设置路径"按钮，在弹出的的"指定资源路径"窗口中，鼠标单击路径栏，按 Ctrl+V 键粘贴路径，单击"确定"按钮，如图 16-174 所示，此时批量指定 VRay 代理文件完成。

（10）删除不需要的 VRay 代理物体，使用需要的树素材三两成组的摆放，实例复制模型，通过旋转、缩放、位移使模型在摄影机视图中看起来有高低错落、层次分明的视觉效果，如图 16-175 所示。

图 16-174   图 16-175

16.2.6　创建灯光

下面介绍场景灯光的创建。

（1）在场景中创建标准灯光"目标平行光"，在场景中调整灯光的照射角度和位置，在"常规参数"卷展栏中勾选"阴影"组中的"启用"选项，选阴影类型为"VRay 阴影"；在"强度/颜色/衰减"卷展栏中设置灯光的"倍增"为 1，设置灯光的颜色红绿蓝为 255、244、219；在"平行光参数"卷展栏中设置"聚光区/光束"为 9321.85、"衰减区/区域"为 9404.563，使灯光照射范围能包含整个场景，如图 16-176 所示。

（2）继续在场景中创建辅助灯光"泛光"灯，设置灯光的"倍增"为 0.2，设置灯光的红、绿、蓝为 193、209、234，如图 16-177 所示。

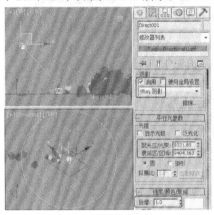 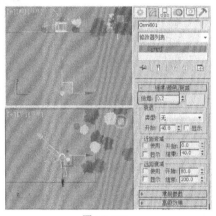

图 16-176　　　　　　　　　　　　　　　图 16-177

（3）渲染场景得到如图 16-178 所示。

（4）在场景中可以看到曝光的草地和地面，下面我们将调整材质的输出。

（5）选择草地材质，进入"漫反射"的贴图层级，并在"输出"卷展栏中勾选"启用颜色贴图"选项，在曲线视图中调整曲线的形状，如图 16-179 所示。

（6）使用同样的方法设置其他曝光的材质。

图 16-178　　　　　　　　　　　　　　　图 16-179

16.2.7　设置最终渲染参数

（1）在场景中选择目标平行光，在"VRay 阴影参数"卷展栏中选择"区域阴影"，选择阴影类型为"球体"，设置"UVW 大小"均为 30，如图 16-180 所示。

（2）在场景中将设置 VRayMtl 材质，具有反射参数的材质，适当的提高一下"细分"，例如铺砖的细分我们这里给增加到 30，注意不要超过 30，细分太大会增加渲染的负担，如图 16-181 所示。

图 16-180　　　　　　　　　　　　　　　　图 16-181

（3）设置一个最终渲染尺寸，如图 16-182 所示。

（4）选择 V-Ray 选项卡，在"V-Ray：：图像采样器"卷展栏中选择"图像采样器"类型为"自适应确定性准蒙特卡洛"，选择"抗锯齿过滤器"中的"开"选项，并选择类型为 Mitchell-Netravali，如图 16-183 所示。

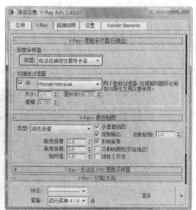

图 16-182　　　　　　　　　　　　　　　　图 16-183

（5）选择"间接照明"选项卡，在"V-Ray：：发光图"卷展栏中设置"当前预置"为"中"，选择"半球细分"为 50、"插值采样"为 35，如图 16-184 所示。

（6）选择"设置"选项卡，在"V-Ray：：DMC 采样器"卷展栏中设置"适应数量"为 0.8、"噪波阈值"为 0.005，如图 16-185 所示。

（7）渲染出的亭子效果如图 16-64 所示。

图 16-184

图 16-185

课堂练习——制作居民楼

练习知识要点

本例介绍使用各种编辑工具和修改器，并结合使用各种几何体来完成居民楼模型的制作，如图 16-186 所示。

效果所在位置

场景文件可以参考光盘文件/场景/第 16 章/居民楼.max。

图 16-186

课后习题——制作单体商业建筑

习题知识要点

创建图形和几何体，结合使用图形编辑和常用的修改器，并对模型进行复制，制作商业单体建筑表现，如图 16-187 所示。

效果所在位置

场景文件可以参考光盘文件/场景/第 16 章/单体商业建筑.max。

图 16-187

第 17 章　室内效果图的后期处理

本章第十五章中室内效果图的后期处理。

17.1　实例 20——客厅的后期处理

案例学习目标

使用 Photoshop 中的裁剪工具、曲面、图层的混合模式、色彩平衡、色相/饱和度等工具命令制作后期。

案例知识要点

本例介绍使用 Photoshop 软件中的各种工具和命令进行配合来制作客厅的后期处理，处理后的效果如图 17-1 所示。

图 17-1

效果所在位置

完成的后期处理文件可以参考光盘文件/场景/第 17 章/客厅.psd。

（1）打开渲染出的客厅图像，在工具箱中单击 （裁剪工具），在场景中裁剪图像，如图 17-2 所示。

（2）按 Ctrl+M 键，在弹出的"曲线"面板中调整曲线的形状，如图 17-3 所示。

图 17-2

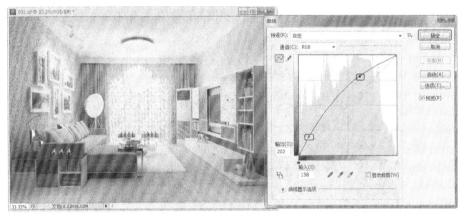

图 17-3

（3）按快捷键 Ctrl+J 键，复制图像到新的图层"图层 1"中，在菜单栏中选择"图像>自动色调/自动对比度/自动颜色"三个命令，如图 17-4 所示。

图 17-4

（4）将图层的混合模式设置为"柔光"，设置"不透明度"为 20%，如图 17-5 所示。

293

图 17-5

（5）打开渲染出的线框颜色，并将其拖曳到效果图的文件中，调整图像的位置，如图 17-6 所示。

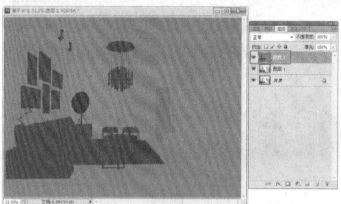

图 17-6

（6）在工具箱中选择 （魔棒工具），在场景中选择正面窗帘的色彩图像，如图 17-7 所示。

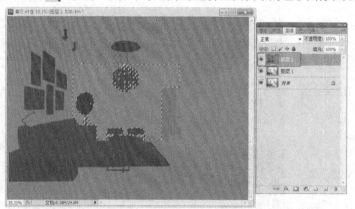

图 17-7

（7）隐藏"图层 2"，选择"背景"图层，在菜单栏中选择"图像 > 调整 > 色彩平衡"命令，在弹出的对话框中设置色阶的参数为 0、+6、+44，单击"确定"按钮，如图 17-8 所示。

图 17-8

（8）显示并选择"图层 2"，选择沙发、装饰画和射灯的颜色，如图 17-9 所示。

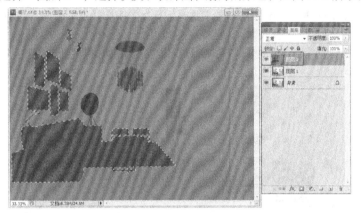

图 17-9

（9）隐藏"图层 2"，选择"背景"图层，在菜单栏种选择"图像>调整>色彩平衡"命令，在弹出的对话框中设置"色阶"参数为+12、+15、+2，单击"确定"按钮，如图 17-10 所示。

图 17-10

（10）确定选区处于选择状态，按 Ctrl+U 键，在弹出的对话框中设置"饱和度"为-36，单击"确定"按钮，如图 17-11 所示。

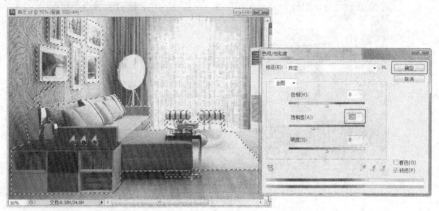

图 17-11

（11）在工具箱中选择 （多边形套索）工具，在场景中选择顶部区域，如图 17-12 所示。

图 17-12

（12）按 Ctrl+U 键，在弹出的对话框中设置"饱和度"为-24，单击"确定"按钮，如图 17-13 所示。

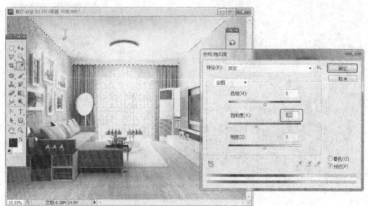

图 17-13

（13）在菜单栏中选择"文件>存储为"命令，在弹出的对话框中选择一个存储路径，可以为文件重新命名一个名字，选择文件类型为 Psd 格式，单击"保存"按钮，存储为场景文件，便于以后的修改。

（14）在图层面板中单击右上角处的 按钮，在弹出的菜单中选择"拼合图像"命令，如图 17-14 所示，合并图层，在菜单栏中选择"文件>存储为"命令，在弹出的对话框中选择一个存储路径，可以为文件重新命名一个名字，选择文件类型为 Tiff 格式，单击"保存"按钮，存储为效果图文件，便于观察。

图 17-14

17.2　实例 21——卧室的后期处理

📒 **案例学习目标**

本例介绍通过调整图形的曲线、混合模式。

📒 **案例知识要点**

本例介绍复制图像后调整图形的曲线、图像的模糊和混合模式，完成卧室的后期处理，如图 17-15 所示。

📒 **效果所在位置**

完成的后期处理文件可以参考光盘文件/场景/第 17章>卧室.psd。

图 17-15

（1）打开渲染出的卧室文件，按 Ctrl|+J 键，将图形复制到新的图层中，如图 17-16 所示。

图 17-16

（2）按 Ctrl+U 键，在弹出的"色相/饱和度"对话框中设置"饱和度"为-13，单击"确定"按钮，如图 17-17 所示。

图 17-17

（3）按 Ctrl+M 键，在弹出的对话框中调整曲线的形状，如图 17-18 所示。

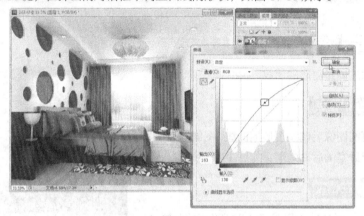

图 17-18

（4）按 Ctrl+J 键，复制图像到新的图层中，如图 17-19 所示。

图 17-19

（5）在菜单栏中选择"滤镜>模糊>高斯模糊"命令，在弹出的对话框中设置"半径"为 1，如图 17-20 所示。

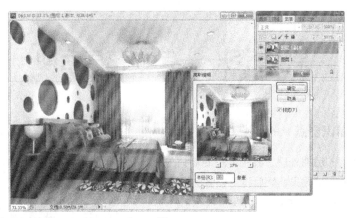

图 17-20

（6）设置图层的混合模式为"柔光"，设置图层的"不透明度"为 50%，如图 17-21 所示。

图 17-21

参考客厅的后期处理的存储方式，存储一个场景文件和效果文件。

课堂练习——制作花房后期

练习知识要点

本例介绍花房的后期处理，其中将主要复制图像，并调整图像的明暗效果，然后设置图像的图层混合模式，完成的花房后期效果如图 17-22 所示。

效果所在位置

后期处理文件可以参考光盘文件/场景/第 17 章/花房.psd。

图 17-22

课后习题——制作健身房后期

习题知识要点

本例介绍健身房的后期处理，其中主要调整图像的明暗效果，并设置图像的混合模式，完成的健身房后期效果如图 17-23 所示。

效果所在位置

后期处理文件可以参考光盘文件/场景/第 17 章/健身房.psd。

图 17-23

第 18 章　室外效果图的后期处理

本章第 16 章中室外效果图的后期处理。

课堂学习目标	／ 别墅的后期处理
	／ 六角亭子的后期处理
	／ 居民楼的后期处理
	／ 单体商业建筑的后期处理

18.1　实例 22——别墅的后期处理

案例学习目标

使用 Photoshop 中的裁剪工具、曲面、图层的混合模式、色彩平衡、色相/饱和度等工具命令制作后期。

案例知识要点

本例介绍使用 Photoshop 软件中的各种工具和命令进行配合来制作客厅的后期处理,处理后的效果如图 18-1 所示。

效果所在位置

完成的后期处理文件可以参考光盘文件/场景/第 18 章/别墅.psd。

（1）运行 Photoshop 软件,在菜单栏中选择"文件>打开"命令,打开渲染出的别墅.tga 和别墅线框颜色.tga"文件,如图 18-2 所示。

图 18-1

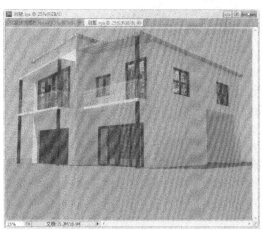

图 18-2

（2）选择"别墅.tga"文件，在菜单栏中选择"选择>载入选区"命令，在弹出的对话框中使用默认参数，如图 18-3 所示，创建选区后，按 Ctrl+C 键，将选取的图像复制，按 Ctrl+N 键，创建新文件，按 Ctrl+V 键，粘贴图像到新建的文件中。

（3）使用同样的方法将线框图粘贴到新建的场景文件中，在工具箱中选择 （魔术棒工具）选择线框颜色地面颜色，如图 18-4 所示。

 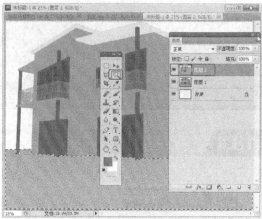

图 18-3 图 18-4

（4）创建选区后，隐藏"图层 2"线框颜色，选择"图层 1"，按 Delete 键，将选区中的图像删除，如图 18-5 所示。

（5）显示图层，并选择两个图层，单击"图层"面板底部 （链接图层），如图 18-6 所示。

图 18-5 图 18-6

（6）打开随书附带光盘"场景>第 18 章>别墅>背景.psd"文件，如图 18-7 所示，将其拖曳到场景文件中。

（7）调整拖曳到场景中素材图像的大小，如图 18-8 所示，调整图像所在图层的位置。

（8）打开随书附带光盘"场景 > 第 18 章 > 别墅 > 建筑前.psd"文件，如图 18-9 所示。

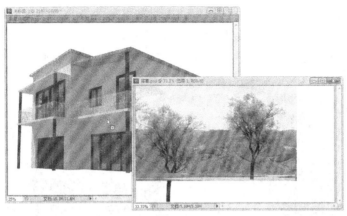

图 18-7

图 18-8

图 18-9

（9）在场景中调整素材的大小和素材所在图层的位置，如图 18-10 所示。

（10）在"图层"面板中单击 按钮，新建"图层 5"，调整图层的位置，如图 18-11 所示。

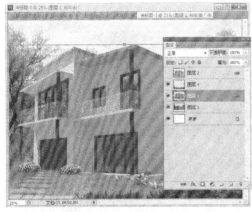

图 18-10

图 18-11

（11）在"图层"面板中，选择前景素材图像所在的图层，在工具箱中选择 ![](仿制图章工具），在草地位置按住 Alt 键，拾取源点，选择新建的图层"图层 5"，擦出草地效果，如图 18-12 所示。

（12）调整图层的位置，看一下效果，如图 18-13 所示。

图 18-12   图 18-13

（13）打开随书附带光盘"场景>第 18 章>别墅>树探头.psd"文件，如图 18-14 所示。

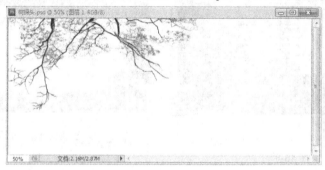

图 18-14

（14）将"树探头.psd"素材文件拖曳到场景文件中，调整素材图像所在图层的位置，如图 18-15 所示。

（15）复制图层，并调整图层的位置，如图 18-16 所示。

图 18-15   图 18-16

（16）显示并选择"图层 2"别墅线框颜色，其中的窗户颜色，接着隐藏"图层 2"，选择复制出的背景图像图层，单击■（添加图层蒙版）按钮，如图 18-17 所示。

（17）设置图层的混合模式为"深色"，如图 18-18 所示。

图 18-17

图 18-18

（18）选择"文件>存储为"命令，将效果图另存，选择文件类型为 psd，存储完成 psd 带有图层的场景文件后，在"图层"面板中单击右侧的■按钮，在弹出的菜单中选择"拼合图像"命令，合并所有的图层，选择"文件>存储为"命令，将合并图层后的效果文件存储为 tif 文件。

18.2　实例 23——六角亭子的后期处理

📓 案例学习目标

使用添加背景图像，调整整体图像的效果。

📓 案例知识要点

本例介绍为六角亭子添加背景图像，并设置亭子和图像的整体效果，完成六角亭子的后期处理，如图 18-19 所示。

📓 效果所在位置

完成的后期处理文件可以参考光盘文件/场景/第 18 章>六角亭子.psd。

（1）打开渲染出的六角亭子模型，如图 18-20 所示。

（2）按 Ctrl 键，单击"通道"面板中的 Alpha1 通道，将其载入选区，按 Ctrl+J 键，将亭子图像渎职到新的图层中，如图 18-21 所示。

图 18-19

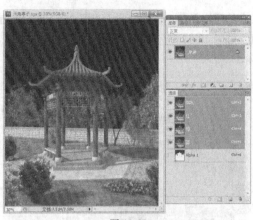 

图 18-20   图 18-21

（3）打开随书附带光盘场景>第 18 章>六角亭子背景.jpg 文件，如图 18-22 所示。

（4）将背景图像拖曳到亭子的图像中，如图 18-23 所示。

图 18-22   图 18-23

（5）按 Ctrl+T 键，打开自由变换命令，按住 Shift 键等比例缩放图像，如图 18-24 所示。

（6）调整图像后，按 Ctrl+Shift+Alt+E 键，盖印图像到新的图层中，如图 18-25 所示。

图 18-24   图 18-25

（7）在菜单栏中选择"滤镜>渲染>镜头光晕"命令，在弹出的对话框中设置镜头光晕，如图 18-26
所示。

（8）在菜单栏中选择"图像>自动色调、自动对比度"命令，如图 18-27 所示。

图 18-26　　　　　　　　　　　　　　　　　图 18-27

（9）按 Ctrl+M 键，在弹出的对话框中调整曲线，调整亭子的亮度，如图 18-28 所示，这样就完
成了六角亭子的后期处理。

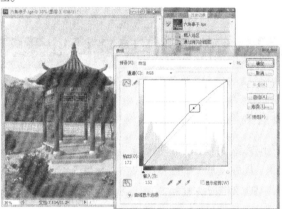

图 18-28

课堂练习——制作居民楼后期

练习知识要点

本例通过调整建筑的曲线，并为场景添加各种素材，并调整素材的效果，完成居民楼后期的制作，如图 18-29 所示。

效果所在位置

后期处理文件可以参考光盘文件/场景/第18 章/居民楼.psd。

图 18-29

课后习题——制作单体商业建筑后期

习题知识要点

本例主要调整建筑的曲线，为图像添加装饰素材，并设置一个光晕效果，最后设置一个混合图层，完成的单体商业建筑后期效果如图 18-30 所示。

效果所在位置

后期处理文件可以参考光盘文件/场景/第 18 章/单体商业建筑.psd。

图 18-30

3ds Max 快捷键

<table>
<tr><th colspan="2">应用程序菜单</th><th colspan="2">视图菜单</th></tr>
<tr><th>命令</th><th>快捷键</th><th>命令</th><th>快捷键</th></tr>
<tr><td>新建</td><td>Ctrl+N</td><td>专家模式</td><td>Ctrl+X</td></tr>
<tr><td>打开</td><td>Ctrl+O</td><td>透视</td><td>P</td></tr>
<tr><td>保存</td><td>Ctrl+S</td><td>正交</td><td>U</td></tr>
<tr><th colspan="2">编辑菜单</th><td>前</td><td>F</td></tr>
<tr><th>命令</th><th>快捷键</th><td>顶</td><td>T</td></tr>
<tr><td>撤销</td><td>Ctrl+Z</td><td>底</td><td>B</td></tr>
<tr><td>重做</td><td>Ctrl+Y</td><td>左</td><td>L</td></tr>
<tr><td>暂存</td><td>Ctrl+H</td><td>显示 ViewCube</td><td>Alt+Ctrl+V</td></tr>
<tr><td>取回</td><td>Alt+Ctrl+F</td><td>显示/隐藏栅格</td><td>G</td></tr>
<tr><td>删除</td><td>Delete</td><td>显示/隐藏灯光</td><td>Shift+L</td></tr>
<tr><td>克隆</td><td>Ctrl+V</td><td>显示/隐藏辅助物体</td><td>Shift+H</td></tr>
<tr><td>移动</td><td>W</td><td>显示/隐藏粒子系统</td><td>Shift+P</td></tr>
<tr><td>旋转</td><td>E</td><td>选择锁定切换</td><td>空格键</td></tr>
<tr><td>变换输入</td><td>F12</td><td>显示安全框</td><td>Shift+F</td></tr>
<tr><td>全选</td><td>Ctrl+A</td><td>最大化显示选定对象</td><td>Z</td></tr>
<tr><td>全部不选</td><td>Crtl+D</td><td>当前视图最大化显示</td><td>Alt+Ctrl+Z</td></tr>
<tr><td>反选</td><td>Ctrl+I</td><td>所有视图最大化显示</td><td>Shift+Ctrl+Z</td></tr>
<tr><td>选择类似对象</td><td>Ctrl+Q</td><td>缩放视口</td><td>Alt+Z</td></tr>
<tr><td>按名称选择</td><td>H</td><td>缩放区域</td><td>Ctrl+W</td></tr>
<tr><th colspan="2">工具菜单</th><td>放大视图</td><td>[</td></tr>
<tr><th>命令</th><th>快捷键</th><td>缩小视图</td><td>]</td></tr>
<tr><td>孤立当前选择</td><td>Alt+Q</td><td>最大化视口切换</td><td>Alt+W</td></tr>
<tr><td>对齐</td><td>Alt+A</td><td>平移视图</td><td>Ctrl+P</td></tr>
<tr><td>快速对齐</td><td>Shift+A</td><td>依照光标的位置平移视图</td><td>I</td></tr>
<tr><td>间隔工具</td><td>Shift+I</td><td>主栅格</td><td>Alt+Ctrl+H</td></tr>
<tr><td>法线对齐</td><td>Alt+N</td><td>切换 SteeringWheels</td><td>Shift+W</td></tr>
<tr><td>捕捉开关</td><td>S</td><td>漫游建筑轮子</td><td>Shift+Ctrl+J</td></tr>
<tr><td>角度捕捉切换</td><td>A</td><td>显示统计</td><td>7</td></tr>
<tr><td>百分比捕捉切换</td><td>Shift+Ctrl+P</td><td>配置视口背景</td><td>Alt+B</td></tr>
<tr><td>使用轴约束捕捉</td><td>Alt+D\Alt+F3</td><th colspan="2">动画菜单</th></tr>
<tr><th colspan="2">视图菜单</th><td>命令</td><td>快捷键</td></tr>
<tr><th>命令</th><th>快捷键</th><td>参数编辑器</td><td>Alt+1</td></tr>
<tr><td>撤销视图更改</td><td>Shift+Z</td><td>参数收集器</td><td>Alt+2</td></tr>
<tr><td>重做视图更改</td><td>Shift+Y</td><td>关联参数</td><td>Ctrl+5</td></tr>
<tr><td>从视图创建摄影机</td><td>Ctrl+C</td><td>参数关联对话框</td><td>Alt+5</td></tr>
</table>

图形编辑器菜单		主界面常用快捷键	
命令	快捷键	命令	快捷键
粒子视图	6	设置关键点	'
渲染菜单		播放动画	/
命令	快捷键	声音开关	\
渲染	Shift+Q	非活动视图	D
渲染设置	F10	灯光视图	Shift+4
环境	8	选择区域模式切换	Q
渲染到纹理	0	旋转模式	R
自定义菜单		旋转模式切换	Ctrl+E
命令	快捷键	显示/隐藏摄影机	Shift+C
锁定 UI 布局	Alt+0	显示/隐藏几何体	Shift+G
显示主工具栏	Alt+6	线框/明暗处理	F3
MAXScript 菜单		视图边面显示	F4
命令	快捷键	透明显示选定模型	Alt+X
MAXScript 侦听器	F11	脚本记录器	F11
帮助菜单		材质编辑器	M
命令	快捷键	子物体层级 1	1
帮助	F1	子物体层级 2	2
主界面常用快捷键		子物体层级 3	3
命令	快捷键	子物体层级 4	4
渐进式显示	O	快速渲染	Shift+Q
锁定用户界面开关	Alt+0	按上一次设置渲染	F9
自动关键点	N	变换 Gizmo 开关	X
转至开头	Home	缩小变换 Gizmo 尺寸	-
转至结尾	End	放大变换 Gizmo 尺寸	=
上一帧	,	多边形统计	7
下一帧	。		